工业和信息化
人才培养规划教材
Industry And Information
Technology Training
Planning Materials

高职高专计算机系列

计算机组装与维护项目教程

Computer Assembly and Maintenance

曲广平 ◎ 主编
崔玉礼 高绘玲 杨永亮 王赫 ◎ 副主编

人民邮电出版社
北京

图书在版编目（CIP）数据

计算机组装与维护项目教程 / 曲广平主编. -- 北京:
人民邮电出版社, 2015.7（2018.6重印）
工业和信息化人才培养规划教材. 高职高专计算机系
列
ISBN 978-7-115-38380-8

Ⅰ. ①计… Ⅱ. ①曲… Ⅲ. ①电子计算机－组装－高
等职业教育－教材②计算机维护－高等职业教育－教材
Ⅳ. ①TP30

中国版本图书馆CIP数据核字(2015)第012093号

内容提要

本书包括“硬件组装与选购”、“系统安装与应用”和“系统维护与故障排除”3 个模块共 11 个项目。在硬件组装与选购部分，着重介绍了计算机的 5 大核心硬件，其中涉及不少笔记本电脑硬件的内容。在系统安装与应用部分，主要围绕“如何安装操作系统”这一主线进行介绍。在计算机维修与防护部分，主要介绍了一些常用的计算机维护和维修技巧。书中的硬件部分内容都来自于 2014 年的最新信息，同时大幅增加了笔记本电脑方面的内容。在整体内容设置中，弱化了硬件部分，着重增加了计算机使用与维护方面的实用操作和技巧。

本书适合作为高职高专院校计算机专业教材，也可作为计算机维修人员和广大爱好者的参考用书。

◆ 主　　编　曲广平
副 主 编　崔玉礼 高绘玲 杨永亮 王　赫
责任编辑　范博涛
责任印制　杨林杰

◆ 人民邮电出版社出版发行　　北京市丰台区成寿寺路 11 号
邮编　100164　　电子邮件　315@ptpress.com.cn
网址　http://www.ptpress.com.cn
固安县铭成印刷有限公司印刷

◆ 开本：787×1092　1/16
印张：14.75　　　　2015 年 7 月第 1 版
字数：368 千字　　　　2018 年 6 月河北第 7 次印刷

定价：36.00 元

读者服务热线：(010) 81055256　印装质量热线：(010) 81055316
反盗版热线：(010) 81055315

前　言

“计算机组装与维护”是目前国内大多数高职计算机及相关专业所开设的一门重要的实践课程。随着技术的不断进步，目前 PC 组装技术已逐渐趋于没落，而 PC 和笔记本电脑的维护和故障排除则显得越来越重要。针对这种趋势，在本书的内容设置中，弱化了 PC 硬件组装部分，着重阐述了计算机使用与维护方面的实用操作和技巧，突出“实用”这个主题。

全书分为“硬件组装与选购”、“系统安装与应用”、“系统维护与故障排除”3 个模块，共 11 个项目。每个项目由若干个任务组成，通过任务设定层层推进。

“硬件组装与选购”模块，着重介绍了计算机的 5 大核心硬件，涉及不少笔记本电脑硬件的内容。

“系统安装与应用”模块，主要围绕“如何安装操作系统”这一主线展开介绍。

“系统维护与故障排除”模块，主要介绍了一些常用的计算机维护和维修技巧。

书中的硬件部分内容都来自于最新产品和最新信息，维护部分内容也大多来自于笔者多年实践的经验和技巧。整本书内容丰富，技术更新及时，文字叙述简明易懂，具有很强的实用性。

本书由烟台职业学院曲广平任主编，崔玉礼、高绘玲、山东轻工职业学院的杨永亮以及沈阳工业大学王赫任副主编。由于编者水平有限，又因为计算机技术发展迅猛，所以书中有不足或疏漏之处在所难免，敬请广大读者批评指正，在此表示衷心的感谢。联系邮箱：yttitan@163.com。

本书提供免费电子教案，读者可来邮件索取，或通过人民邮电出版社教学服务与资源网（www.ptpedu.com.cn）下载。

编者

2015 年 4 月

目 录 CONTENTS

模块一 硬件组装与选购

学习目标

- ◆ 了解计算机的基本运行机制及硬件组成
- ◆ 了解 CPU、内存、主板、显卡、硬盘五大核心硬件
- ◆ 了解计算机中的辅助硬件以及外部设备
- ◆ 能够读懂装机配置单
- ◆ 能够检测出计算机的硬件型号
- ◆ 能够根据不同需求选购台式机和笔记本电脑
- ◆ 能够组装计算机

PART 1 项目一 认识和了解计算机

无论学习计算机的任何专业，首先都要面对计算机这台机器。熟悉它、了解它，然后才能更好地去使用它。在本项目中将介绍计算机的一些基本运行机制以及硬件组成。

学习目标

通过本项目的学习，读者将能够：

- 理解冯·诺依曼体系；
- 理解二进制的优点以及数据单位和数据编码；
- 掌握计算机系统的组成和硬件结构；
- 了解组成计算机的实际硬件设备；
- 了解计算机装机配置单；
- 能够用工具软件检测计算机硬件信息。

任务一　了解计算机的基本运行机制

任务描述

一台怎样的机器才能称之为计算机？作为一台计算机，它必须要能够实现哪些功能，必须要具备哪些基本的硬件？计算机的基本运行机制是什么？

在本任务中将介绍一些计算机最基本的工作原理。

任务分析及实施

1. 冯·诺依曼设计思想

世界上第一台计算机于1946年诞生于美国的宾夕法尼亚大学，名字叫ENIAC(埃尼阿克)，如图1-1所示。

在ENIAC诞生之前，人类已经发明了很多工具来协助自己计算，如中国古代的算盘，欧洲的计算尺、差分机等，但为什么这些计算工具都没有被称为计算机，而是将世界上第一台计算机这顶桂冠授予了 ENIAC 呢？

再如在我们日常生活中所使用的计算器是否也可以称之为计算机？如果答案是否定的话，那么到底一台怎样的机器才能被称为计算机呢？

计算机早期重要的设计者冯·诺依曼就这个问题给出了答案，他就计算机的设计提出了 3 点非常重要的思想。

- 计算机内的所有信息都应采用二进制数表示。
- 计算机硬件应由运算器、控制器、存储器、输入设备和输出设备五大部分组成。
- 可以将指令存储在计算机内部，由计算机自动执行。

任何一台符合上述特征的机器都可以称为计算机。事实上，从 1946 年冯·诺依曼（见图 1-2）提出上述理论至今，所有的计算机都是依据这 3 点思想设计制造的，所以我们也把目前使用的计算机统称为“冯·诺依曼机”。

图 1-1　ENIAC 计算机

图 1-2　冯·诺依曼

冯·诺依曼的设计思想是计算机最重要的基础理论，下面针对其第一和第二点思想分别阐述。

2. 计算机中的数据表示

2.1　采用二进制数的必要性

我们在计算机上看到或听到的所有信息，包括电影、歌曲、游戏、文字等，在计算机内部其实都是一些数据。因为计算机作为一台机器，它无法理解那么多的信息，它所能理解和处理的只能是数据。

为什么在冯·诺依曼的设计中，要让计算机只能采用二进制数，而不是使用我们熟悉的十进制数？这是因为十进制数包括“0~9”共 10 个数字，这就要在计算机的电路设计中设计出 10 种不同的电路状态以分别来表示这 10 个数字。其实 ENIAC 在设计之初就是采用了十进制的体系结构，结果搞得电路超级复杂，计算机体积非常庞大，冯·诺依曼的 3 点设计思想也正是对此提出的改进。

二进制数在人类的数制中是数字个数最少的，只有“0”和“1”两个数字。相应地，在计算机中也只需要两种不同的物理状态就可以表示出这两个数字，而且稳定可靠，例如磁化与未磁化、晶体管的截止与导通（表现为电平的高与低）等。所以采用二进制数可以大大地简化计算机内部的电路结构，同时也可以缩小计算机的体积。让计算机采用二进制数可谓是冯·诺依曼的天才设想。

2.2　计算机中的数据单位

既然计算机中的所有信息都是一些二进制数据，那么必然得有一种统一的方法来计量和管理这些数据，这也就是计算机中的数据单位。

首先一个最基本的单位叫“位”，英文称作“bit（比特）”，简写为“b”。1“位”其实就是二进制数的 1 个“0”或 1 个“1”，例如“1010”这个二进制数就一共有 4“位”。

为了便于管理和计算，计算机中的所有数据都是统一的 8 位长度，如果不够 8 位，则要在高位补 0 凑齐 8 位，比如“1010”，在计算机中就应以“00001010”的形式表示。

像这样的一个 8 位的二进制数，就称为 1 个“字节”，英文称作“Byte”，简写为“B”。

字节 B 是计算机中信息存储的最基本单位，因为字节这个单位比较小，所以后来又发展出“KB”、“MB”、“GB”、“TB”等较大的数据存储单位。我们通常所说的一个 U 盘的容量是 4G，其实应该是 4GB，最基本的数据存储单位还是字节。

数据存储单位与字节之间的对应关系如下。

$$1KB=2^{10}B=1024B$$

$$1MB=2^{10}KB=1024KB$$

$$1GB=2^{10}MB=1024MB$$

$$1TB=2^{10}GB=1024GB$$

2.3 计算机中的数据编码

有人可能会问：计算机中的所有信息都以二进制数表示，但我们平时打字的时候并没有向计算机中输入过二进制数啊？

没错，我们平常是直接向计算机中输入英文字母、标点符号以及汉字，但所有这些文字在被输入到计算机中以后，都要转换为相应的二进制数，否则计算机一个也识别不了。

为了便于计算机的识别，我们需要对这些信息进行编码，也就是为它们分别指定对应的二进制数。例如，“a”对应的是“01100001”，即当你在键盘上敲下“a”的时候，向计算机中输入的其实是“01100001”。

毫无疑问，世界上所有国家使用的编码方案必须是统一的，否则不同国家之间的信息将无法交流，也就不可能有今天的 Internet。目前国际上通用的字符编码是“ASCII 码（美国标准信息交换码）”，ASCII 码对英文字母以及一些常用的符号进行编码，一共表示了 128 个字符，每个字符在计算机内部都对应了一个 8 位的二进制数，也就是占用了 1 个字节的空间。

我们不妨做个实验，在计算机中新建一个文本文档，在其中只输入一个字母“a”，将文件保存之后查看它的大小，发现就是 1 个字节，如图 1-3 所示。

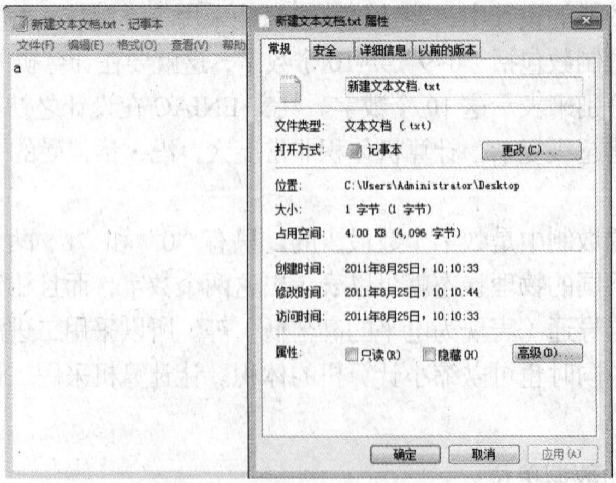

图 1-3 验证 ASCII 码值大小

与英文字母相比，汉字的数量要多得多，所以汉字的编码方案也较为复杂，一般需要用 2 个字节来表示 1 个汉字，所以如果在文本文件里输入 1 个汉字，可以发现文件大小就为 2 个字节。

总体来讲，文字在计算机中占用的空间非常小，所以有人说用一张普通的 DVD 光盘（容量为 4.7GB）就能存放下一整座图书馆，这绝非虚言。

3. 计算机硬件系统的理论构成

根据冯•诺依曼的设计思想，计算机硬件系统在理论上应由 5 个部分组成，每个部分所要实现的功能分别如下。

- 运算器：计算机的数据处理中心，负责对所有的二进制数据进行运算。
- 控制器：计算机的神经中枢，负责指挥计算机中的各个部件自动、协调地工作。比如运算器应从哪里获得运算的数据，数据运算结束之后的结果应保存到哪里，这些都要由控制器来负责控制。
- 存储器：计算机的记忆装置，用来保存数据。对于存储器，可以向里面存放数据，称作“写入”，也可以从里面读出数据，称作“读取”，读取和写入是对存储器的基本操作。计算机中正是因为有了存储器，才可以存放运算器运算所产生的中间和最终结果，以及向运算器提供运算所需的临时数据，从而实现自动计算。
- 输入设备：把数据和程序等信息转变为计算机可以接受的电信号送入计算机。
- 输出设备：把计算机的运算结果或工作过程以人们要求的直观形式表现出来。

任务二　了解实际组成计算机的硬件设备

任务描述

小张要组装一台台式机，他应该具体选购哪些硬件设备？

小李要选购一台笔记本电脑，哪些硬件设备决定和影响了这台电脑的整体性能？

在本任务中，将从实践的角度来介绍计算机中的硬件设备。

任务分析及实施

1. 计算机硬件系统的实际构成

冯 · 诺依曼从理论的角度指出了计算机硬件系统所应具备的 5 大功能，而所有这些功能都要由具体的硬件设备来实现。

对于组装、维护及使用计算机的人员来说，最重要的是要了解计算机的实际物理结构，下面对计算机的各硬件组成部分进行介绍。如图 1-4 所示，计算机的结构并不复杂，从计算机的外观来看，一台计算机由主机、显示器、键盘、鼠标和音箱等几部分组成。

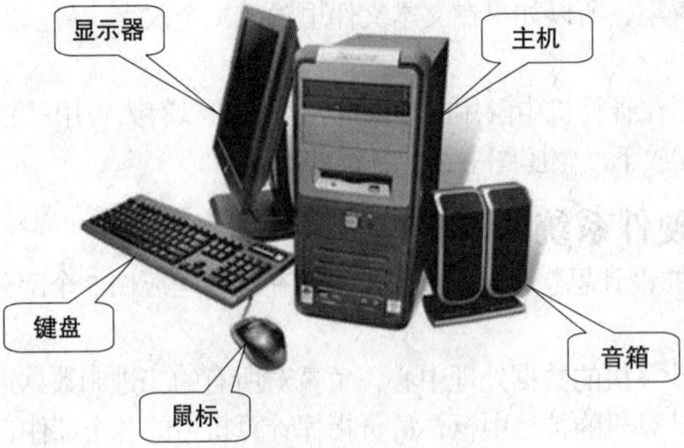

图 1-4　从外部看到的计算机系统

个人计算机（Personal Computer，PC）系列的计算机都是根据 IBM 提出的开放式体系结构设计的。硬件系统的组成部件从接口、尺寸等方面大多遵循一定的标准，用户可以根据需要自由选择，灵活配置。最简单的一台计算机系统至少需要包括主机、键盘、显示器 3 个组成部分，它们保证计算机能够正常工作，而音箱、鼠标和其他外部设备可根据需要选配。传统意义上的主机是指用户能够看得见的主机箱及其内部的所有硬部件，如各种板卡、电源连接线、数据连接线等，其内部结构如图 1-5 所示。

图 1-5　主机内部的结构

目前，计算机配件品牌繁多，但都是按照国际标准生产的，只要用户掌握了计算机的组成，便可以组装自己需要的计算机。综合来看，在目前的台式计算机中普遍采用的基本硬件设备主要有 14 个：CPU、主板、内存、硬盘、显卡、显示器、声卡、音箱、光驱、网卡、机箱、电源、键盘、鼠标。

笔记本电脑的硬件构成与台式机基本类似，只是将台式机的电源换成了电池加电源适配器，另外也没有了机箱。

下面依次来简单介绍一下这些硬件设备。

（1）CPU

中央处理器（Central Processing Unit，CPU），它负责实现运算器和控制器的功能，是计算机中最核心、最关键的硬件设备，相当于是计算机的大脑。一台计算机当中的核心计算都是通过 CPU 来进行的，就像没有脑子的人不能生存一样，没有 CPU 的计算机也不能工作，如图 1-6 所示。

图 1-6 中央处理器 CPU

（2）主板

主板又称为母板，是计算机的主要电路板，计算机中所有重要的硬件设备都要安装在主板上，主板负责协调各个部件之间的数据和控制信息的通信。因此，主板是计算机的核心硬件设备之一，一个质量优良的主板能给系统带来显而易见的性能提升，如图 1-7 所示。

（3）内存

存储器在计算机的实际组成中被分作了内存储器和外存储器。其中内存储器只用来存放当前正在使用的程序或数据，这些数据都是临时性的，而那些存放在外存储器上的数据则是永久性的。

CPU 运算所需要的数据以及运算之后得到的结果都存放在内存储器中，相比外存储器，内存储器要更为重要。内存储器主要就是指内存，其容量和性能是计算机整体性能的一个决定性因素，它是计算机的核心硬件设备之一，如图 1-8 所示。

图 1-7 主板

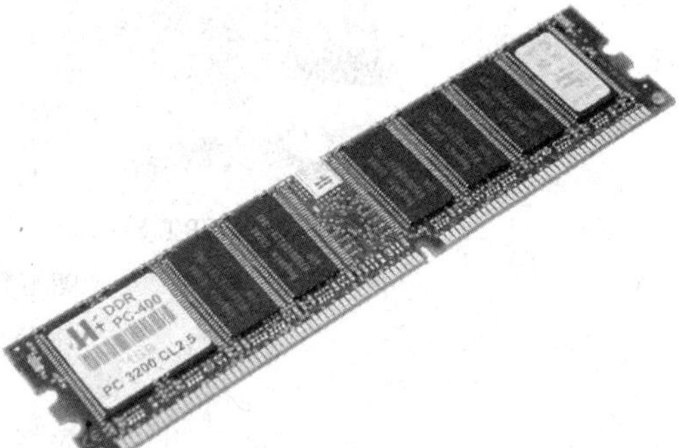

图 1-8 内存

（4）硬盘

硬盘是计算机中最重要的外存储器，计算机中的绝大部分数据都存储在硬盘上。其特点是容量大，相对于内存，存取速度较慢。硬盘也是计算机的核心硬件设备之一，如图 1-9 所示。

（5）显卡

显卡完成输出设备的功能，其工作原理是负责完成计算机中的图像数据处理任务，并对计算机所需要的显示信息进行转换，然后向显示器发出转换后的信号，以控制显示器正确显示。

显卡决定了计算机图像处理性能的强弱，随着人们对 3D 性能的要求越来越高，部分显卡的显示芯片在集成度和速度上已经超过了 CPU，而且每一个大型 3D 游戏的出现，总意味着一次显卡的升级换代。对于游戏发烧友而言，一个好显卡的作用甚至要超过一个 CPU 所能带来的震撼，因而显卡也是计算机的核心硬件设备之一，如图 1-10 所示。

（6）显示器

显示器是计算机中最重要的输出设备，是用户与主机沟通的主要桥梁。目前常见的显示器主要有两类：阴极射线管（CRT）显示器和液晶显示器（LCD），如图 1-11 所示。

（7）声卡和音箱

声卡和音箱也负责实现输出设备的功能，但相比显卡和显示器，它们在计算机中的地位是次要的，如图 1-12 所示。

图 1-9　硬盘

图 1-10　显卡

阴极射线管 CRT 显示器

液晶 LCD 显示器

图 1-11　显示器

图 1-12　声卡和音箱

（8）光驱

光驱，即光盘驱动器，是读取光盘信息的硬件设备，也属于外存储器的一种，如图 1-13 所示。目前常用的光驱主要有 DVD 光驱和 DVD 刻录机两类。随着计算机网络技术的不断发展，光驱有逐渐被淘汰的趋势。

（9）网卡

网卡，即网络适配器，用于网络通信，负责完成 5 大基本功能中所没有的网络功能。随着网络的普及，网卡也已成为计算机中必备的部件，如图 1-14 所示。

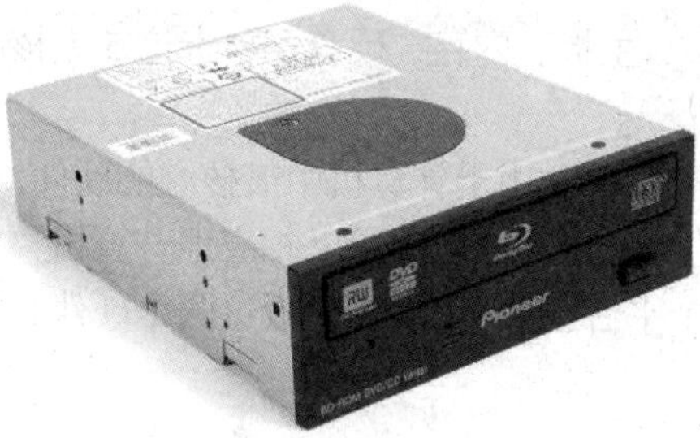

图 1-13　光驱

图 1-14　网卡

（10）机箱和电源

计算机中的电源实际上是一个多功能的变压器，普通的交流电通过它的转换，即可变成适用计算机硬件设备正常工作所需的直流稳压电流。电源是计算机的动力系统，它的优劣直接关系到计算机的运行是否稳定，如图 1-15 所示。

机箱负责为所有的硬件设备提供安置的空间，并起着保护计算机设备和屏蔽电磁辐射的作用，如图 1-15 所示。

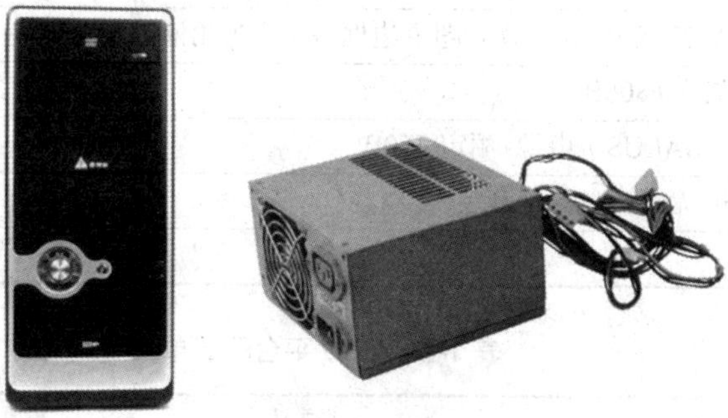

图 1-15　机箱和电源

（11）键盘和鼠标

键盘和鼠标是最重要的输入设备，如图 1-16 所示。

图 1-16　键盘和鼠标

我们只要有了这 14 种硬件设备，就可以组装出一台计算机了。另外，随着技术的不断发展，越来越多的硬件设备集成到了一起，比如声卡和网卡目前基本都已经集成到了主板上，也就是说我们只要购买了一块主板，它本身就具备了声卡和网卡的功能。所以在实际选购组装一台计算机时，并不需要对每个设备都精挑细选，而是只要抓住重点就可以了。

在所有这些硬件设备中，CPU、主板、内存、硬盘、显卡尤为关键，它们基本可以决定一台计算机的整体性能，所以这几个核心硬件无论在实际应用，还是今后的学习中都是需要重点掌握的设备。

2. 装机配置单

常见的计算机装机配置单，一般都是围绕 CPU、主板、内存、硬盘、显卡这 5 大核心硬件设备做出的具体配置。

表 1-1、表 1-2 所示是两份典型的台式机装机配置单。由于计算机中最核心的硬件 CPU 主要是由 Intel 和 AMD 两家公司生产的，每家公司的产品互不兼容，所以相应地计算机整机也就分作 Intel 和 AMD 两大平台。需要注意的是，每个平台中的 CPU 和主板这两个硬件必须要搭配一致，不能混用。

表 1-1 Intel 平台配置单

配件	名称	价格（元）
CPU	Intel 酷睿双核 i3-4130（LGA1150/3.4GHz/3MB 三级缓存/22 纳米）	779
主板	华硕（ASUS） H81-PLUS 主板 （Intel H81/LGA 1150）	649
内存	金士顿（Kingston）DDR3 1600 4GB × 2 台式机内存	269
显卡	希仕（HIS） H260XFT1GD Turbo 1075/6400MHz 1GB/128bit GDDR5 显卡	899
硬盘	西部数据(WD)蓝盘 1TB SATA6Gb/s 7200r/min64MB 台式机硬盘	399
显示器	AOC I2369V 23 英寸 LED 背光超窄边框 IPS 广视角液晶显示器	949
机箱	金河田 狂战士 6806B	99
电源	大水牛（BUBALUS）电源 额定 350W	179
键盘鼠标	富勒 MK650 无线键盘鼠标套装	65
总价：4376 元		

表 1-2 AMD 平台配置单

配件	名称	价格（元）
CPU	AMD A10-5800K（Socket FM2/3.8GHz/4 核/4MB 二级缓存/32 纳米）	659
主板	技嘉（GIGABYTE） F2A75M-DS2 3.0 主板 (AMD A75/Socket FM2+)	419
内存	威刚（ADATA）万紫千红 DDR3 1600 4GB × 2 台式内存	518
硬盘	希捷（Seagate）1TB 7200 r/min 64MB SATA 6Gb/s 台式机硬盘	400
显示器	优派（ViewSonic） VA2349s 23 英寸 IPS 硬屏广视角 LED 液晶显示器	799
机箱/电源	金河田（Golden field）计算机机箱（含额定 230W 电源）	179
键盘鼠标	双飞燕（A4TECH）3200N 针光无线光电套	79
总价：3053 元		

注意：表 1-2 AMD 平台配置单采用了集成显卡，因而没有单独列出显卡配置。

笔记本电脑的配置与台式机类似，不过由于笔记本电脑中的硬件设备设计和制作都与台式机不同，笔记本电脑中的硬件与台式机不能通用，所以相应的产品型号也不一样，如表 1-3 所示。

表 1-3 联想 IdeaPad Y400N 笔记本电脑配置单

配件	名称
屏幕尺寸	14 英寸
CPU	Intel 酷睿 i5-3230M（2.6GHz/3MB/双核心四线程）
内存	4GB DDR3 1600MHz
硬盘	1TB（5400r/min）
显卡	NVIDIA GeForce GT 750M（2GB/GDDR5/128bit）
光驱	DVD 刻录机
其他	集成 720p 摄像头
	6 芯锂电池
	预装中文正版 Windows8 操作系统
价格	4899 元

这几份配置单里列出的都是硬件设备的具体品牌和型号，读者目前可能还无法完全理解其中所包含的一些信息，但随着本书内容的深入，能够阅读和制作这种装机配置单，将是必备的基本技能。

任务三 检测计算机硬件信息

任务描述

小刘的家里原先已经买过一台台式机，但一直不知道计算机的具体配置是什么。在学习了计算机组装与维护课程以后，小刘想利用假期回家查看一下计算机的配置。

在本任务中将介绍一些常用的检测计算机硬件配置的方法。

任务分析及实施

有很多途径可以获得计算机的硬件配置信息，下面介绍 3 种比较常用的方法。

1. 开机自检画面

每次计算机开机时都会对一些主要的硬件设备进行检测，同时会在显示器上显示检测到的结果，从中就可以了解到计算机的硬件配置信息，如图 1-17 所示。

需要注意的是，开机自检画面显示的时间很短，可以在画面出现的同时快速按下 Pause 键暂停，以仔细查看配置信息。

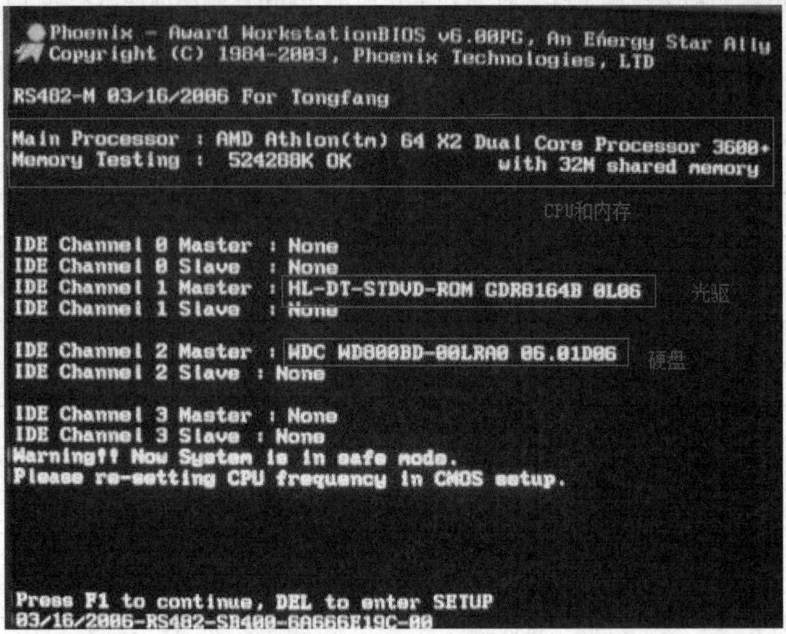

图 1-17 开机自检信息

2. 查看系统信息

在操作系统中也可以查看到一些主要硬件的配置信息。

在 Windows 7 系统中，在"计算机"上单击鼠标右键，选择"属性"选项，在"计算机基本信息"界面中也可以查看到 CPU 和内存的相关信息，如图 1-18 所示。

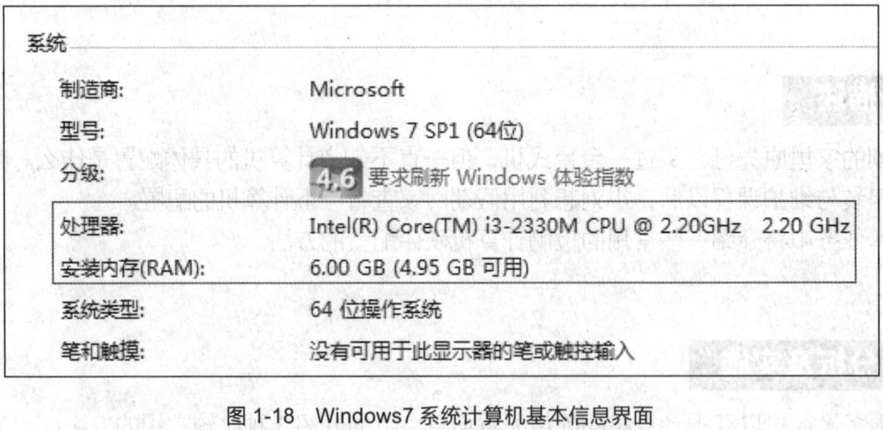

图 1-18 Windows7 系统计算机基本信息界面

3. 利用工具软件进行检测

前面介绍的两种方法只能查看到计算机的部分硬件配置信息，如果要查看所有硬件的全面信息，推荐使用工具软件对计算机进行检测。

能够检测计算机硬件信息的工具软件有很多，这里推荐两款软件：AIDA64、鲁大师。

3.1 AIDA64

AIDA64 是一款国外的知名软件，软件运行之后，在左侧菜单栏中选择"计算机"→"系统摘要"，就可以查看到系统中所有硬件的综合信息，如图 1-19 所示。

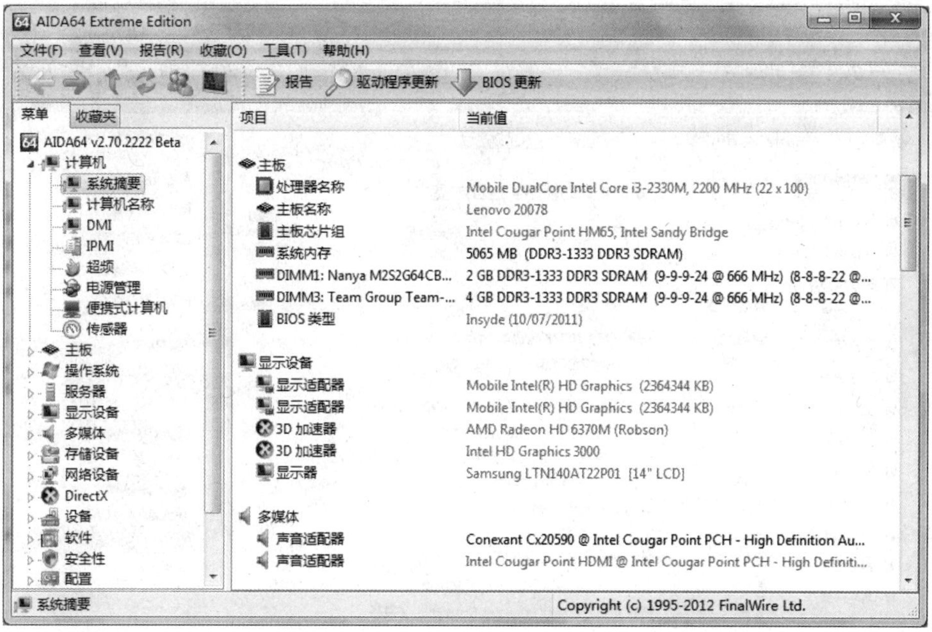

图 1-19 AIDA64 显示界面

也可以在左侧菜单栏中选择某一个具体的硬件，以查看其更为详细的信息。例如，在“主板”中选择“中央处理器（CPU）”，就可以查看到 CPU 的详细信息，如图 1-20 所示。

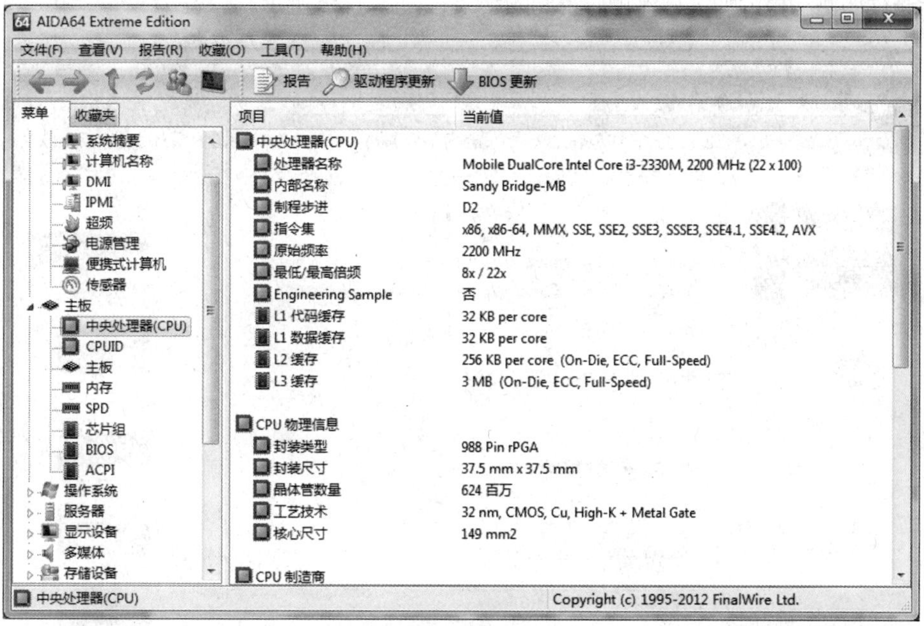

图 1- 20 查看 CPU 的详细信息

3.2 鲁大师

“鲁大师”是目前国产此类软件中的佼佼者，其使用方法与 AIDA64 类似，“鲁大师”检测的结果，如图 1-21 所示。

图 1-21 鲁大师检测的计算机硬件配置信息

无论 AIDA64，还是鲁大师，它们除了可以检测硬件配置信息之外，还可以对计算机的综合性能进行评测。鲁大师进行评测后得到的结果，如图 1-22 所示。

图 1-22 鲁大师性能评测结果

思考与练习

填空题

1. 中央处理器（CPU），它是计算机系统的核心，主要包括__________和__________两个部件。

2. 目前国际上统一使用的字符编码是__________。

3. 按照冯·诺依曼的理论，计算机硬件理论上应该由5部分组成，分别是__________、__________、__________、__________和__________。

4. 在实际组成计算机的硬件设备中，5个最核心的硬件是__________、__________、__________、__________和__________。

5. 计算机中数据存储的基本单位是__________，一些更大的数据存储单位还包括__________、__________和__________。

6. 1个ASCII码字符所占用的存储空间是__________。

选择题

1. 下面的（ ）设备属于输出设备。

A.键盘　　B.鼠标　　C.扫描仪　　D.打印机

2. 计算机发生的所有动作都是受（ ）控制的。

A.CPU　　B.主板　　C.内存　　D.鼠标

3. 下列不属于输入设备的是（ ）。

A.键盘　　B.鼠标　　C.扫描仪　　D.打印机

简答题

1. 请简述计算机采用二进制数的必要性。

2. 以前经常使用的软盘，容量只有1.44MB，计算一下，在这样的软盘中如果以纯文本方式存放汉字，共能存放多少个汉字。

3. 列出组成计算机的14个硬件设备，并注明它们所负责完成的硬件系统功能。

操作题

找一台计算机，用工具软件检测出计算机的硬件配置信息。

PART 2 项目二 了解计算机的主机系统

计算机主机系统是计算机硬件的核心部分，主要包括 CPU、内存和主板。计算机中除了主机系统以外的所有设备都属于外部设备，主要用于辅助主机的工作。

在本项目中将介绍计算机主机系统的工作特性和主要性能参数，以及相关的选购技巧。

学习目标

通过本项目的学习，读者将能够：

- 了解主流 CPU，理解 CPU 的主要性能参数；
- 了解内存的特性与作用，理解内存的主要性能参数；
- 了解主板上的各个插槽和接口的用途；
- 掌握 CPU 和内存的安装方法。

任务一　了解中央处理器（CPU）

任务描述

小孙要选购一台计算机，要解决的第一个问题就是决定采用哪种 CPU。但在面对众多品牌型号的 CPU 以及一大堆性能参数时，小孙感觉无从下手。到底如何才能结合自身需求选择合适的 CPU 呢？

在本任务中将介绍 CPU 的主要产品系列以及性能参数。

任务分析及实施

中央处理器（Central Processing Unit，CPU），它是一块超大规模集成电路芯片，内部是几千万个到数十亿个晶体管组成的十分复杂的电路，负责实现运算器和控制器的功能。由于运算器和控制器本身工作的重要性，所以 CPU 当之无愧地成为计算机中最核心、最关键的硬件设备，CPU 的性能强弱基本上可以决定一台计算机的整体性能。

从 20 世纪 70 年代微型计算机诞生至今，计算机的发展通常都是以 CPU 为标志，而 CPU 的发展基本上都是遵循着摩尔（Moore）定律，以平均每两年翻一番的速度在不断前进。

1. CPU产品系列

生产CPU的技术难度大，成本高，因而目前世界上能够研发生产CPU的公司主要有Intel和AMD这两家（见图2-1）。其中世界上第一款CPU就是由Intel公司研发设计的，Intel公司在芯片设计和核心技术等方面至今一直在领导着CPU的发展潮流。而AMD是目前世界上唯一一家能够在CPU设计研发领域与Intel相抗衡的公司，其综合实力虽然一直略逊于Intel，但产品的性能却非常突出，而且大多性价比很高，因而在市场上有一批忠实的拥护者。

图2-1 Intel和AMD

为了更好地满足市场需求，Intel和AMD公司各自推出了一些不同的产品系列。

1.1 Intel公司产品系列

Intel公司的CPU主要分为3大系列：酷睿Core、奔腾Pentium、赛扬Celeron，分别面向高、中、低端市场。

酷睿Core系列是Intel性能最强、技术最先进的CPU，但价格相对较高。奔腾Pentium系列CPU的性能稍差一些，而价格相对便宜。但是随着技术的不断发展，Intel原先的产品定位已经发生了很大的变化。比如，低端的赛扬Celeron系列CPU目前已经很少使用了，而奔腾Pentium系列CPU则成为了低端的代名词，原本定位高端的酷睿Core系列成为了Intel的主打产品，其又细分为i3、i5、i7这3个系列，以分别对应低、中、高的市场定位，如图2-2所示。

图2-2 Intel奔腾CPU

1.2 AMD公司产品系列

AMD公司的CPU也分为3大系列，分别是：羿龙Phenom、速龙Athlon和闪龙Sempron，它们同样是面向不同消费层次的用户。其中速龙Athlon曾经一度是AMD公司的主打产品，地位与奔腾Pentium相当，羿龙Phenom主要面向高端，闪龙Sempron则类似于赛扬Celeron，主要面向低端。

从2011年起，AMD公司的产品系列发生了很大的变化，AMD开始主推一种名为“APU”的系列处理器。加速处理器（Accelerated Processing Unit，APU），它将中央处理器和显示核心做在一个芯片上，也就是说 APU 同时具备了 CPU 和显卡的双重功能，从而大幅提升了计算机运行效率，实现了 CPU 与图像处理器（Graphic Processing Unit，GPU）的融合。

为了与 AMD 相抗衡，Intel 目前的所有系列 CPU 中也都已经集成了显示核心，但是综合比较，Intel 处理器中集成的显示核心性能要逊于 AMD 的 APU，因而如果准备选购集成显卡的计算机，那么 AMD 的 APU 将是首选，如图 2-3 所示。

图 2-3　AMD　A10-5800　APU

2. CPU 性能指标

在选购 CPU 时，我们所直接面对的只是 CPU 的名字——CPU 的产品型号，比如在前面的几份装机配置单中所采用的“Intel 酷睿双核 i3-4130”和“AMD A10-5800K APU”。只单纯从名字中很难判断出一款 CPU 的性能，要评价 CPU 的性能强弱，必须要熟知一些相关的性能指标。而 CPU 是一款科技含量极高的产品，设计生产过程非常复杂，因而其性能指标相应也有很多，这里只列举其中较为重要的几项。

2.1　CPU 核心

核心（core）又称为内核，是 CPU 最重要的组成部分，一个核心其实就是一套运算器和控制器，CPU 所有的计算、接受与存储命令、处理数据都由核心执行。CPU 的每次升级换代也主要都是 CPU 核心在技术上的改进，每一代 CPU 都有一个相应的核心代号，一般相同核心代号的 CPU 在性能上差别都不是太大，而不同核心的 CPU 则会有较大的差距。

处理器	英特尔 第二代酷睿 i3-2330M @ 2.20GHz 双核
速度	2.20 GHz (100 MHz x 22.0)
处理器数量	核心数: 2 / 线程数: 4
核心代号	Sandy Bridge NB
生产工艺	32 纳米
插槽/插座	Socket G2 (PGA 988 / BGA 1023)
一级数据缓存	2 x 32 KB, 8-Way, 64 byte lines
一级代码缓存	2 x 32 KB, 8-Way, 64 byte lines
二级缓存	2 x 256 KB, 8-Way, 64 byte lines
三级缓存	3 MB, 12-Way, 64 byte lines
特征	MMX, SSE, SSE2, SSE3, SSSE3, SSE4.1, SSE4.2, HTT, EM64T, EIST

图 2-4　CPU 信息

图 2-4 是用鲁大师检测到的 CPU 信息，可以看到这款“酷睿 i3-2330M”CPU 的核心代号为“Sandy Bridge NB”。采用相同核心的 CPU，核心技术也都是相同的。

2.2 多核心及多线程技术

目前的 CPU 普遍采用了多核心技术，即在一个处理器中集成多个核心，使之同时工作。多核心技术虽然不能达到 1+1=2 的效果，但相对于单核心处理器，多核心仍然使 CPU 性能有了很大的提升，尤其是在同时处理多个工作任务时，更是可以极大地提高 CPU 的工作效率。目前销售的 CPU 基本上都已是多核心，其中尤以双核心居多。

检测 CPU 核心数量的一个简单办法是通过任务管理器，同时按下 Ctrl+Alt+Del 组合键打开任务管理器，切换到“性能”选项卡，在“CPU 使用记录”中可以清晰地看到 CPU 的核心数量，如图 2-5 所示。

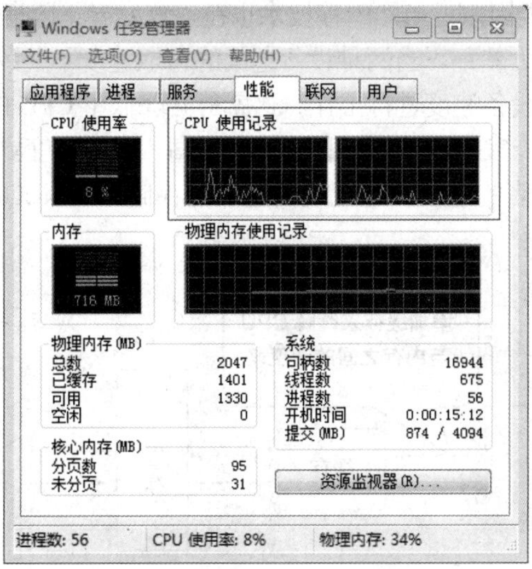

图 2-5 查看 CPU 核心数量

与多核心技术对应，Intel 的酷睿 i 系列 CPU 还支持多线程技术。通过该技术，可以用软件的方式将 CPU 的 1 个物理核心模拟成 2 个。所以一个双核的酷睿 i 系列 CPU，在任务管理器中会看到有 4 个“核心”，这其实是 4 个“线程”，因而称之为“双核心四线程”。

随着技术的不断发展，在 CPU 中集成的核心数量也越来越多，目前 Intel 和 AMD 的高端 CPU 大多已是 4 个、6 个，甚至 8 个核心。由于更多的 CPU 核心需要各种应用软件对其进行相应的优化才能更好地发挥作用，实验测试表明，无论是对于普通的上网应用，还是高端的游戏应用，4 核或更多核心的 CPU 优化效果并不明显，而对于图形图像类的多媒体应用，更多的核心则体现出了较大的优势。另外由于技术上存在一定差距，一般 Intel 的多核心处理器在性能上要强于 AMD，在实验测试中，AMD 6 核处理器在大多数多媒体应用中相比 Intel 的 4 核处理器都有所不及。所以对于普通用户，没有必要盲目追求多核心 CPU，对于目前的绝大多数应用，双核心已经够用，多核心对性能的提升并不是很明显，反而会增大发热量。

2.3 字长

字长是 CPU 在单位时间内能一次性处理的二进制数的位数。一般来讲，字长越大，CPU 工作效率也就越高。

目前使用的 CPU 字长基本上都是 64 位，也就是说 CPU 可以一次性处理 8 个字节的数据。

2.4 主频

主频是 CPU 内核工作的时钟频率，也就是 CPU 在一秒钟内能进行的运算次数，单位 Hz。假设工作中的 CPU 是一个正在跑步的人，那么这个人跑步步伐的快慢就是 CPU 的主频，所以主频反映的是 CPU 运算速度的快慢。在其他条件相同的情况下，主频越高，CPU 运算速度越快。

目前主流 CPU 的主频大都在 2~4GHz 的范围内，由于受到各种物理因素的限制，CPU 主频已很难再进一步提升。

2.5 缓存 Cache

CPU 在工作时，与内存之间的联系非常紧密， CPU 运算所需的数据都要从内存中读取，数据处理完之后的结果也要重新写入到内存中，因而 CPU 与内存之间数据读写的快慢也就成为影响 CPU 性能的一个重要因素。虽然内存技术也在一直发展，读写速度不断增快，但与 CPU 相比速度上仍然存在着较大差距。当两种设备之间的存取速度不一致时，如果要求设备同步工作，那就只能按照最慢的设备速度进行工作，这就势必降低了 CPU 的工作效率。

为了解决这个问题，专家提出使用一种成本比较高，但是速度更快的设备，把它放在 CPU 和内存之间，用于协调两者的速度，这就是高速缓冲存储器（Cache），一般简称缓存，如图 2-6 所示。

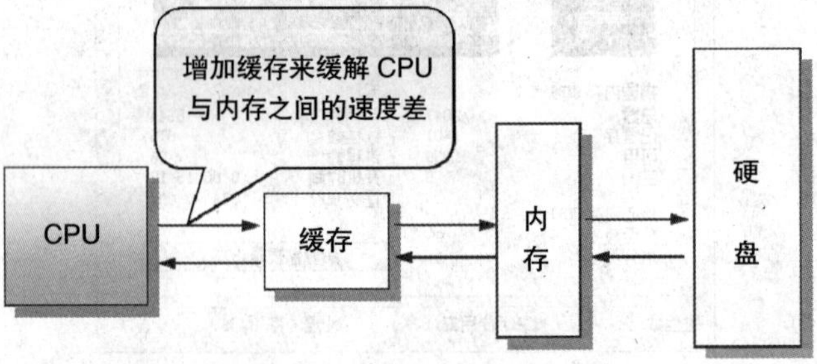

图 2-6　CPU 缓存功能示意图

CPU 中 Cache 的工作速度与 CPU 一致或是稍慢一些，但是要比内存快得多。同时，由于成本比较高，Cache 的容量要远远小于内存的容量。

CPU 缓存设计比较复杂，为了降低成本，同时也为了更充分地利用 CPU 的高速缓存，CPU 缓存采用了分级设计，分为一级缓存 L1 Cache、二级缓存 L2 Cache 和三级缓存 L3 Cache。

一级缓存是 CPU 的第一层高速缓存，一般采用写回式静态随机存储器（SRAM）制造。CPU 中的 L1 Cache 是所有 Cache 中速度最快的，当然也是价格最高的。一级缓存采用与 CPU 半导体相同的制作工艺，可以与 CPU 同频工作，大大提高了 CPU 的工作效率。

二级缓存是 CPU 的第二层高速缓存，L2 Cache 速度比 L1 Cache 要慢一些，但是其容量十分灵活，从几百 KB 到几 MB 不等。L2 Cache 是目前 CPU 性能表现很关键的指标之一，相同核心 CPU 在不改变主频的情况下，CPU 制造商会根据 L2 Cache 缓存容量的不同，把相同核心的 CPU 分为高档、中档、低档几种，当然价格也会差很多。

三级缓存是 CPU 的第三层高速缓存，部分高性能 CPU 上有提供，容量比 L2 Cache 更大。评测显示，每提高 1MB 的 L3 Cache，CPU 的性能就能提高大约 5%，当然这种性能的提升也是有极限的。

总之，缓存的容量越大，CPU 的性能就越好，目前大部分 CPU 缓存的容量都在 1~4MB 之间，所有的缓存都集成在 CPU 内部，与 CPU 成为一个整体。

除了在 CPU 中会有 Cache 外，在硬盘、光驱等设备中也有相应的 Cache，只不过这些设备中的 Cache 是用一些更为便宜的材料做成的。

2.6 制造工艺（制程）

制造工艺也叫制程，是 CPU 核心制造的一个关键技术指标，它是指制造设备在一个硅晶圆上所能蚀刻的最小尺寸。蚀刻的尺寸越小，一块晶圆所能生产的芯片就越多，成本和功耗也越低。可以想像一下：用一把柴刀和一把手术刀分别在一块木板上划一下，两者的划痕大小肯定不一样。“柴刀”就好比比较落后的制程，而“手术刀”则好比更先进的制程。

制程反映了 CPU 的整体设计水平。制程越小，电路的密集度就越高，在同样体积的 CPU 内就可以集成更多的电子元器件，从而为 CPU 带来整体性能的提升。CPU 制程的单位通常是 nm（纳米，1 纳米等于十亿分之一米），目前最先进的制程是 22nm，这种制程技术可以实现将一亿个晶体管集成在一个发丝大小的地方。在采用 22nm 制程的 CPU 中最多已经集成了 20 亿个晶体管。

由于制造工艺的改进往往意味着新一代 CPU 的诞生，所以在选购 CPU 时要注意不要购买那些工艺落后的产品。比如目前 CPU 的主流制程是 22nm 或 32nm，那么使用 45nm，甚至 65nm 的 CPU 就属于已被淘汰的上一代产品了。

2.7 CPU 接口

接口是指 CPU 背面与主板插槽接触的部位。不同类型 CPU 的接口不同，因此具有某种接口类型的 CPU 只能使用在具有相应类型插槽的主板上。

CPU 接口总体上分为板卡式的 Slot 接口、针脚式的 Socket 接口和触点式的 LGA 接口 3 种类型，如图 2-7 所示。其中 Slot 接口只在 CPU 早期时用过，早已被舍弃不用，目前 Intel 的 CPU 都是采用 LGA 类型的接口，而 AMD 的 CPU 都是采用 Socket 类型的接口。

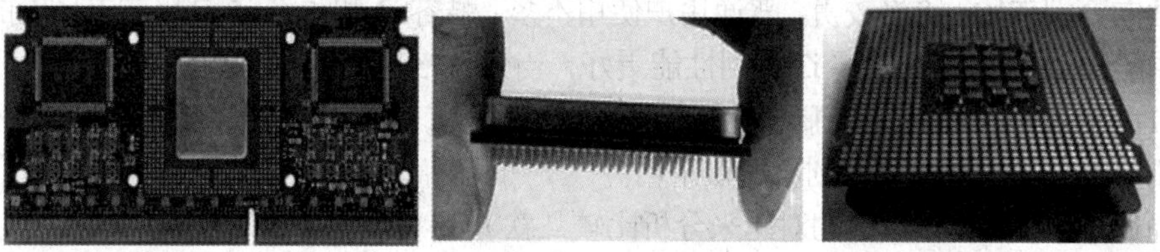

slot 型接口　　socket 型接口　　LGA 型接口

图 2-7 CPU 接口类型

接口类型虽然不能算作 CPU 的性能指标，但它是组装台式机时所必须考虑的一个重要因素。由于 CPU 更新发展的速度极快，而一般每一代采用新核心的 CPU 出现，都会随之带来一种新型的接口，所以就形成了目前 CPU 接口类型异常繁多的局面。CPU 的接口类型不同，在插孔数、体积、形状上都有很大变化，彼此之间无法兼容。尤其是在组装台式机时，一定要注意主板 CPU 插座要与 CPU 的接口相匹配。

3. 主流 CPU 介绍与选购

目前市场上销售的 CPU 品牌各异，型号众多，我们必须对这些 CPU 在性能上的差异有所认识，并且对 CPU 的命名规则也应稍作了解，只有这样，方能达到根据需求进行选购的目的。

3.1 CPU 命名规则

处理器就像 CPU 厂商的孩子，都会给它取名字，如“Intel Core i5 2300”，其中“Intel”是公司名字，“Core（酷睿）”是处理器品牌，“i5”说明 CPU 定位中端市场（i3 定位低端，i7

定位高端），而后面的 2300 就是 CPU 的具体型号。对于 Intel 的系列 CPU，无论怎样更新换代，基本上都是按照这个规则来命名的。

CPU 更新升级的速度非常快，因而在多数情况下都可能会出现新老两代，甚至三代 CPU 在市场上共存的情况，这些 CPU 可能都称为 Core i5，那么该如何区分这是新一代的 Core i5，还是上一代的产品呢？这时就需要通过 CPU 命名中最后的具体型号部分来辨别。例如，“Intel Core i5 3450”，区分新旧 CPU 的就是型号中的第一位数字，“3”代表第三代 i5 CPU，而“450”是产品级别的编号，CPU 型号基本遵循数字越大性能越强的规律。

第二代与第三代 Core i5 的对比如图 2-8 所示。

第二代 I5　　　　第三代 I5

图 2-8　第二代与第三代 Core i5 的对比

3.2　Intel 台式机 CPU

在台式机领域，Intel 的主流 CPU 是酷睿 i 系列，包括酷睿 i3、酷睿 i5、酷睿 i7。其中酷睿 i7 主要面向高端市场，价格较贵，普通用户使用不多。酷睿 i3 和酷睿 i5 是目前市场上的主流产品，其中酷睿 i5 系列相对酷睿 i3 系列性能更好，当然价格也要贵一些。

Intel 的低端 CPU 主要是奔腾 G 系列，性能相对要弱，但性价比很高。至于赛扬系列 CPU，除非特别在意计算机成本，否则不建议采用。

下面通过表 2-1 具体参数的对比来分析比较几款 Intel 的典型 CPU。

表 2-1　Intel 主流 CPU 参数对比

CPU 型号：奔腾 G3220 核心代号：Haswell 核心数量：双核心 线程数：双线程 主频：3GHz 三级缓存：3MB 制造工艺：22nm 接口类型：LGA 1150 内存控制器：DDR3 1333 集成显卡：是 参考价格：419 元	CPU 型号：酷睿 i3-4130 核心代号：Haswell 核心数量：双核心 线程数：四线程 主频：3.4GHz 三级缓存：3MB 制造工艺：22nm 接口类型：LGA 1150 内存控制器：DDR3 1600 集成显卡：是 参考价格：779 元	CPU 型号：酷睿 i5-4430 核心代号：Haswell 核心数量：四核心 线程数：四线程 主频：3GHz 睿频：3.2GHz 三级缓存：6MB 制造工艺：22nm 接口类型：LGA 1150 内存控制器：DDR3 1600 集成显卡：是 参考价格：1229 元

从参数中可以看出，这 3 款不同型号的 CPU 都是采用了相同的核心，它们的区别主要在于核心数量、主频以及缓存容量，这些也是影响 CPU 性能以及价格的最主要因素。

另外，酷睿 i5 CPU 支持 Turbo Boost 睿频加速技术，可以实现动态加速。该技术通过分析当前 CPU 的负载情况，智能地完全关闭一些用不上的核心，把能源留给正在使用的核心，并使它们运行在更高的频率下，进一步提升性能。相反，当需要多个核心时，可以动态开启相应的核心，智能调整频率。这样在不影响 CPU TDP（热设计功耗）的情况下，能把各核心的频率调得更高。

举个例子，如果某个游戏或软件只用到一个 CPU 核心，Turbo Boost 技术就会自动关闭其他 3 个核心，把正在运行游戏或软件那个核心的频率提高，从而获得最佳性能。但与超频不同，Turbo Boost 是自动完成的，也不会改变 CPU 的最大功耗。目前 Intel 的产品中，只有酷睿 i7/i5 系列 CPU 支持该项技术。

3.3 AMD 台式机 CPU

AMD 的 CPU 相对 Intel 的产品具有更高的性价比，尤其是 APU 中集成的显示核心，性能非常强劲，完全可以满足绝大多数普通用户的娱乐需求，是组装集成显卡计算机的首选。

APU 是目前 AMD 公司的主流产品，包括 A10、A8、A6、A4 等系列，在每个系列中又细分出很多不同的产品型号，以满足不同的市场需求。AMD 几款主流 APU 的具体参数，如表 2-2 所示。

表 2-2　AMD 主流 CPU 参数对比

CPU 型号：A8-5600K	CPU 型号：A10-5800K	CPU 型号：A10-6800K
核心代号：Trinity	核心代号：Trinity	核心代号：Piledriver
核心数量：四核	核心数量：四核	核心数量：四核
主频：3.6GHz	主频：3.8GHz	主频：4.1GHz
最大睿频：3.9GHz	最大睿频：4.2GHz	最大睿频：4.4GHz
二级缓存：4MB	二级缓存：4MB	二级缓存：4MB
制造工艺：32nm	制造工艺：32nm	制造工艺：32nm
接口类型：Socket FM2	接口类型：Socket FM2	接口类型：Socket FM2
内存控制器：DDR3 1866	内存控制器：DDR3 2133	内存控制器：DDR3 2133
显示核心：Radeon HD 7560D	显示核心：Radeon HD 7660D	显示核心：Radeon HD 8670D
显卡基本频率：760MHz	显卡基本频率：800MHz	显卡基本频率：844MHz
参考价格：529 元	参考价格：659 元	参考价格：909 元

与 Intel CPU 类似，APU 之间的区别主要也在于核心、主频以及缓存容量的不同。另外，除了 CPU 本身性能的差异之外，CPU 中所集成的显示核心性能也是不同档次 APU 之间的一个区别。

A10-6800K 拥有 4.4GHz 的最高主频，加上 Radeon HD 8670D 的显示核心，整体性能够强，无论是 DX9 游戏，还是 DX10 游戏，都能够运行得非常流畅。

A10-5800K 整合的 Radeon HD 7660D 显示核心性能相当不错，性能足以轻松超越 GT630 级别的独立显卡，CPU 拥有最高 4.2GHz 的主频，虽然相对 A10-6800K 来说性能稍差，但应对 DX9 游戏和 DX10 游戏还是足够了。

A8-5600K 胜在性价比够高，这款 APU 整合了 Radeon HD 7560D 显示核心，CPU 最高频率为 3.9GHz，虽然相对 A10-5800K 来说也有一定的性能差距，但基本能够应付 DX9 游戏和 DX10 游戏。

3.4 笔记本电脑 CPU

笔记本电脑的硬件架构和台式机基本相同，但是由于机体轻薄，还要考虑便携性和电池寿命，所以在许多具体部件上和台式机有所区别，基本上绝大多数笔记本电脑的硬件产品与台式机都不通用。例如，笔记本电脑的 CPU 与台式机的处理器相比，具有更低的核心电压以减少能耗和发热量，并且普遍具备台式机 CPU 所没有的电源管理技术。所以无论 Intel，还是 AMD，都对自己用于笔记本电脑的 CPU 产品单独命名，以与台式机区分。

在目前的笔记本电脑领域，Intel 的产品占据了较大优势，大多数笔记本电脑都是采用了 Intel 公司的 CPU，所以这里只介绍主流的 Intel 笔记本电脑 CPU。

Intel 的主流笔记本电脑 CPU 目前也是酷睿 i 系列，表 2-3 所示是几款典型笔记本电脑 CPU 的主要性能参数。注意，在笔记本电脑 CPU 的产品型号中一般都加了个字母“M”，即“Mobile”，意为“移动版 CPU”。

表 2-3 主流笔记本电脑 CPU 参数对比

CPU 型号：酷睿 i3-3120M 核心代号：Ivy Bridge 核心数量：双核心 线程数：四线程 主频：2.5GHz 三级缓存：3MB 制造工艺：22nm 显示核心：Intel HD 4000	CPU 型号：酷睿 i5-3230M 核心代号：Ivy Bridge 核心数量：双核心 线程数：四线程 主频：2.6GHz 最大睿频：3.2GHz 三级缓存：3MB 制造工艺：22nm 显示核心：Intel HD 4000	CPU 型号：酷睿 i5-4200M 核心代号：Haswell 核心数量：双核心 线程数：四线程 主频：2.5GHz 最大睿频：3.1GHz 三级缓存：3MB 制造工艺：22nm 显示核心：Intel HD 4600

通过参数对比可以发现，i5-4200M 属于第四代酷睿，而 i5-3230M 则属于第三代产品，它们的主要差别在于核心不同，而酷睿 i5 与酷睿 i3 的主要区别仍在于睿频加速技术。

3.5 CPU 散热器

CPU 是一块大规模集成电路，其在运行过程中会产生很多热量，而高温是集成电路的大敌。高温会导致系统运行不稳，频繁死机，甚至可能使 CPU 烧毁，这时散热器就派上了用场。散热器的作用就是将这些热量吸收，然后散发到机箱内或者机箱外，保证计算机系统在正常的温度下工作。

目前市场上常见的散热器有水冷散热器、热导管散热器和风冷散热器 3 种。水冷散热器和热导管散热器的散热效果比较好，但是水冷散热器笨重，而且安装起来很麻烦，热导管散热器的价格比较高，所以目前最为常用的还是风冷散热器，如图 2-9 所示，一般盒装 CPU 都自带有风冷散热器。

图 2-9 风冷散热器

任务二 了解内存

任务描述

计算机中的存储器为什么要有内存储器和外存储器之分？它们的作用分别是什么？

在选购计算机时，多大容量的内存才够用？内存容量是越大越好吗？

在本任务中将介绍内存在计算机中的作用以及主要性能参数。

任务分析及实施

1. 存储器的分类与作用

1.1 内存储器和外存储器

作为计算机硬件系统 5 大理论组成部分之一的存储器，在实际构成计算机的硬件设备中表现为内存储器和外存储器两种不同的形式。其中内存储器就是我们通常所说的内存，而外存储器则主要指的是硬盘。这里还要澄清一下，内存和外存的划分并不是按照在机箱内，还是机箱外进行的，而是按照 CPU 是否能够直接进行存储划分的。在外存中的数据必须通过内存作为中转才能够被 CPU 处理。

虽然同为存储器，但内存和硬盘无论在工作性质，还是工作性能上的差异都非常大。硬盘的作用是存放计算机中的数据，因而容量要求非常大；而内存则是用来运行程序，或者说是用来为 CPU 提供运算所需要的数据，因而对速度要求非常快。内存与硬盘的差异，如同剧团中的舞台和后台，分工完全不同。内存好比舞台，用来表演节目，硬盘则好比后台，用来放置演员和道具。剧团演出时，每个节目轮流从后台到舞台上表演，表演结束后，再及时撤回后台，如此循环往复。与此类似，计算机中的所有数据都存放在硬盘里，当要运行一个程序时，就把这个程序的相关数据从硬盘调入内存中，程序运行结束之后，将之从内存中清除，并将相关数据保存回硬盘。

因此，我们一般把内存也叫做主存。对于计算机体系而言，内存是非常重要的一个部分，内存在计算机中的重要性要远高于硬盘。因为无论计算机运行任何程序，都要首先将其调入内存。如果内存的容量太小，无法为要运行的程序提供足够的空间，那么这个程序就无法运行。如果内存的速度太慢，与 CPU 处理数据的速度相差太大，将严重影响系统的整体性能。

总之，内存负责运行程序，要求速度比较快，容量要能够满足系统和程序的需求。硬盘负责存放数据，要求容量比较大，但速度相对较慢。

1.2 RAM 和 ROM

内存储器按工作性质的不同分为只读存储器（Read Only Memory，ROM）和随机存储器（Random Access Memory，RAM）两种。

只读存储器（ROM）的特点是只能一次性写入程序或数据，数据存储以后就只能读取，而无法重新写入。ROM 一般用于存储计算机的重要信息，如基本输入输出系统（Basic Input-Output System，BIOS），BIOS 用来加载操作系统的启动，如图 2-10 所示。存放在 ROM 中的程序不会因为关机、断电等情况引起丢失，所以它也被称为非易失存储器。

随机存储器（RAM）的特点是既可以从中读取数据，也可以写入数据，但它无法永久保存信息，只要断电，存储的信息就将全部丢失，因此 RAM 只用于暂时存放数据。RAM 习惯上分为静态内存（Static RAM，SRAM）和动态内存（Dynamic RAM，DRAM）。SRAM 主要用于组成高速缓存(Cache Memory)，其优点是速度非常快，缺点是成本高，体积大，功耗大。DRAM 成本比较低廉，功耗低。我们通常所说的“内存”和“内存条”指的就是 DRAM，如图 2-11 所示。

图 2-10　BIOS

图 2-11　DRAM 内存

RAM 的特点正好符合内存的工作性质，因为内存的作用是运行程序，而非存储数据。而且当一个程序运行完之后，必须及时地从内存中清除出去，如果程序因为种种原因未能及时清除而继续滞留在内存中，那么当内存中滞留的程序越来越多，以至最终内存没有空间再用于运行新的程序时，就会导致计算机“死机”。我们知道，当计算机死机时，往往重新启动计算机就可以解决问题，这是因为重启本身就是一个将计算机断电然后再重新加电的过程，这个过程将清空内存中的所有数据，从而使之又可以运行新的程序。另外再如我们在用 Word 编辑一篇文章时，如果在没有保存所编辑信息的情况下计算机突然断电或死机，那么这些信息将全部丢失，因为这些信息都还只是存放在内存而非硬盘里，而当我们单击了“保存”按钮之后，这些信息就会从内存写入到硬盘中，从而可以永久保存。

2. 内存的性能指标

内存的作用虽然非常重要，但其构造相对比较简单，决定其性能的主要因素是容量和频率。

2.1　内存容量

内存的容量大小对计算机的整体性能影响非常大。在安装软件时通常会发现，基本每一款软件都对运行软件所需要的最小内存容量做出了要求。一般软件功能越强大，对内存的容量要求也就越高。比如 Windows 7 操作系统，安装它要求计算机至少具有 1GB 容量的内存，而要想流畅运行 Windows 7，则一般需要 2GB 内存才能达到要求。

对于我们目前使用的计算机，至少应配备 2GB 容量的内存，最好能达到 4GB。但内存容量是否就是越大越好呢？这也不能一概而论，决定内存容量的一个关键因素就是操作系统。

目前我们所用的操作系统有 32 位和 64 位之分，它们的主要区别在于寻址能力的差异。CPU 运算所需的数据都来自于内存，为了便于从内存中存取数据，为内存中的每一个存储空间都分配了一个二进制数的编号。32 位操作系统就是采用 32 位的二进制数为内存空间编号，每一个内存存储空间的大小为 1B，32 位二进制数能够表示的最大编号为 2^{32}，因而在 32 位操作系统中，CPU 能够寻址的最大内存空间就为 2^{32}B，即 4GB。也就是说在 32 位操作系统中，能够识别的最大内存容量为 4GB，即使计算机中安装了更大容量的内存，系统也将无法识别使用。

要使用 4GB 以上容量内存，就需要安装 64 位操作系统，因为 64 位操作系统的内存寻址空间扩大到了 2^{64}B。目前 64 位操作系统的兼容性已经非常完善，因而建议大家在安装操作系统时应尽量选择 64 位的版本，如图 2-12 所示。

系统

分级:	4.3 Windows 体验指数
处理器:	Intel(R) Core(TM) i3-2330M CPU @ 2.20GHz 2.20 GHz
安装内存(RAM):	6.00 GB
系统类型:	64 位操作系统
笔和触摸:	没有可用于此显示器的笔或触控输入

图 2-12　要使用 4GB 以上内存必须安装 64 位操作系统

2.2　工作频率

如同 CPU 的主频，工作频率决定了内存的运行速度，而频率快慢则是由内存类型决定的。

目前所使用的主流内存为 DDR SDRAM（双倍速率同步动态随机存储器），简称 DDR。DDR 内存至今已经经历了 DDR、DDR2 和 DDR3 三代产品，它们之间的差异主要体现在工作频率上。以目前广泛使用的 DDR3 代内存为例，其包括 DDR3 1066、DDR3 1333、DDR3 1600 等几种型号，型号后面的数字就代表频率，单位 MHz。

内存容量和工作频率这两项参数也直接体现在内存的型号中，如前面两份装机配置单中所使用的“金士顿（Kingston）DDR3 1600 4GB 台式机内存”和“威刚（ADATA）万紫千红 DDR3 1600 4GB 台式机内存”。“金士顿”和“威刚”是内存的品牌，“DDR3”表明内存类型，“1600MHz”表明工作频率，“4GB”表明容量。

3. 内存条的结构与安装

3.1　内存条的结构

内存条的结构相对于计算机中的其他硬件设备来讲比较简单，如图 2-13 所示，主要由 PCB 板、内存颗粒和金手指等组成。

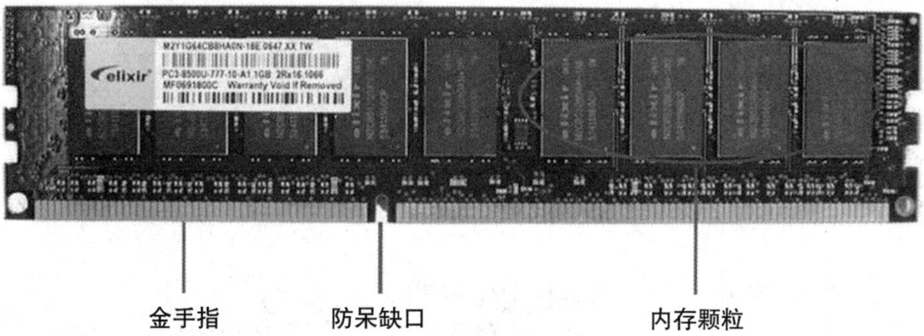

图 2-13　内存条的结构

- PCB 板（印刷电路板），是内存条上其他元器件存在的基础，各个部件都要通过 PCB 板上的电路互相通信。
- 内存芯片，也称为内存颗粒，是内存的核心，内存的速度和容量等性能参数都是由内存颗粒决定的。在内存条上会有多个内存颗粒并排排列，整条内存的容量就是所有内存颗粒的容量之和。

- 针脚，也称为金手指，由众多金黄色的导电触片组成。在工作过程中，数据、工作所需电力等都靠它传输和供应。金手指上的导电触片称为引脚，有多少引脚就称为有多少 pin，目前使用的 DDR3 内存引脚数为 240pin。
- 防呆缺口，它的作用一是用来防止内存插反，二是用来区分不同类型的内存。

3.2 内存条的安装

内存条在安装时需要插接到主板的内存插槽中，为了防止插反，在金手指上都设置有防呆缺口，相应地在主板的内存插槽中也设置有隔断。

在安装内存条时，必须要先把金手指上的缺口与插槽中的隔断对应起来才能继续安装。不同类型的内存防呆缺口的数目和位置也都不一样，所以无法混用，不同类型的内存必须插在相应的内存插槽中，如图 2-14 所示。

图 2-14 内存插槽和内存条的防呆设计

内存是计算机中最容易出现故障的一个硬件设备，如果计算机出现了开机无法启动，同时伴随喇叭长鸣的故障现象，则多半是由内存引起的。此时可将内存从主板上拔下，用橡皮擦拭内存金手指，去除氧化物，并尝试将内存条在主板上各个不同的内存插槽中反复插拔，通过这些方法一般就可以排除此类故障。同时在插拔内存的过程中需要注意不要用手直接接触金手指，因为手上的汗液会附着在金手指上，在使用一段时间后会再次造成金手指氧化。

4. 内存的选购

目前，内存条的品牌比较多，如 Kingston（金士顿）、Apacer（宇瞻）、KINGMAX（胜创）、Samsung（三星）等，由于生产技术比较成熟，各个厂商的产品在速度和性能上的差距都很小。

用户在选购内存条时，主要应考虑以下几方面因素。

一是要注意兼容性，即内存与主板、内存与 CPU 之间是否会相互支持。比如有些 CPU 最高只能支持 DDR3 1333 类型的内存，那么用户即使购买了更高频率的内存，也只能按照 1333MHz 的频率运行，从而造成性能上的浪费。

二是先容量，后速度。从性能指标的角度，建议优先考虑容量，然后考虑速度。因为与内存工作频率相比，内存容量对计算机性能影响更大。

任务三　了解主板

任务描述

小孙要组装一台台式机，在确定了要使用的 CPU 之后，接下来该如何选择一款能够与 CPU 搭配的主板呢？主板上众多的插槽和接口都是用来连接什么设备的？这些设备又是如何连接或安装到主板上的呢？

在本任务中将介绍主板的结构，以及主板上的主要插槽和接口。

任务分析及实施

主板是计算机中最重要的硬件设备之一，它是整个计算机硬件系统的工作平台，计算机中的其他所有硬件设备都要直接或间接连到主板上才能工作。主板一方面要为它们提供安装的插槽或接口，另一方面还要负责在它们之间传输数据。如果说 CPU 是计算机的“大脑”，那么主板就是计算机的“骨骼”，因而如果主板工作不稳定，整个计算机系统都将受到影响。

1. 主板的插槽和接口

主板从整体上看是一块印刷电路板（PCB），上面存在很多插槽和接口，以用于安装或连接各种不同类型的设备，如图 2-15 所示。我们必须要能够区分开这些插槽和接口安装或连接的设备，并掌握这些设备的安装连接方法。

图 2-15　主板结构图

1.1 CPU 插座

作为 CPU 的安身之地，主板 CPU 插座的类型必须与 CPU 的接口类型相对应。根据前面介绍的目前主流 CPU 的接口类型，主板 CPU 插座也相应地分为支持 Intel 处理器的 LGA 触点式插座和支持 AMD 处理器的 Socket 针脚式插座，如图 2-16 所示。

比如酷睿 i3-4130 CPU，它的接口是 LGA1150，那么与之搭配的主板必须要提供 LGA1150 的 CPU 插座。

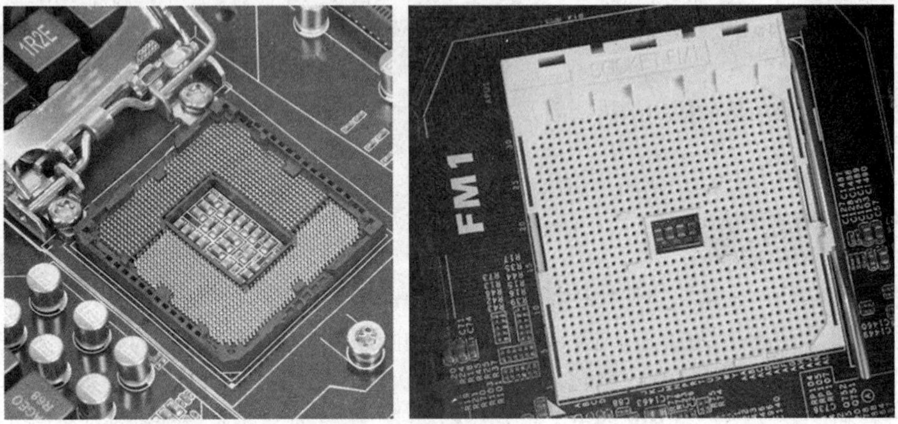

LAG1155 CPU 插座　　Socket Fm1 Cpu 插座

图 2-16　CPU 插座

在 LGA 插座中的是一个个的小孔，每个小孔都有很细小的弹簧和 CPU 背面的金属点相对应。放进 CPU 之后，盖上盖子，再拉下旁边的拉杆，CPU 就会和这些弹簧密合，而镂空的盖子则可以让 CPU 跟散热器紧密接触。

在 Socket 插座中的是一个个小洞，对应 CPU 上的针脚。在安装 CPU 的时候一定要注意将针脚与小洞对准才能插入，否则如果不慎将针脚弄歪或折断，那将会对 CPU 造成严重损坏。

1.2 内存插槽

内存插槽用来安装内存条，一般在主板上都会提供 2 个或 4 个内存插槽，如图 2-17 所示。在安装内存条时需要注意将内存条上的防呆缺口与内存插槽中的隔断对准才能安装。

目前很多主板上都会提供两组不同颜色的内存插槽，这主要是为了实现内存双通道技术。将两根相同型号的内存插到两个相同颜色的内存插槽中，就可以实现该技术。这在一定程度上可以提升内存的性能。

图 2-17　内存插槽

1.3 PCI 插槽

PCI 是一组用于插接各种扩展卡的扩展插槽，多为乳白色，如图 2-18 所示。所谓扩展卡是指如网卡、声卡之类对计算机功能进行扩展的硬件设备。这些设备的共同特点是工作频率都比较低，都属于低速设备。

PCI 是一种比较古老的插槽，已基本被淘汰，在目前的主板上一般只保留一个 PCI 插槽做备用。

1.4 PCI-E 插槽

PCI-E 即 PCI-Express，扩展 PCI 插槽，是目前主板上的主要插槽，取代了传统的 PCI 和 AGP 插槽。

根据所支持的传输速率不同，PCI-E 插槽分为 PCI-E 1X、PCI-E 4X、PCI-E 8X、PCI-E 16X 等多种形式，如图 2-19 所示。其中速度最慢的 PCI-E 1X 传输带宽为 500MB/s，而速度最快的 PCI-E 16X 传输带宽则高达 8GB/s。不同标准的 PCI-E 插槽可用于安装不同类型的设备，PCI-E 1X 插槽用于安装高速网卡或声卡，速度最快的 PCI-E 16X 插槽则专用于安装显卡。

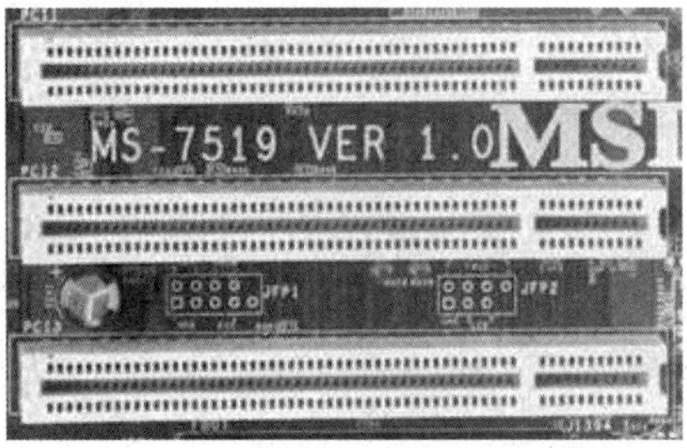

图 2-18 PCI 插槽

图 2-19 PCI-E 插槽

PCI-E 插槽目前已发展到 PCI-E 2.0 版本，相对于之前的 PCI-E 1.0 在速度上有了大幅提升。PCI-E 1X 的带宽提高到了 1GB/s，而 PCI-E 2.0 版的 16X 插槽传输带宽更是达到了 16GB/s。

虽然 PCI-E 插槽已经大幅提高了显卡的传输速率，但为了进一步提高性能，在部分主板上还提供了两条甚至更多条的 PCI-E 16X 插槽，以用于显卡间的互联，达到类似 CPU 架构中双核处理器的效果，如图 2-20 所示。由此可见，显卡在计算机中的地位日益重要。

图 2-20 双 PCI-E 16X 插槽

1.5 IDE 接口和 SATA 接口

IDE 接口和 SATA 接口都用于连接硬盘和光驱，但它们在工作特点和连接方式上存在很大区别。

IDE 接口采用并行方式传输数据，所支持的最高数据传输速率为 133MB/s。由于其速度较慢，已基本被淘汰，在目前的主板上一般只保留一个 IDE 接口以作备用。

IDE 接口通过 IDE 数据线与硬盘或光驱进行连接，如图 2-21 所示。在每根数据线上都提供了 3 个端口，一个端口连接主板，另外两个端口可以各自连接一个设备，所以每个 IDE 接口可以同时连接 2 个设备。当要在一个 IDE 接口上连接 2 个设备时，必须要对硬盘或光驱进行跳线设置，即将其中一个设为主设备，另一个设为从设备。

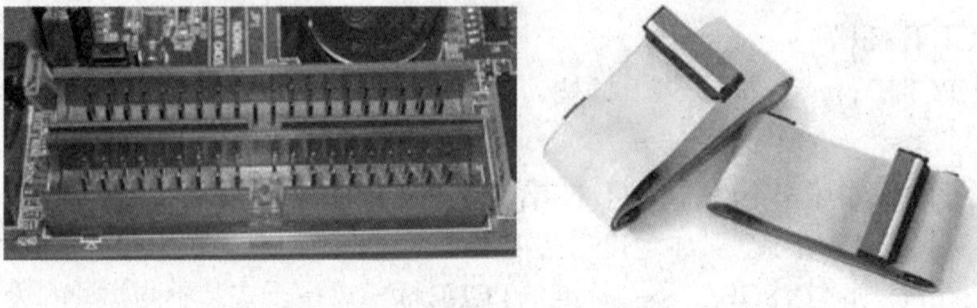

图 2-21　IDE 接口及 IDE 数据线

SATA 接口采用串行方式传输数据，传输速率相对 IDE 接口更高。SATA 接口目前也已发展成 3 个版本：SATA1.0 传输速率 150MB/s，SATA2.0 传输速率 300MB/s，SATA3.0 传输速率达到 6Gbps/s，即 750MB/s。

SATA 接口通过串行数据线与硬盘或光驱连接，连接方式相比 IDE 接口要简单得多。SATA 属于点对点连接，硬盘或光驱直接连接到主板，如图 2-22 所示。而且由于串行数据线线体较窄，减少了机箱的占用空间，非常有利于机箱内的散热。另外 SATA 接口还具有结构简单、支持热插拔等优点，所以目前已取代了 IDE 接口。

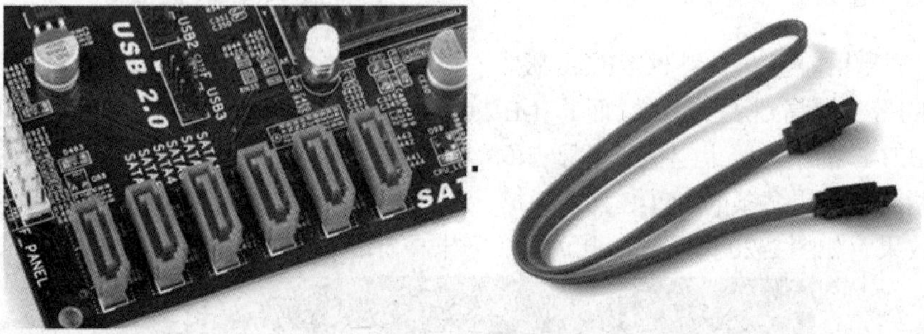

图 2-22　SATA 接口及串行数据线

1.6　电源接口

电源接口是主板与电源连接的接口，负责给主板上的所有部件供应电力，目前主板上的电源接口基本都为 24 芯，如图 2-23 所示。

图 2-23　电源接口

1.7　背板接口

在主板的侧面提供了很多外置接口，主板安装到机箱里去以后，这些接口将会位于机箱的背面，所以统称为背板接口，如图 2-24 所示。

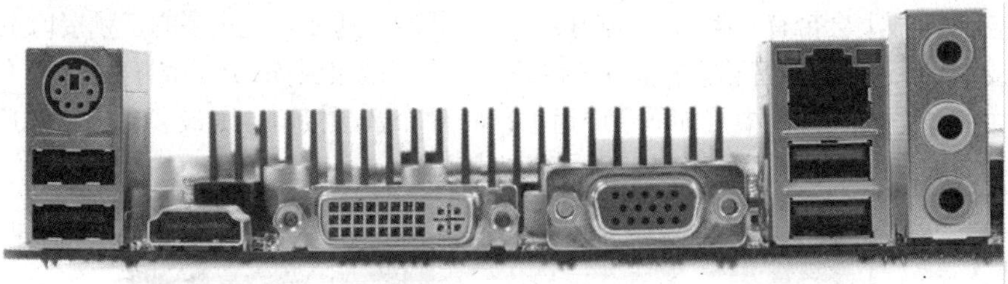

图 2-24　背板接口

不同主板上所提供的背板接口也不相同，其中最为常见的有以下类型的背板接口。

（1）USB 接口

USB（通用串行总线）接口，是主板上应用最为广泛的一类接口，它的最大特点是即插即用，支持热插拔，即允许使用 USB 接口的设备在带电工作的状态下从主板拔下或插入。通常主板都会提供 2~6 个不等的 USB 接口，每个 USB 接口最多可以连接 127 个外部设备。

USB 接口根据传输速率不同分为 3 种标准：USB1.1，最高数据传输速率为 1.5MB/s；USB2.0，最高速率为 60MB/s；最新标准 USB3.0，最高速率为 480MB/S。图 2-24 中左侧两个黑色的为 USB2.0 接口，右侧两个蓝色的为 USB3.0 接口。

在使用计算机时需要注意，由于机箱前面板上的 USB 接口是从主板上转接的，其供电电压相比主板上自带的 USB 接口要低，所以如果要使用一些高耗电的设备，如移动硬盘等，最好是接在主板上的 USB 接口，即机箱后侧的 USB 接口上使用。

（2）PS/2 接口

PS/2 接口用于连接键盘和鼠标，为了加以区别，鼠标的接口为绿色，键盘的接口为紫色，如图 2-25 所示。PS/2 接口的功能比较单一，其被 USB 接口完全取代的可能性极高。

图 2-25　PS/2 接口

图 2-26　RJ-45 网络接口

（3）RJ-45 网络接口

目前绝大多数主板上都集成有网卡，其中又以集成千兆网卡的居多，即最大传输速率为 1000Mbps/s。主板上所集成网卡的类型基本都是 RJ-45 接口的以太网卡，用以连接双绞线，如图 2-26 所示。

（4）音频接口

音频接口通常为一组 3 个接口。绿色的为输出接口，用于连接音箱或耳机；粉色的为麦克风接口；蓝色的为输入接口，用于将 MP3、录音机等音频输入到计算机内，如图 2-27 所示。

也有部分主板上会带有一组 6 个音频接口，如图 2-28 所示。这么多的音频接口主要是用于接驳 5.1 或 7.1 声道的有源音箱。3 个音频接口，最多只能接驳 5.1 声道的有源音箱（左声道、右声道、左环绕、右环绕、中置加低音声道）；而 6 个音频接口，则最多能接驳 7.1 声道的有源音箱（比 5.1 声道多出了后左环绕、后右环绕声道）。

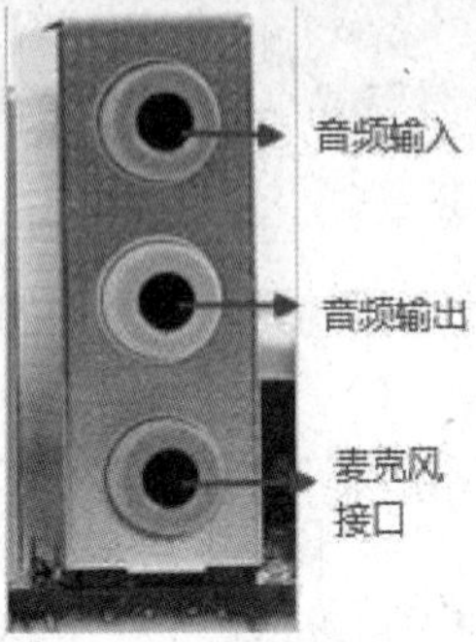

图 2-27　3 个音频接口

图 2-28　6 个音频接口

（5）视频接口

视频接口用于连接显示器或电视机，包括连接 CRT 显示器的 VGA 接口、连接液晶显示器的 DVI 接口、连接电视机的 HDMI 接口，如图 2-29 所示。关于视频接口的内容将在显卡部分的章节中详细讲述。

图 2-29　视频接口

（6）串行接口 COM 和并行接口 LPT

串行接口也称为 COM 接口，用于连接串行鼠标以及对交换机和路由器等网络设备进行调试。

并行接口又称 LPT 接口，主要用于连接老式的针式和喷墨打印机。

目前，这两类接口已基本被淘汰，在大多数主板中已经找不到它们的身影了，如图 2-30 所示。

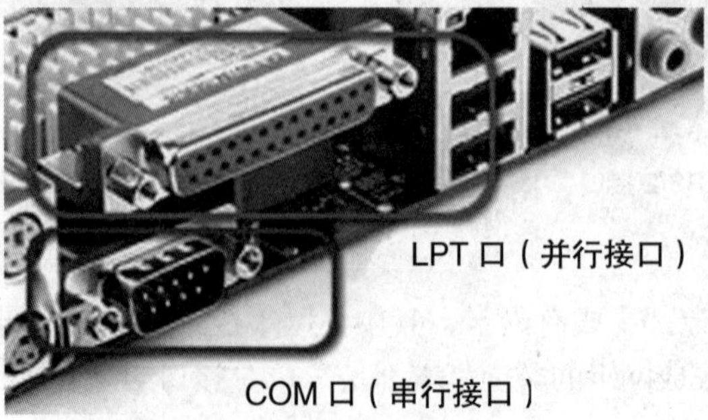

图 2-30　串行和并行接口

2. 主板芯片组

主板的核心和灵魂是主板芯片组，它的性能和技术特性决定了整块主板可以与什么硬件搭配，可以达到什么样的性能。

主板芯片组的主要作用是支持安装在主板上的各个硬件设备，并负责在它们之间转发数据。在以往的主板中，主板芯片组被分为北桥芯片和南桥芯片，分别负责完成不同的功能。随着技术的不断发展，目前的主板大都采用了单芯片设计，即在主板上只保留了一颗主芯片，而将很多原本由主板芯片组实现的功能集成到了 CPU 中，从而使得计算机的整体性能得到进一步的提升。

图 2-31 是标准的 CPU、主板与其他硬件的关系图。从图中可以看到最正中的芯片组与 CPU、USB 接口、网卡、SATA 接口（硬盘）等相接，这说明芯片组就像数据中转站，硬盘、声卡、闪存里的数据都要通过芯片组才能传到 CPU 里去处理，而数据中转也正是芯片组起的最主要作用。

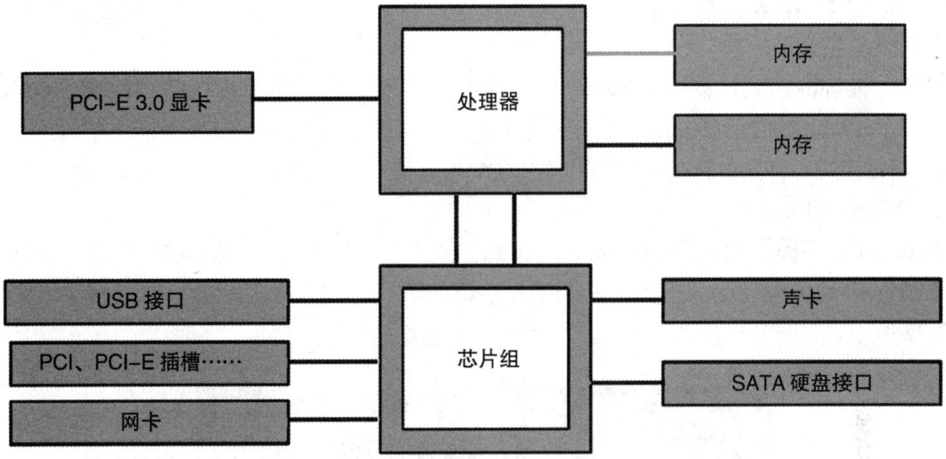

图 2-31 主板芯片组功能结构图

对于主板来讲，主芯片仍然是其最主要的组成部分，而且计算机中任何一款新硬件或一项新技术在推出后，都需要有相应主板芯片的支持才能够得到应用。

例如，每一款新 CPU 都必须得有一款能与之搭配的主板芯片相配合，像最新架构的酷睿 i3 CPU，就必须与 H81 或 H87 主板芯片配合，所以主板芯片组能否支持所选择的 CPU，是在选配计算机时所应注意的首要问题。

由于主板芯片组直接决定了整块主板的性能和档次，采用相同主板芯片组的不同品牌的主板，在性能上的差异极少超过 10%，所以通常都以主板芯片组的型号作为整块主板的代称，如 H81 主板、H87 主板、A75 主板、A78 主板等。

3. 主流主板介绍与选购

主板是计算机的中心，所有硬件都直接或间接地接到主板上，而且在其他硬件可以随时升级、更换的情况下，主板的升级和更换则要影响到整台计算机，因此用户应该选购一款适合目前使用及具有拓展、升级空间的主板。

3.1 主板命名与选购

目前的主板芯片组基本都是由 Intel 和 AMD 公司研发生产的，分别用于支持自家的 CPU。

需要注意的是，Intel 和 AMD 公司只生产主板芯片组，而并不生产主板成品，最终的主板是由主板厂商从 Intel 和 AMD 公司购买到主板芯片组后，再自行设计生产的。所以主板的名字通常都是主板厂商和主板芯片组的结合体，如“华硕（ASUS）H81-PLUS”主板，“华硕”代表主板厂商，从后面的产品型号中可以推断出主板芯片组是 Intel 的 H81。

选购主板的首要原则是主板要能与 CPU 搭配，即主板上的 CPU 插座要与 CPU 的接口类型相一致。其次就是选择主板芯片组及主板品牌，功能强劲的主板芯片组以及一线大厂的名牌产品在性能上要更为稳定可靠。目前规模较大、口碑较好的主板厂商主要有：华硕 ASUS、技嘉 Gigabyte、微星 MSI、华擎、映泰等。从近几年的销售数据上来看，全球有一半主板的出货量被华硕和技嘉占据，微星、华擎和映泰则在为第三把交椅苦苦奋斗。

3.2　主板结构分类

主板结构是指主板生产商对主板上各个元件的布局排列、尺寸大小、形状及电源规格等制定出的所有厂商都必须遵循的通用标准。按照不同的主板结构，可以把主板分为 ATX 主板、Micro ATX 主板、BTX 主板等。

（1）ATX 主板

ATX 主板标准的设计规格是 305mm × 244mm，俗称大板，有 6~8 个扩展插槽。ATX 主板克服了之前 AT 主板的诸多缺陷，布局更加合理，具有较好的散热性。其主要特点有：当板卡过长时，不会触及其他元件；外设线和硬盘线变短，更靠近硬盘；散热系统更加合理等。

（2）Micro ATX 主板

Micro ATX 主板的规格为 244mm × 244mm，俗称小板，有 3~4 个扩展插槽。Micro ATX 主板的尺寸比 ATX 大板要小，主板上的插槽和接口的数目也比大板上的少，价格相对也要便宜，如图 2-32 所示。

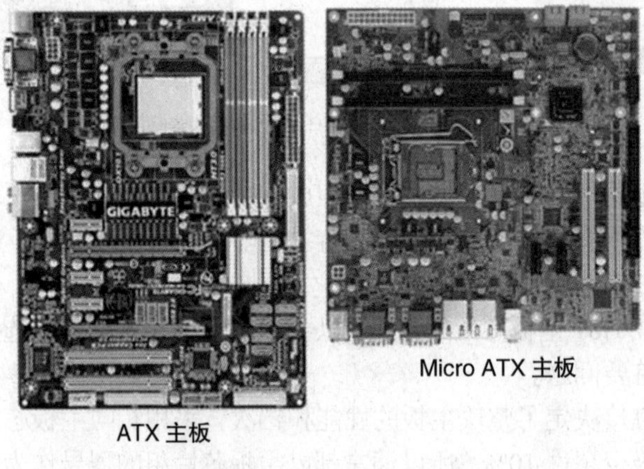

图 2-32　ATX 与 Micro ATX

（3）BTX 主板

BTX 主板是 ATX 主板结构的替代者，同时也是 Intel 提出的新型主板架构，具有系统结构非常紧凑、兼容性好的特点。

3.3　主流主板介绍

针对前面的装机配置单中所采用的两块主板：华硕（ASUS）H81-PLUS 主板、技嘉（GIGABYTE）F2A75M-DS2 3.0 主板，下面是从中关村在线（www.zol.com.cn）网站上查到的主板详细参数，如表 2-4 所示。

表 2-4　华硕（ASUS）H81-PLUS 主板参数

主板型号：华硕（ASUS）H81-PLUS
主板芯片组：Intel H81
CPU 平台与接口：Intel 平台 LGA 1150 接口
CPU 类型：支持 Intel 22nmCore i7/Core i5/Core i3/Celeron/Pentium
内存插槽：2×DDR3 DIMM
最大内存容量：16GB
内存类型：支持双通道 DDR3 1600/1333/1066MHz 内存
显卡插槽：PCI-E 2.0 标准
PCI-E 插槽：1×PCI-E X16 显卡插槽；　2×PCI-E X1 插槽
PCI 插槽：3×PCI 插槽
SATA 接口：2×SATA II 接口；2×SATA III 接口
USB 接口：8×USB2.0 接口；2×USB3.0 接口
外接端口：1×VGA 接口、1×RJ45 网络接口
PS/2 接口：PS/2 鼠标，PS/2 键盘接口
集成芯片：集成声卡和网卡芯片
主板板型：ATX 板型

从主板参数中可以得到以下信息。

- 主板芯片组为 Intel H81，支持接口类型为 LGA1150 的 Intel CPU。
- 主板上提供了 2 个 DDR3 类型的内存插槽，支持的内存容量最大为 16GB，支持的内存最高频率为 DDR3 1600。也就是说，即使在这块主板上安装了更高频率的内存，也只能按 1600MHz 的实际频率工作。
- 主板上带有 1 个 PEI-E 2.0 标准的 PCI-E 16X 显卡插槽，可以安装独立显卡。
- 主板上带有 4 个 SATA 接口，可以最多安装总计 4 个硬盘或光驱设备。
- 主板上带有 1 个 VGA 视频接口，注意，主板上不具备输入数字信号的 DVI 视频接口。
- 主板板型为 ATX，俗称大板。

技嘉（GIGABYTE）F2A75M-DS2 3.0 主板的详细参数如表 2-5 所示，读者可以自行分析。

表 2-5　技嘉（GIGABYTE）F2A75M-DS2 3.0 主板参数

主板型号：技嘉（GIGABYTE）F2A75M-DS2 3.0
主板芯片组：AMD A75
CPU 平台与接口：　AMD 平台 Socket FM2 接口
CPU 类型：AMD A10/A8/A6/A4/Athlon
内存插槽：2×DDR3 DIMM
最大内存容量：64GB
内存类型：支持双通道 DDR3 2400/1866/1600/1333/1066MHz 内存
显卡插槽：PCI-E 2.0 标准
PCI-E 插槽：1×PCI-E X16 显卡插槽；　1×PCI-EX1 插槽

续表

PCI 插槽：1×PCI 插槽
SATA 接口：4×SATA III 接口
USB 接口：8×USB2.0 接口；4×USB3.0 接口
外接端口：1×DVI 接口，1×VGA 接口，1×RJ45 网络接口
PS/2 接口：PS/2 鼠标，PS/2 键盘接口
集成芯片：集成声卡和网卡芯片
主板板型：MicroATX 板型

任务四　安装主机系统

任务描述

在认识和了解了 CPU、内存和主板的结构与特点之后，在本任务中将介绍如何将 CPU 和内存安装到主板上，以及在安装过程中应注意的问题。

任务分析及实施

1. 注意事项

在对计算机硬件进行拆装操作时，应注意做好以下工作。

（1）切断电源

在对计算机的硬件进行拆装之前，一定要切断电源，千万不能带电操作。

（2）防止静电

计算机部件是高度集成的电子元件，我们穿着的衣物会相互摩擦，很容易产生静电，而这些静电则可能将集成电路内部击穿造成设备损坏，因此，最好在拆装前先释放身体静电，可通过洗手或摸自来水管、暖气片等方式释放静电。

（3）正确对待元器件

在拆装过程中对所有的元器件都要轻拿轻放，应避免手指碰到板卡上的集成电路组件，只接触板卡的边缘部分，不要弯曲电路板。任何一个部件都不能从高处跌落，即使是强度不大的冲击都有可能导致元器件的致命损坏。

（4）正确的安装方法

在安装的过程中一定要注意正确的安装方法，注意各种防插反设计。不可粗暴或强行安装，稍微用力不当就可能使引脚折断或变形。对于安装后位置不到位的设备不要强行使用螺钉固定，因为这样容易使板卡变形，日后易发生接触不良的情况。用螺钉旋具紧固螺钉时，应做到适可而止，不可用力过猛。

2. 安装过程

2.1　安装 CPU

下面以 Intel 系列 LGA 接口 CPU 为例，介绍 CPU 的安装过程。LGA 接口采用触点式设计，最大的优势是不用担心针脚折断的问题，但对处理器的插座要求较高。

CPU 及主板上的相应插座如图 2-33 所示。

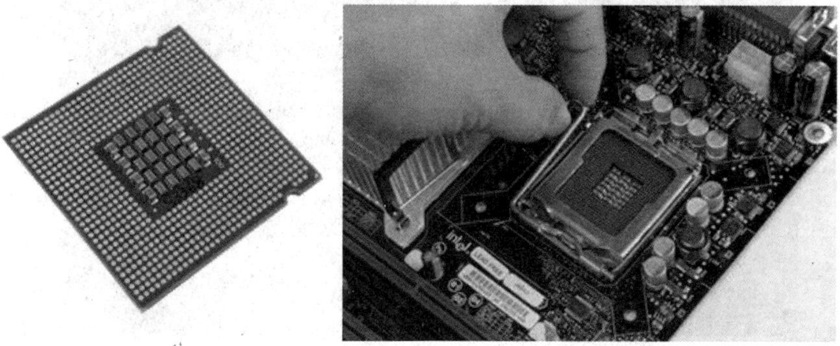

图 2-33　LGA 接口 CPU 及主板相应插座

（1）打开 CPU 插座

目前，主流的 CPU 插座都采用 ZIF（零插拔力）设计。在 CPU 插座旁设有一个拉杆，在安装或拆卸 CPU 的时候，只需要拉一下拉杆，用适当的力向下微压固定 CPU 的压杆，同时用力往外推压杆，使其脱离固定卡扣，然后将固定 CPU 的盖子与压杆反方向提起，如图 2-34 所示。

图 2-34　打开 CPU 插座

（2）安装 CPU

将 CPU 放到插座内，要注意在 CPU 的一角上有一个三角形的标识，另外在主板的 CPU 插座上同样也有一个三角形的标识。在安装时，要将这两个标记对齐，然后慢慢地将 CPU 轻压到位，如图 2-35 所示。这不仅适用于 Intel 的 CPU，而且适用于目前所有的处理器，特别是对于采用针脚设计的 CPU 而言，如果方向不对则无法将 CPU 安装到位，这点要特别地注意。

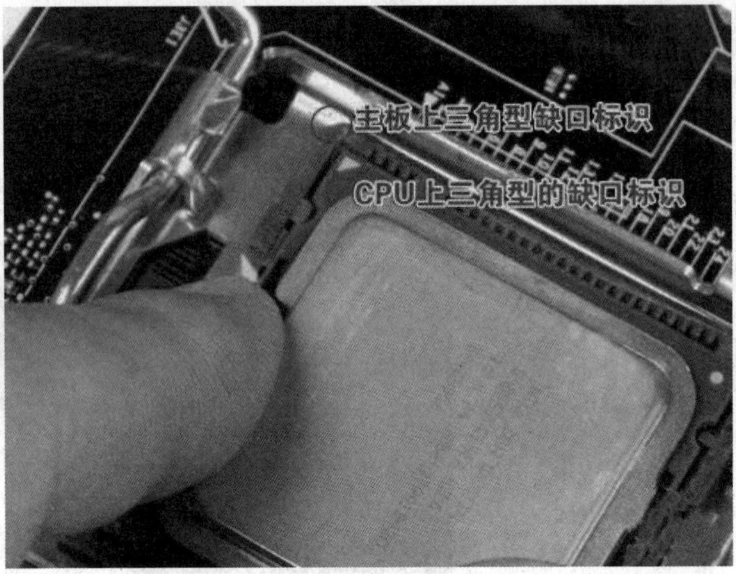

图 2-35 安装 CPU

CPU 安放到位后，盖好扣盖，反方向微用力扣下压杆，至此 CPU 安装完成，如图 2-36 所示。

图 2-36 安装好的 CPU

（3）安装 CPU 散热器

CPU 的发热量相当惊人，因此散热器的散热性能对 CPU 的影响非常大。如果散热器安装不当，散热的效果也会大打折扣。图 2-37 是 Intel LGA 接口处理器的原装散热器，与之前的散热器相比有了很大的改进。在安装散热器前，还可以在 CPU 表面均匀地涂上一层导热硅脂，以增强导热效果。很多散热器在购买时已经在底部与 CPU 接触的部分涂上了导热硅脂，这时就没有必要再在处理器上涂一层了。

安装时，将散热器的四角对准主板相应的位置，然后按照对角线的顺序用力压下四角扣具即可，如图 2-37 所示。

图 2-37 安装 CPU 散热器

固定好散热器后，还要将散热风扇接到主板的供电接口上。找到主板上安装风扇的接口（主板上的标识字符为 CPU_FAN），将风扇插头插上即可（注意：目前有四针与三针等几种不同的风扇接口，在安装时应留意）。主板的风扇电源插头都采用了防呆式的设计，反方向无法插入，因此安装起来相当方便，如图 2-38 所示。

图 2-38 插好风扇电源插头

2.2 安装内存条

内存条的安装相比 CPU 要简单得多，安装内存时，先用手将内存插槽两端的扣具打开，然后将内存平行放入内存插槽中（要注意将内存条的防呆缺口与内存插槽中的隔断对准，反方向是无法插入的），用两拇指按住内存两端轻微向下压，听到“啪”的一声响后，即说明内存安装到位，如图 2-39 所示。

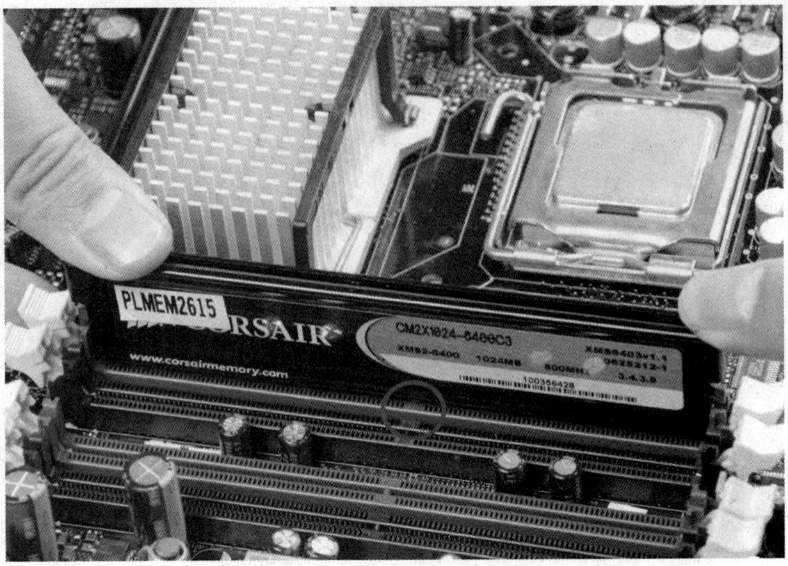

图 2-39　安装内存条

思考与练习

填空题

1. 目前 PC 机中的 CPU 主要是由美国的__________和__________公司设计生产的。

2. 目前 CPU 的接口主要有__________和__________两大类。

3. 目前 CPU 的缓存最多可分为__________级。

4. CPU 是计算机中最重要的部件，主要由__________和__________组成，主要用来进行分析、判断、运算并控制计算机各个部件协调工作。

5. Intel CPU 最新的制作工艺为__________nm。

6. 计算机中的存储器按作用不同分为两大类，其中内存储器主要用于__________，外存储器主要用于__________。

7. 只读存储器 ROM 的重要特点是只能__________，不能__________。

8. 内存的工作频率表示的是内存的传输数据的频率，一般使用__________为计量单位。

9. 内存储器按工作性质的不同分为两大类：__________和__________。

10. 对于 32 位的操作系统，所支持的内存容量最大为__________。

11. 目前的显卡主要安装在主板的__________插槽上。

12. USB 接口最主要的特点是__________，主板上的每个 USB 接口最多支持__________个设备。

13. 目前研发设计主板芯片组的公司主要是__________和__________。

14. 目前的硬盘主要安装在主板的__________接口上。

选择题

1. 目前，世界上最大的 CPU 及相关芯片制造商是（ ）。

A.Intel　　B.IBM　　C.Microsoft　　D.AMD

2. 在以下存储设备中，（ ）存取速度最快。

A.硬盘　　B.虚拟内存　　C.内存　　D.CPU 缓存

3. “双核心四线程”是以下哪种硬件所特有的技术？（ ）

A. CPU　B. 内存　C. 显卡　D. 硬盘

4. 主板上的 BIOS 芯片使用的是如下哪种内存？（ ）

A. RAM　B. DDR　C. SRAM　D. ROM

5. 主板的核心和灵魂是（ ）。

A.CPU 插座　B.扩展槽　C.主板芯片组　D.BIOS 和 CMOS 芯片

6. PCI 插槽中通常可以安装哪些硬件设备？（ ）

A. 网卡　B. 显卡　C. 声卡　D. 扩展卡

7. 下列总线标准中谁的速度最快？（ ）

A. AGP　B. PCI　C. PCI-E　D. 一样快

8. 主板上 PS/2 键盘接口的颜色一般是（ ）。

A. 红色　B. 绿色　C. 紫色　D. 蓝色

简答题

1. 计算机中某个硬件设备的产品名称为“Intel Core i7-4770”，请指出这是哪个硬件设备，并解释名称中各部分的含义。

2. Intel 酷睿 i5 3230M CPU 的主要性能参数如下。

核心代号：Ivy Bridge，核心数量：双核心，线程数：四线程，主频：2.6GHz，最高睿频：3.2GHz，三级缓存：3MB，制造工艺：22nm，集成 HD 4000 显示核心。

完成以下要求。

（1）指出这是一款台式机 CPU，还是笔记本电脑 CPU。

（2）指出每一项参数所代表的含义。

（3）对这款 CPU 的性能进行简单评价。结合个人的实际情况，它是否能满足学习及娱乐需求？

3. 某台计算机中使用的内存型号为“金士顿（Kingston）DDR3 1333 4G 台式机内存”，解释其中每项参数的含义。

4. 某人在计算机中编辑文档时突然断电，再重新开机时所编辑的文档内容全部丢失，请解释原因。

5. 某块型号为“华硕 P8H61-M LE”的主板，主芯片为 Intel H61，带有 1 个 PCI 插槽，1 个 PCI-E 16X 插槽，4 个 SATA 接口，完成下列要求。

（1）这块主板能够支持什么类型的 CPU？

（2）分别指出上述 3 种插槽和接口能用于安装什么设备，以及这些插槽接口的主要特点。

综合项目实训

实训目的

1. 区分不同型号的 CPU 和内存。
2. 识别主板上的各个主要插槽和接口，指出主板的芯片组。
3. 分别在相应的主板上安装不同类型的 CPU 和内存。

实训步骤

1. 识别 CPU、内存和主板

根据要求识别硬件设备。

（1）识别 CPU

根据 CPU 上的标识区分设计生产 CPU 的公司、品牌以及接口类型。

（2）识别内存

根据内存条上的标识识别内存条的品牌、容量、工作频率以及类型。

（3）识别主板

识别主板的品牌，找到主板的芯片组及其型号，指出主板所支持的 CPU 类型。

（4）找到主板上的下列插槽或接口，并指出它们的主要用途和特点

CPU 插座、内存插槽、IDE 接口、SATA 接口、PCI 插槽、PCI-E 插槽、USB 接口、PS/2 接口、音频接口、网卡接口。

2. 安装 CPU 和内存

按照正确的操作规程将 CPU、CPU 散热器、内存条安装到主板上。

PART 3

项目三 了解计算机的外部设备

计算机的常用外部设备包括外存储器、输入设备、输出设备等。其中硬盘作为最重要的外存储器，显卡和显示器作为最重要的输出设备，将是本项目中要着重介绍的硬件。

学习目标

通过本项目的学习，读者将能够：

- 了解显卡的结构及主要性能参数；
- 了解如何选购显示器；
- 了解硬盘的存储结构及主要性能参数；
- 了解光盘和光驱的分类与特点；
- 了解音箱、电源、打印机等外部设备；
- 掌握计算机整机的组装方法。

任务一 了解计算机显示系统

任务描述

小孙要选购的计算机主机系统已经确定好了，接下来面对的难题就是如何选择显卡和显示器，尤其是显卡，品牌众多，不同产品之间价格和性能差异很大。到底如何才能结合自身需求选择合适的显卡呢？

在本任务中将介绍显卡和显示器的主要产品系列以及性能参数。

任务分析及实施

显卡和显示器共同组成了计算机的显示系统。

对于显示器，我们显然要更熟悉一些，这是用户在使用计算机时要直接接触和面对的设备。显示器的作用也很好理解，即将计算机内已经处理好的数据以直观的形式呈现给用户。

相对于显示器，由于显卡位于机箱内部，我们平常接触不多，所以相对要陌生，但显卡的作用其实要更加重要。

显卡又称为显示适配器，它的基本作用是将计算机产生的数据转换成显示器可以显示的信号，而更为重要的是显卡还要负责处理各种图像数据。随着各类软件的界面做得越来越美观，以及各种 3D 游戏的效果越来越华丽，用户对显卡的要求也越来越高，这促使了显卡技术的迅猛发展。目前显卡已经成为继 CPU 之后发展变化最快的硬件，在计算机中的地位也越来越高，如何选配一块适用的显卡，是我们在购买计算机时所必须重点考虑的因素之一。所以下面就首先介绍显卡的相关知识。

1. 显卡的结构

从整体结构上看，显卡就是一个小型的计算机系统，它拥有自己的核心芯片、内存、电源输入和散热模块，其整体结构如图 3-1 所示。

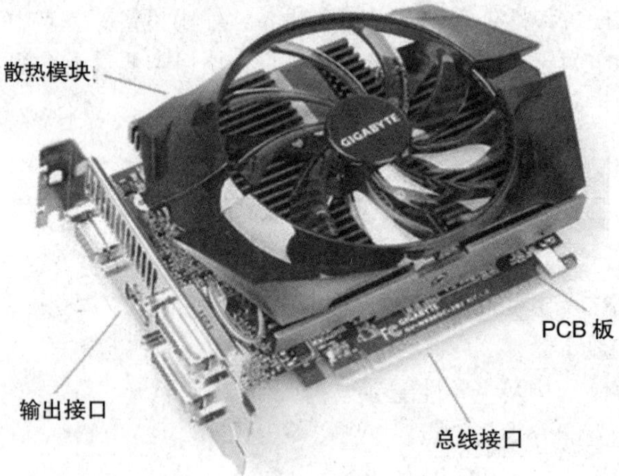

图 3-1 显卡的结构

1.1 PCB 板

如同内存和主板，显卡的一切元器件都焊接在 PCB 板上，PCB 板是这些元件存在的基础和通信的通道。

1.2 显卡总线接口

显卡要安装在主板上才能工作，同主板上的显卡插槽相对应，显卡的总线接口也分为传统的 AGP 接口和新式的 PCI-E 接口两种类型，如图 3-2 所示。

随着 PCI-E 接口显卡的普及，目前使用传统 AGP 接口的显卡已被淘汰。

图 3-2 显卡总线接口

1.3 显卡输出接口

显卡输出接口主要用于连接显示器，以将计算机内处理好的数据显示出来。因为电信号分为数字信号和模拟信号两种不同的形式，所以显卡的输出接口也相应地分为输出数字信号或输出模拟信号的不同类型。模拟信号和数字信号是电信号的两种不同形式，如图 3-3 所示。CRT 显示器只能处理模拟信号，而液晶显示器只能处理数字信号。

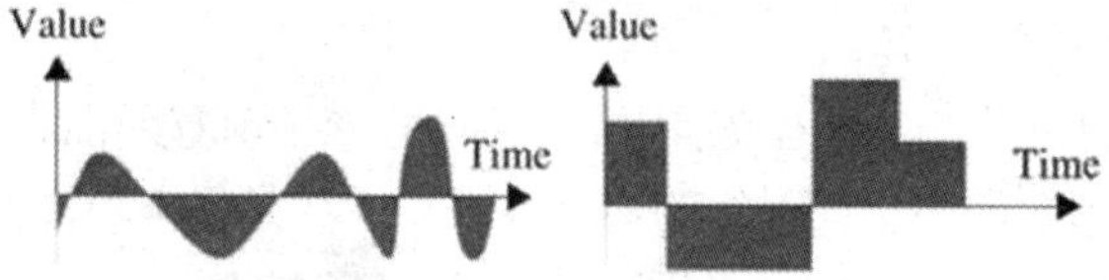

图 3-3　模拟信号和数字信号

由于输出的信号类型不同，以及连接的输出设备不同，显卡输出接口的类型也多种多样，部分显卡的输出接口如图 3-4 所示。

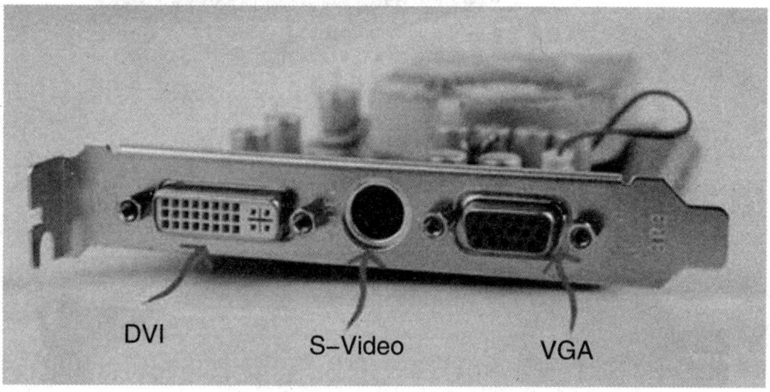

图 3-4　显卡输出接口一

下面对这些显卡输出接口的主要特点予以说明。

（1）VGA 接口

VGA 是显卡的传统输出接口，因为外形像字母 D，所以也叫 D-Sub 接口，如图 3-5 所示。VGA 接口输出模拟信号，主要用于连接 CRT 显示器。由于计算机内部采用的是数字信号，所以数据在经过 VGA 接口输出时，需要经过一次数/模转换，将数字信号转换成模拟信号后再输出给 CRT 显示器。

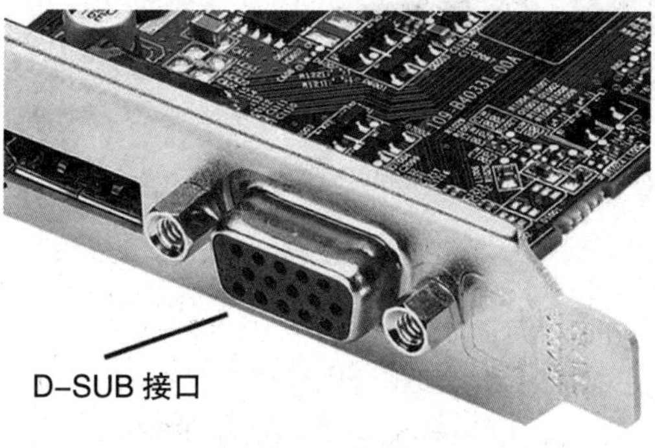

图 3-5　VGA 接口

VGA 接口也可以用于连接液晶显示器，此时在 VGA 接口输出时，要经过数/模转换，将数字信号转换成模拟信号，在液晶显示器内接收时，还要再经过一次模/数转换，将模拟信号转换成数字信号。信号频繁地转换必然会造成信号的衰减或失真，从而影响最终的显示效果。所以当采用液晶显示器时，最好不要用 VGA 接口进行连接。

随着液晶显示器的普及，VGA 接口有逐渐被淘汰的趋势。

（2）DVI 接口

DVI 是 VGA 接口的替代者，输出数字信号，用于连接液晶显示器，如图 3-6 所示。因为不再需要进行信号转换，所以不会影响最终的显示效果。DVI 是显卡目前的主流输出接口。

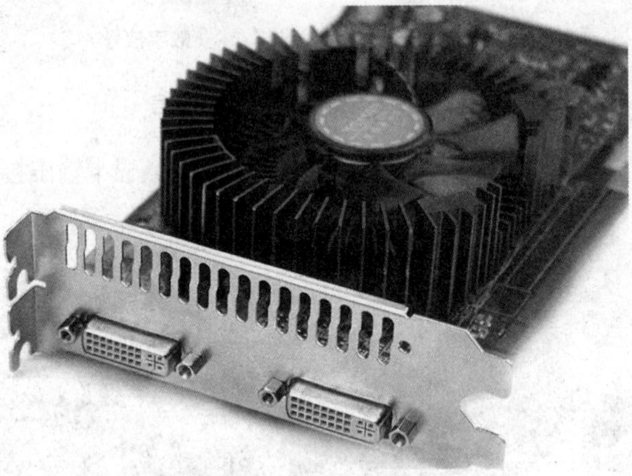

图 3-6　DVI 接口

（3）S-Video 接口

S-Video 也叫 S 端子，属于视频输出接口，可以用于连接电视机，用电视机代替显示器显示图像。S-Video 是一种比较古老的视频输出接口，主要连接老式的模拟电视机，输出的图像质量非常一般。随着高清视频的逐渐普及，S-Video 接口已基本被淘汰。

还有部分显卡的输出接口如图 3-7 所示，下面对其中的 HDMI 和 DisplayPort 接口进行介绍。

图 3-7　显卡输出接口二

（4）HDMI 和 DisplayPort 接口

HDMI 和 DisplayPort 都是新式的视频输出接口，同 DVI 接口一样，它们传输的都是数字信号，用于连接液晶（数字）电视机。另外它们在传输视频信号的同时还可以传输音频信号，而且传输带宽高达 625MB/S，非常适合高清视频的输出，所以在目前的很多显卡中都带有这两个接口。

其中 HDMI 接口使用较早，因而目前得到了广泛应用。但是它有版权限制，显卡厂商使用 HDMI 接口要缴纳一定的版权费用，而 DisplayPort 接口则是完全免费开放的，DisplayPort 接口被看作是 HDMI 接口的替代者。

需要注意的是，一块显卡至少要提供一个显示器接口（VGA 或 DVI），那种同时提供 VGA 和 DVI 接口或两个 DVI 接口的显卡，也叫做“双头”显卡，这类显卡可以同时接两台显示器。至于 S-Video、HDMI 接口并不是必需的，由显卡厂商自行决定是否在显卡上提供这些接口。而 DisplayPort 接口由于还比较超前，目前尽管大部分显卡（包括集成显卡）都支持 DisplayPort 接口输出，但配备 DisplayPort 接口的显卡仍然比较少。

显卡典型输出接口如图 3-8 所示。

图 3-8　显卡典型输出接口

1.4　散热模块

如同 CPU，显卡上的显示芯片在工作时也会产生很多的热量，所以在显卡上都设计有各种类型的由散热片和风扇构成的散热模块，以对显示芯片进行散热。

将散热模块拆下来之后便会露出显卡的核心——显示芯片 GPU，它旁边的小芯片则是为 GPU 提供运算数据的显示内存（显存），如图 3-9 所示。它们的关系跟 CPU 和系统内存一样，GPU 进行数据运算，显存则存储 GPU 所需的一切数据。

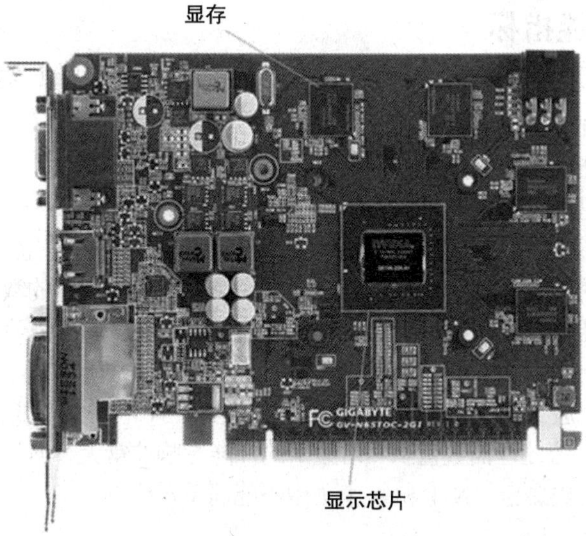

图 3-9　显示芯片和显存

1.5　显示芯片 GPU

显示芯片又称为图形处理器 GPU，它负责处理各种图像数据，是显卡的核心。GPU 使显卡减少了对 CPU 的依赖，并完成部分原本由 CPU 完成的工作，尤其是在进行 3D 图形处理时，因而显卡的性能主要取决于其所采用的显示芯片。

目前研发生产独立显示芯片的主要是 nVIDIA 和 AMD 两家公司。如同 CPU，这两家公司的显示芯片也都有自己的独立品牌，其中 nVIDIA 的产品品牌为 Geforce，而 AMD 的品牌为 Radeon，如图 3-10 所示。

图 3-10 显示芯片品牌

为了满足不同的用户需求，nVIDIA 和 AMD 都推出了一系列不同性能、不能价位的显示芯片。为了便于区分，这些不同的显示芯片也都有各自不同的产品型号，如 GeForce 750M、Radeon HD、7450M 之类。同主板类似，由于显示芯片在显卡中的重要性，所以通常都是用显示芯片的型号作为整块显卡的代称。

1.6 显存

显存是显示内存的简称，前面已经介绍过，它的主要功能是暂时存储显示芯片将要处理的数据和已经处理完毕的数据。GPU 的性能越强，需要的显存也就越多。

因为显存的功能与性质都与内存类似，所以显存的速度和容量也就直接影响着显卡的整体性能。显存的种类也分为 DDR、DDR2 和 DDR3 等，它们的主要差别在于工作频率的不同，但是由于跟内存的规范参数差异较大，所以为了加以区分，通常称显存为 GDDR、GDDR2 和 GDDR3。显存的发展速度很快，目前的显卡大都采用的是 GDDR3 或 GDDR5 显存。

2. 显卡的性能指标

决定显卡性能的关键因素是显示芯片和显存，下面是它们的一些主要性能指标。

2.1 显示芯片的相关参数

决定显示芯片性能的相关参数主要有：流处理器数量、核心频率。

（1）流处理器数量

显示芯片处理图像数据的功能主要是由其中的流处理器完成的，流处理器的作用是处理 CPU 传过来的信号，直接变成显示器可以识别的数字信号。流处理器的数量直接决定了显示芯片处理图像数据的性能，一般来说，流处理器数量越多，显卡性能越强劲。

由于设计工艺的不同，nVIDIA 显卡（简称 N 卡）和 AMD 显卡（简称 A 卡）中的流处理器数量差别比较大，一般 A 卡中的流处理器数量要远多于 N 卡，但不能就此判定 A 卡的性能就要高于 N 卡。所以，流处理器数量虽然对显卡的性能影响非常大，但是只能作为同类显卡性能比较的依据，在不同类显卡（N 卡和 A 卡）中不能简单对比。

（2）核心频率

GPU 的工作频率称为显卡的核心频率，它直接决定了显示芯片的数据处理速度。显卡核心频率同 CPU 主频类似，但由于工作性质不同，显卡核心频率要远低于 CPU 主频，目前大多在 500~1500MHz 的范围内。对于同种系列的显卡，核心频率越高，性能越好。

同样由于设计工艺的不同，N 卡的核心频率一般要高于 A 卡，所以核心频率也只能用于在同类显卡之间的比较。

2.2 显存的相关参数

显存在显卡中的地位仅次于 GPU，决定显存性能的相关参数主要有：容量、频率、位宽。

（1）显存容量

显存容量越大，就可以为 GPU 提供更多的存放临时数据的空间。目前显存的容量大多为 256MB、512MB、1GB，甚至更高。

（2）显存频率

显存的工作频率主要是由显存的类型决定的，频率越高，显存的工作速度越快。

目前绝大多数显卡都是采用的 GDDR3 或 GDDR5 显存，频率大概在 800~5000MHz 的范围内。

（3）显存位宽

显存位宽是显存在单位时间内所能传输数据的位数，单位为 bit（位）。同 CPU 的字长类似，位宽位数越大，数据的吞吐量就越大。

目前显存位宽主要有 64 位、128 位和 256 位 3 种。

2.3 显卡 DirectX

DirectX（DX）是由微软所开发的一套主要用于设计多媒体、2D、3D 游戏及程序的应用程序接口（API），其中包含了各类与制作多媒体功能相关的组件，各个组件提供了许多处理多媒体的接口与方法，其中尤其是在 3D 图形处理方面表现非常优秀。

从某种程度上说，DirectX 是专为游戏而诞生的，目前所有的游戏都需要通过 DirectX 进行加速，而且往往游戏的图像效果越好，需要的 DirectX 版本越高。

DirectX 需要显卡硬件的支持，能否支持更高版本的 DirectX 已经成为衡量显卡性能强弱的一个重要指标。目前使用较多的 DirectX 版本是 DirectX10 和 DirectX11，这样显卡也就相应地分为支持 DirectX10（简称 DX10）版和支持 DirectX11（简称 DX11）版的不同分类。需要注意，DirectX 是向下兼容的，即支持 DirectX11 的显卡同样也会支持 DirectX10。

3. 显卡的选购及主流产品介绍

3.1 显卡的选购

很多人在选购显卡时习惯以显存容量作为主要参考依据，这明显是以偏概全，决定显卡性能的首要因素是显示芯片，其次才是显存。显存容量能够满足显示芯片的需求即可，太大的显存对显卡性能并没有多大提升。打一个简单的比喻，你拿一个水杯到一个湖里打水，你打到多少水不取决于这个湖的水量有多大，而是取决于你的水杯有多大。另外显存也应全面考虑容量、频率、位宽等参数，所以对显卡的选购应全面了解各项性能指标。

由于显示芯片在显卡中的重要性，显卡的名字通常都是以“显卡品牌+GPU 型号”的组合形式命名。例如，“影驰 GTS450”显卡，“影驰”是显卡的品牌，“GTS450”则表示 GPU 的型号。对于笔记本电脑，由于所有硬件由笔记本电脑厂商统一选配，所以在笔记本电脑的配置单中，显卡的名字直接就是显示芯片的型号，如 nVIDIA Geforce GT740M、ATI Radeon HD 6770M 等。为了与台式机显卡加以区分，在笔记本电脑的显卡型号中也加了一个“M”，代表“Mobile 移动”。

显卡发展速度很快，在市场上存在大量性能和价格相差极大的产品，所以在购买显卡时必须要根据自身的用途合理选购。从市场定位来看，价格低于 500 元的显卡一般属于入门级低端显卡，其性能可以满足绝大多数的一般应用。500~900 元价位的显卡一般针对主流的中端用户，能够完成专业的图形图像处理要求以及大多数的主流 3D 游戏。900 元以上的显卡主要面向发烧级的游戏玩家，他们往往需要更高的游戏速度、更出色的游戏画面或者是更好的视频表现能力。

3.2 集成显卡（核显）的选购

在选购显卡时需要额外重视的另外一个因素是集成显卡（核显）。以往的集成显卡大多是将显示芯片集成于主板的北桥芯片中，随着技术的发展，目前的集成显卡大多是集成在 CPU 中，性能得到了极大地提升，名字也相应地改成了“核显”。

在 Intel 和 AMD 的最新 CPU 中集成的核显，其性能已经超越了很多入门级低端显卡，完全可以胜任普通的学习、工作、娱乐需求。例如，AMD 的 APU 中集成的显示核心，性能非常强劲，虽然无法超越中端的 DX11 独立显卡，不能在中等画质下流畅地运行 DX11 游戏，但对于 DX10 和 DX9 游戏来说，APU 则完全够用。也就是说，如果用户主要是用于 DX9 和 DX10 游戏，比如各类网游，那么选择 APU 就非常适合，而如果用户喜欢大型的 DX11 游戏，那选择 APU 就不合适了。

和独立显卡一样，核显的性能依然受制于 GPU 频率和显存频率。GPU 频率是固定的，而核显的显存其实就是计算机的主内存，因而显存频率取决于系统主内存的频率，也就是说，如果在计算机中使用更高频率的内存，那么可以大幅提升核显的性能。例如，在实验测试中，高频内存对于 APU 核显游戏性能的提升效果非常明显，即便只是从普通的 DDR3 1333 变成 DDR3 1600，提升也超过 10%，如果是使用 DDR3 2133 内存，甚至最多可以达到近 50%的性能提升。而独显平台上，高频内存就几乎没什么意义了，由于独显使用的是自身板载的显存，高频内存只是提升了系统的内存带宽，对图形处理的影响微乎其微。另外，在核显平台上应尽量选用双通道内存，以提高内存位宽。如果只使用单通道的话，相当于显存位宽被砍去一半，DDR3 2133 也只相当于双通道 DDR3 1066 的档次，高频也就失去了意义。

总之，采用核显既可以得到不错的图形效果，还可以使计算机整机成本大幅降低，而且也更有利于计算机系统的稳定和散热。

3.3 主流显卡介绍

下面分别选取目前市场上几款主流的 nVIDIA 和 AMD 显卡进行分析比较。

（1）台式机 nVIDIA 显卡

nVIDIA 显示芯片目前的主流型号为 Geforce GTX 系列，下面分别选取了“昂达 GTX650”、“影驰 GTX 750 黑将”、“华硕圣骑士 GTX750TI”3 款显卡进行比较，其参数对比如表 3-1 所示。

表 3-1 nVIDIA 显卡参数对比

昂达 GTX650	影驰 GTX 750 黑将	华硕圣骑士 GTX750TI
显示芯片：GeForce GTX650	显示芯片：GeForce GTX750	显示芯片：GeForce GTX750TI
流处理器数量：384 个	流处理器数量：512 个	流处理器数量：640 个
核心频率：1058MHz	核心频率：1100MHz	核心频率：1150MHz
显存容量：1GB	显存容量：1GB	显存容量：2GB
显存类型：GDDR5	显存类型：GDDR5	显存类型：GDDR5
显存频率：5000MHz	显存频率：5010MHz	显存频率：5400MHz
显存位宽：128bit	显存位宽：128bit	显存位宽：128bit
参考价格：599 元	参考价格：849 元	参考价格：1099 元

通过参数对比可以发现，“影驰 GTX 750 黑将”显卡所采用的显示芯片“GeForce GTX750”，相比“华硕圣骑士 GTX750TI”的显示芯片“GeForce GTX750TI”，可以算作是一个简化版，流处理器数量和核心频率都有所降低，另外这两块显卡的显存容量也相差了 1GB，因而在性能上就拉开了差距。

“昂达 GTX650”显卡所采用的显示芯片“GeForce GTX650”，相比“GeForce GTX750”属于上一代产品，流处理器数量和核心频率都有较大差距，因而整块显卡在价格上也相对便宜。

（2）台式机 AMD 显卡

AMD 显示芯片目前的主流型号为 Radeon R 系列，下面选取了“迪兰恒进 R7 250”版、“蓝宝石 R7 260X 白金版”、“希仕 H270QMT2G2M” 3 款显卡进行比较，其参数对比如表 3-2 所示。

表 3-2 AMD 显卡参数对比

迪兰恒进 R7 250 版	蓝宝石 R7 260X 白金版	希仕 H270QMT2G2M
显示芯片：Radeon R7 250	显示芯片：Radeon R7 260X	显示芯片：Radeon R9 270
流处理器数量：384 个	流处理器数量：896 个	流处理器数量：1280 个
核心频率：1100MHz	核心频率：1150MHz	核心频率：950MHz
显存容量：1GB	显存容量：2GB	显存容量：2GB
显存类型：GDDR5	显存类型：GDDR5	显存类型：GDDR5
显存频率：4600MHz	显存频率：6600MHz	显存频率：5600MHz
显存位宽：128bit	显存位宽：128bit	显存位宽：256bit
参考价格：579 元	参考价格：899 元	参考价格：1299 元

这 3 款显卡的性能差别以及价格定位也非常明显，读者可以自行比较。

4. 显示器的选购及产品介绍

显示器将从显卡接收到的信号转变为人眼可见的光信号，并通过显示屏幕显示出来。显示器根据工作原理不同主要分为阴极射线管（CRT）显示器和液晶（LCD）显示器两大类，如图 3-11 所示。

阴极射线管 CRT 显示器　　液晶 LCD 显示器

图 3-11 CRT 和 LCD 显示器

CRT 显示器由于体积大，重量沉，耗电量也很高，目前已很少使用，而液晶显示器则具有重量轻、体积小、无辐射等诸多优点，已经取代了 CRT 显示器。

4.1 液晶显示器的性能指标

在选购液晶显示器时，主要应考虑以下相关技术参数。

（1）面板类型

对于液晶显示器而言，其性能的主要决定因素是所使用的液晶面板。首先，液晶面板占据了一台液晶显示器成本的70%左右；其次，面板的类型关系着液晶显示器的响应时间、色彩、可视角度、对比度等重要参数。所以液晶显示器的好坏，液晶面板起着决定性的作用。

目前市场上比较常见的面板类型是TN面板和IPS面板。

TN面板全称为Twisted Nematic（扭曲向列型）面板，由于价格低廉，主要用于入门级和中端的液晶显示器。TN面板的特点是液晶分子偏转速度快，因此在响应时间上容易提高。不过它在色彩的表现上不如IPS面板。TN面板属于软屏，用手轻轻划会出现类似的水纹。另外，TN面板的可视角度比较小，因而目前采用TN面板的显示器正在逐渐退出主流市场。

平面转换（In-Plane Switching，IPS）面板的优势是可视角度高，响应速度快，色彩还原准确，是液晶面板里的高端产品。和TN面板相比，IPS面板的屏幕较为"硬"，用手轻轻划一下不容易出现水纹样变形，因此又有"硬屏"之称。随着技术的发展，IPS面板的价格不断降低，采用IPS面板的显示器已成为目前市场中的主流产品。

（2）屏幕尺寸

屏幕尺寸对于显示器也是一项重要的性能指标，屏幕尺寸是指显示器液晶面板的对角线长度，以英寸为单位，1英寸=2.54cm。

液晶显示器的屏幕尺寸目前主要有19英寸、20英寸、22英寸、24英寸、26英寸几种类型，其中20~24英寸是目前的主流产品。

在每种类型里又包括"普屏"和"宽屏"两种形式，其中"普屏"是指显示器的长宽比例为4:3，这也是一种传统的显示形式，"宽屏"则是指显示器的长宽比例为16:10或16:9。目前的液晶显示器基本都已是宽屏。

（3）响应时间

响应时间决定了显示器每秒所能显示的画面帧数，当画面显示速度超过每秒25帧时，人眼会将快速变换的画面视为连续画面。

在播放影片、玩游戏时，要达到最佳的显示效果，需要画面显示速度在每秒60帧以上，响应时间在16ms以内。也就是说，响应时间越小，快速变化的画面所显示的效果越完美。

目前的液晶显示器响应时间基本都达到了5ms级别。

（4）亮度/对比度

液晶是一种介于液体和晶体之间的物质，本身并不能发光，因此显示器背光的亮度决定了液晶的亮度。一般来说，液晶显示器的亮度越高，显示的色彩就越鲜艳，效果也就越好。液晶显示器中表示亮度的单位为cd/m^2（流明），普通液晶显示器的亮度为$250cd/m^2$。如果亮度过低，显示出来的颜色会偏暗，人们看久了就会觉得非常疲劳。

对比度是亮度的比值，也就是在暗室中，白色画面下的亮度除以黑色画面下的亮度的值。因此白色越亮，黑色越暗，对比度就越高，显示的画面就越清晰亮丽，色彩的层次感就越强。

（5）可视角度

液晶显示器的光线是透过液晶以接近90°的角度向前射出的，因此人们从其他角度观察屏幕的时候，并不会像看CRT显示器那样可以看得很清楚，而会看到明显的色彩失真，这就是由可视角度大小造成的。

具体来说，可视角度分为水平可视角度和垂直可视角度两种。在选择液晶显示器时，应尽量选择可视角度大的产品。液晶显示器可视角度基本上在140°以上，这可以满足普通用户的需求。

（6）分辨率

分辨率是指显示器屏幕上水平方向和垂直方向上的像素点的乘积，如显示器的分辨率为1024 像素×768 像素，即表示显示器屏幕的每一条水平线上可以包含有 1024 个像素点，共有768 条水平线。

液晶显示器有一个最佳分辨率，显示器只有在最佳分辨率下使用，其画质才能达到最佳，而在其他的分辨率下则是以扩展或压缩的方式将画面显示出来。各种不同屏幕尺寸液晶显示器的最佳分辨率如表 3-3 所示。

表 3-3　显示器的最佳分辨率

屏幕尺寸	最佳分辨率
19 英寸宽屏	1440 像素 × 900 像素
20 英寸宽屏	1680 像素 × 1050 像素
22 英寸宽屏	1680 像素 × 1050 像素
24 英寸宽屏	1920 像素 × 1080 像素

（7）接口类型

由于种种原因，目前许多液晶显示器在与计算机主机连接时，依然通过传统的 VGA 接口进行连接，这样显示器接收到的视频信号由于经过多次转换，不可避免地造成了一些图像细节的损失。而 DVI 接口由于是数字接口进行传输，计算机中的图像信息不需要任何转换即可被显示器所接收，所以画质更自然清晰。因此，在选购显示器时一定要注意其是否支持 DVI 接口，如图 3-12 和图 3-13 所示。

图 3-12　只带有 VGA 接口的显示器

图 3-13　带有 VGA 和 DVI 双接口的显示器

（8）亮点和暗点

除了响应时间、可视角度外，很多商家还提出“无坏点”、“无亮点”的承诺。液晶面板上不可修复的物理像素点就是坏点，而坏点又分为亮点和暗点两种。亮点是指屏幕显示黑色时仍然发光的像素点，暗点则指不显示颜色的像素点。

由于坏点的存在会影响到画面的显示效果，所以坏点越少就越好。用户在选购显示器时，可以通过将显示屏显示全白或全黑的图像来检测屏幕上是否有坏点。

（9）LED 背光技术

LED 背光是目前显示器中非常流行的一项技术，相比传统的 LCD 显示器，LED 背光显示器最大的特点是把 LCD 显示器中含汞的 CCFL 背光灯管更换为环保的 LED 背光光源。

LED 背光显示器的优点是节能环保，LED 背光产品相比 CCFL 背光产品平均节能 8W，但对显示效果并没有太大提升。

4.2　主流液晶显示器介绍

目前的显示器领域主要被几大知名品牌所把控，其中三星可谓全球首屈一指的显示器厂商，另外还包括戴尔、飞利浦、LG 以及 AOC 等品牌。

表 3-4 所示是在之前的装机配置单中所采用的“AOC I2369V 液晶显示器”的详细参数。

表 3-4　AOC I2369V 液晶显示器参数

面板类型	IPS 面板
屏幕尺寸	23 英寸
响应时间	6ms
亮度	250cd/m^2
对比度	20000000：1
可视角度	178°
最佳分辨率	1920 像素 × 1080 像素
LED 背光	是
VGA 接口	1 个
DVI 接口	1 个

任务二　了解计算机外存储器

任务描述

计算机中的数据绝大部分都存储在硬盘中，这些数据在硬盘中是如何存放的？怎样才能保护好这些珍贵的数据？

在安装软件时经常要用到光盘和光驱，经常听说有 CD 光盘、DVD 光盘……这些光盘之间有什么区别？什么样的光驱才能使用这些光盘呢？

我们经常会从网上下载一些 iso 光盘镜像文件，这些镜像文件有什么用？它们该怎样使用？

在本任务中将介绍计算机的外存储器，包括硬盘、光盘、光驱以及虚拟光驱的使用。

任务分析及实施

之前已经介绍过，外存储器的作用是用来存储计算机中的数据，相当于是计算机的仓库。与内存储器不同，外存储器中的数据可以永久存放，而且无需电流维持。

常见的外部存储设备主要有硬盘、光盘、软盘和移动存储器等，其中硬盘是最重要的外存储设备，也是计算机不可缺少的组成部分，而软盘因为容量太小且容易损坏，目前已被淘汰。在本任务中将主要介绍硬盘和光存储设备这两类常见的外存储器。

硬盘是计算机中最重要的外存储设备，它是计算机的数据存储中心，用户的所有应用程序、文件以及操作系统基本都存储在硬盘上。如果从工作原理的角度来看，硬盘并不能算作是计算机中最重要的硬件设备，但如果是从实际使用的角度，那么硬盘绝对是最应为我们所重视和呵护的硬件设备。

硬盘之所以重要，并非在于硬盘本身，而在于它里面所存放的数据。“硬盘有价，数据无价”，如果因硬盘故障而导致其中的数据丢失或无法读出，那么损失将是无法估量的。所以对于硬盘，我们既要了解其工作特点，又要熟悉它的使用和保养方法，以达到合理安全使用硬盘的目的。

1. 硬盘的结构

1.1 硬盘的外部结构

硬盘从外部看是一个金属的长方体，宽度为 3.5 英寸，如图 3-14 所示。

硬盘正面是一个与底板紧密结合的固定盖板，以保证其内部的盘片和其他组件能够稳定运行。在固定盖板上面一般会贴有产品标识，以标注产品的型号、产地和基本工作参数等信息。

硬盘反面是一块控制电路板，上面包括了控制芯片、缓存以及硬盘接口等元件。硬盘的控制电路板是可以更换的（当然必须得是同一型号），如果电路板发生损坏，通过更换仍可以读取硬盘中的数据。

图 3-14 硬盘外部结构

（1）控制芯片

控制芯片是硬盘的核心部件之一，负责数据的交换和处理，硬盘的初始化和加电启动也都是由它负责执行的。一般在控制芯片里还会集成有高速缓存，以加快对硬盘的读写操作。

（2）数据接口

数据接口是硬盘与主板之间进行数据交换的纽带，通过专用的数据线与主板上的相应接口进行连接。在前面已经介绍过，硬盘数据接口主要分为老式的 IDE 接口和新式的 SATA 接口两种，如图 3-15 所示。

SATA 接口硬盘相对于 IDE 接口硬盘，不仅在数据传输速率上有了很大的提高，而且安装方式也更为简便，所以目前 IDE 接口硬盘已基本被淘汰。

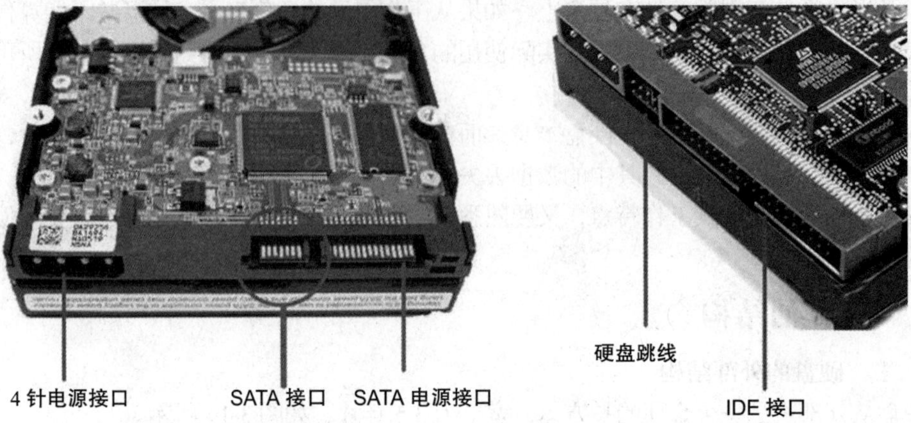

图 3-15　硬盘传输接口

（3）电源接口

电源接口与主机电源相连接，为硬盘工作提供电力保证。传统的电源接口是一个 4 针的梯形接口，而 SATA 接口硬盘则是使用 SATA 专用的电源接口。已经安装好数据线和电源线的 IDE 接口硬盘和 SATA 接口硬盘如图 3-16 所示。

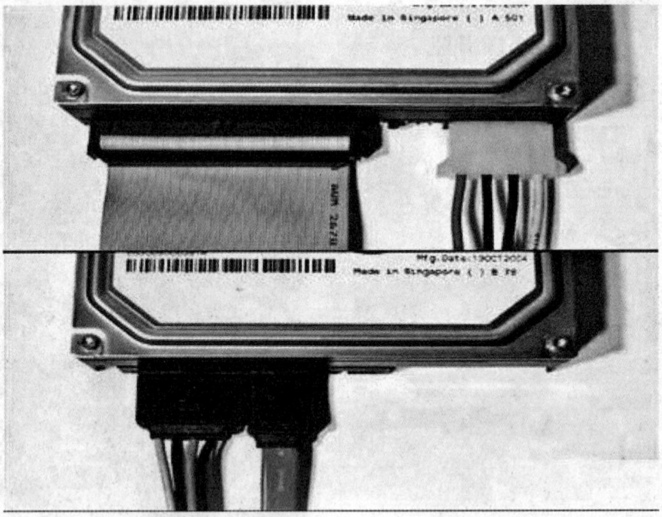

图 3-16　IDE 接口硬盘（上）和 SATA 接口硬盘（下）

（4）硬盘跳线

硬盘跳线出现在老式 IDE 接口硬盘上，当要在主板的一个 IDE 接口上连接两个 IDE 设备时，就必须得通过跳线将之设置成主设备或从设备，否则就会产生冲突。

1.2　硬盘的内部结构

如果拆卸过硬盘，我们可以发现，每个硬盘都密封得非常严密。事实上，硬盘的内部是超洁净的，如果有粉尘颗粒进入到硬盘中，就可能会给盘面造成不可修复的损伤，产生坏道。所以拆卸硬盘必须在无尘环境下，当在普通环境下拆开面板之后，硬盘也就报废了。

将硬盘正面的固定面板拆下之后，就可以看到硬盘的内部结构，如图 3-17 所示。

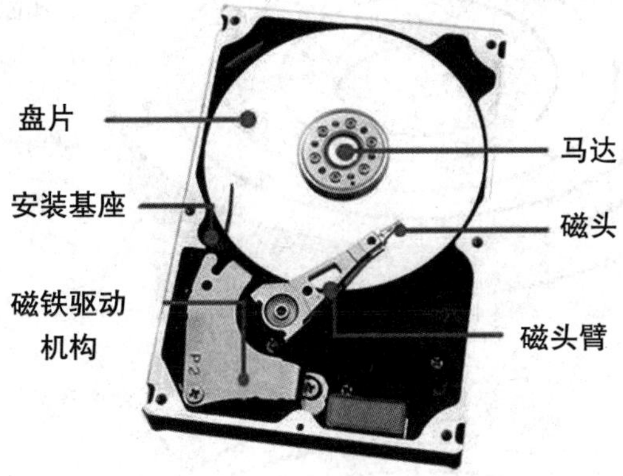

图 3- 17 硬盘的内部结构

硬盘内部主要是由盘片、马达和磁头、磁头臂等元件组成。硬盘中的数据都存储在盘片上，盘片一般是在以铝为主要成分的片基表面涂上磁性介质形成的，所以也叫磁盘片。当硬盘工作时，马达带动磁盘片开始高速旋转，然后由磁头臂带动磁头对其进行读写操作，所以硬盘可以算作是计算机中仍然保留有机械结构的最后一种硬件设备了。

需要注意的是，当磁头对磁盘片进行读写操作时，与磁盘片是不相接触的，它们之间存在几微米或者更小的间隙。这是因为磁盘片的旋转速度非常快，如果磁头与之接触就会将盘片划伤，所以磁头都是悬浮在盘片的上方工作的。

当硬盘不需要工作时，在盘片上专门规划出一块区域用以停放磁头，称为“着陆区”，着陆区不能存放数据。所以当硬盘在工作的时候千万不要大幅震动，否则就可能会使磁头与盘片接触，从而对硬盘造成损害。另外突然断电对硬盘也有很大的损害，因为硬盘在高速运行的情况下突然断电，磁头有可能来不及回到着陆区而落在数据区，从而对盘片造成损害。

1.3 硬盘的存储结构

为了能够更加合理高效地存储数据，在硬盘中必须要事先进行规划设计，这也就是硬盘的存储结构。

在硬盘的存储结构中，涉及以下的一些相关概念。

（1）磁道和扇区

磁盘片的正反两面都可以存放数据，在其每一面上都以转动轴为中心以一定的磁密度为间隔划分出若干个同心圆，这称为磁道。磁道由外向内依次编号，最外圈的为 0 磁道。

根据硬盘规格的不同，磁道数可以从几百到数千不等，一个磁道上可以容纳数 KB 的数据，而计算机在读写时往往并不需要一次读写那么多数据，于是磁道又被划分成若干段，每段称为一个扇区，一个扇区的容量固定为 512B。扇区也需要编号，同一磁道中的扇区分别称为 1 扇区，2 扇区……盘片的存储结构如图 3-18 所示。

扇区是硬盘的最小物理存储单元，假设只需要存储 1 个字节的数据，但它在硬盘上也要占据一个扇区的空间，即占用了 512B 的存储空间。

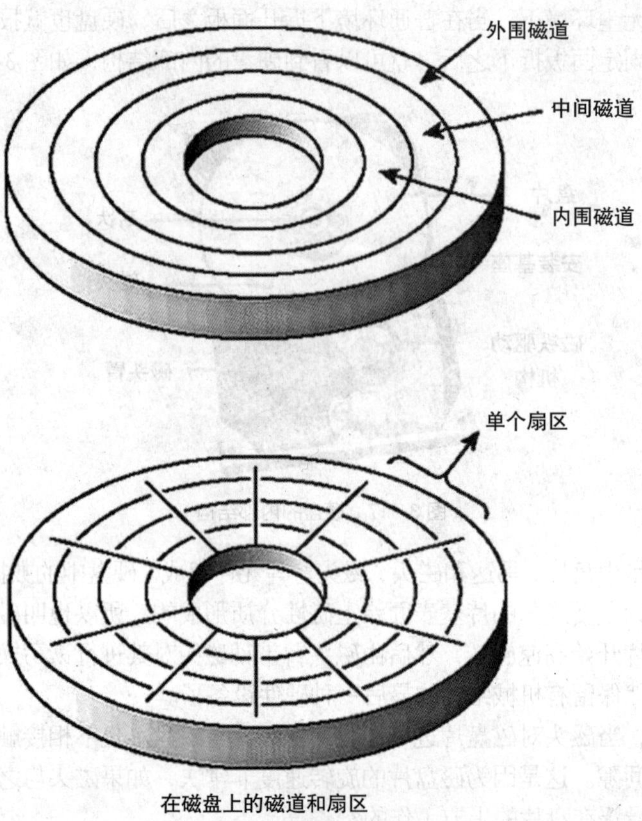

图 3-18　盘片的存储结构

（2）簇和先进格式化

由于目前硬盘的容量都已经达到了上 TB，硬盘中扇区的数目几乎成为了一个天文数字，所以为了进一步提高读写效率，在 Windows 系统中都是将多个相邻的扇区组合在一起进行管理，这些组合在一起的扇区称为簇。簇只是一个逻辑上的概念，在硬盘的盘片上并不存在簇，但它是 Windows 系统中的最小存储单元。

比如在硬盘某个分区中新建一个文本文件，在里面输入一个字母“a”，保存之后便会发现这个文件的大小只有 1B，但占用的磁盘空间却是 4KB，如图 3-19 所示。4KB 便是这个磁盘分区里簇的大小，每个簇包含了 8 个扇区。至于一个簇里到底会包含几个扇区，则是由不同的磁盘文件系统决定的，这在后续的章节中将会予以介绍。

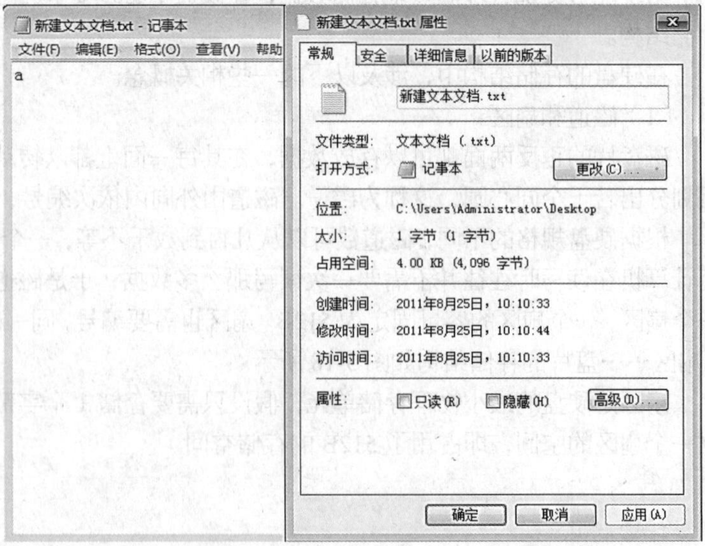

图 3-19　验证簇的大小

随着计算机技术的不断发展，容量大小固定为 512B 的磁盘扇区已经越来越显得不合时宜了。目前很多硬盘厂商推出了“先进格式化”技术，将扇区容量扩大到了 4KB。采用新的技术，既提高了硬盘的性能，也提升了硬盘的容量。但目前只有 Windows 7 以上的操作系统支持该技术，在低版本的系统如 WindowsXP 里无法实现。

（3）柱面

在硬盘里通常都不只存在一张盘片，根据硬盘规格不同，盘片的数目通常在 1、2 张，因为受到发热量和硬盘体积的限制，目前硬盘的盘片数量最多为 5 张。

盘片的每一面都可以存放数据，假设硬盘中存在 3 张盘片，那么就会有 6 个可以存放数据的盘面。这些盘面按照从上到下的顺序从 0 开始依次编号，分别称为 0 面、1 面、2 面……5 面。另外因为每个盘面都要有一个磁头对其进行读写操作，所以也可以分别称之为 0 磁头、1 磁头、2 磁头……5 磁头。由于硬盘是一摞盘片，这样所有盘面上的同一磁道便构成一个圆柱，称作柱面，如图 3-20 所示。

柱面实际上就是各盘面相同位置上磁道的集合，所以也采用跟磁道相同的编号，称为 0 柱面、1 柱面……硬盘在实际进行数据的读写操作时都是按柱面进行的，即首先从 0 柱面内的 0 磁头开始进行操作，然后依次向下在 0 柱面内的不同盘面即磁头上进行操作，只有在 0 柱面内所有的磁头全部读写完毕后才会转移到下一柱面。

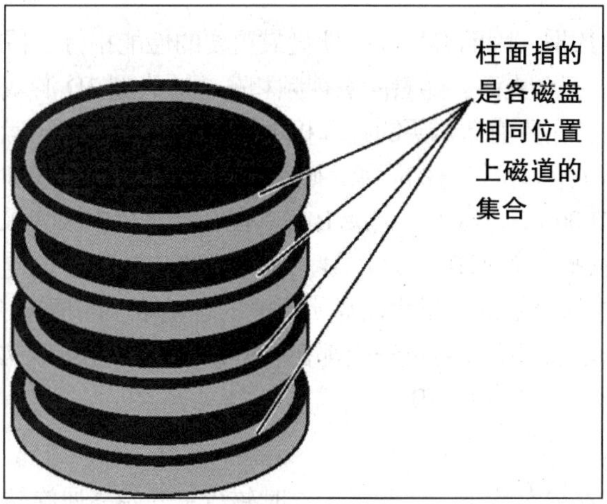
柱面指的
是各磁盘
相同位置
上磁道的
集合

图 3-20 柱面

（4）主引导扇区

在硬盘的存储结构中，0 柱面 0 磁头 1 扇区是硬盘的第一个扇区，也是硬盘中最重要的一个扇区，它里面存放了硬盘主引导记录和硬盘分区表，被称为主引导扇区。当硬盘启动时首先就要查找主引导扇区，根据它里面存放的信息确定操作系统所在的硬盘分区，然后对操作系统进行引导。

如果主引导扇区受到破坏，那么硬盘将无法启动，因而一直以来主引导扇区都是计算机病毒的重点攻击对象，绝大多数杀毒软件也都提供了对主引导扇区的保护和扫描功能。

1.4 硬盘分区与格式化

从上面的分析中可以看出，硬盘的存储结构非常复杂，所以在使用硬盘之前必须要先进行格式化。

格式化分两种：低级格式化和高级格式化。

- 低级格式化的目的是在磁盘片上划分磁道，建立扇区，属于对硬盘的物理性操作。
- 高级格式化主要是用来清除硬盘上的数据，产生引导区信息和初始化文件分配表等，属于对硬盘的逻辑性操作。高级格式化只有在硬盘经过了低级格式化以后才能进行。

低级格式化是对硬盘的物理性操作，对硬盘具有一定的损害，而且硬盘在出厂之前也都已经进行过低级格式化了，所以在实际使用中，除非出现硬盘坏道等特殊情况，否则尽量不要再对硬盘进行低级格式化。

最后，因为目前硬盘的容量都非常大，为了更加合理地规划和利用硬盘空间，在使用硬盘之前还需要进行分区，也就是将整个硬盘分成几个不同的存储空间。硬盘分区就如同装修房子，房子在未装修之前只是一间大屋，经过装修可以隔离出客厅、卧室、厨房、洗手间等，只有这样才可以更好地满足我们的生活需求。根据硬盘容量的大小，可以将硬盘分成几个分区，每个分区用一个如C、D、E之类的盘符加以区分，每个分区可以用作不同的用途，以使数据的存储更加合理。

硬盘的分区和格式化操作是计算机组装与维护课程中所要求必须掌握的一项基本技能，这部分内容将在后续章节中予以专门介绍。

2. 硬盘的性能指标

2.1 容量

硬盘的作用是存放数据，因而容量就是硬盘最重要的性能指标。目前主流硬盘的容量多为500GB、640GB、1TB，甚至更高。随着高清视频和高画质大型3D游戏的盛行，人们对硬盘容量的要求也是越来越高，在目前新购买的计算机中，容量为1TB的硬盘基本已成为标准配置。

关于硬盘容量，要注意单位换算的问题。硬盘厂商提供硬盘容量的时候，是按照1000进位进行计算的，即1GB=1000MB，1MB=1000KB等。但在计算机中因为采用的是二进制，所以容量是以1024进位进行换算，即1GB=1024MB，1MB=1024KB等。这样就会出现当硬盘安装到计算机里以后，计算机中所显示的容量比硬盘所标注的容量略小的情况，比如一块标注是500GB的硬盘，安装到计算机里以后实际容量一般都在460GB左右。换算方法为：$500 \times 1000 \times 1000 \times 1000/(1024 \times 1024 \times 1024)=465$GB。

2.2 主轴转速

硬盘中的数据存储在磁盘片上，当硬盘工作时磁盘片开始高速旋转，然后由磁头对其进行读写操作，所以磁盘片的旋转速度，即主轴转速直接影响了硬盘的读写速度。

目前硬盘的主轴转速主要分为5400转/分钟（r/min）和7200转/分钟（r/min）两种，其中5400 r/min的硬盘一般只用在笔记本电脑中，而在台式机中基本都是采用7200 r/min的硬盘。

目前也有部分高端硬盘采用了10000 r/min甚至15000 r/min设计，但作为消费级硬盘来说，高转速带来的高发热量和马达轴承的快速磨损也是明显的，这在一定程度上也降低了硬盘产品的可靠性，所以在目前7200 r/min是一个性能与可靠性比较均衡的方案。

2.3 单碟容量

单碟容量指的是包括磁盘片正反两面在内的每个盘片的总容量。

单碟容量越高就意味着在相同体积的磁盘片上可以容纳更多的磁道和扇区，从而提高硬盘的读写速度。在硬盘总容量相同的情况下，提升单碟容量还可以减少硬盘所使用的盘片和磁头数量，以降低硬盘的制造成本。

单碟容量是目前硬盘技术发展的重点，几乎就是决定硬盘档次的标准。目前硬盘的单碟容量多为320GB、500GB，甚至1TB，我们在选择相同容量的硬盘时，一般选择单碟容量大的更好。

2.4 硬盘缓存

尽管目前硬盘的性能已经有了很大提高，但硬盘的工作速度相对于计算机中的其他硬件设备仍然是非常慢的。当计算机要运行一个程序时，首先就要将这个程序从硬盘调入内存，而且在程序的运行过程中，还要不断地将结果再写回硬盘保存。因而如果硬盘的工作速度与内存相差过大，势必会成为整个系统的瓶颈。如同解决CPU与内存速度不匹配的思路一样，在硬盘中也加入了一道缓存，使之成为硬盘与内存之间的中转站。

缓存的主要作用就是提高硬盘与外部数据的传输速度，缓存的应用对硬盘的影响非常大，它的容量大小直接决定了硬盘的整体性能。目前硬盘的缓存容量多为16MB或32MB，某些大容量硬盘的缓存甚至已经达到了64MB。

2.5 内部传输速率和外部传输速率

内部数据传输速率是指从硬盘磁头到高速缓存之间的数据传输速度，也就是指硬盘将数据从盘片上读取出来，然后存储在缓存内的速度。

内部传输速率主要由硬盘的主轴转速和单碟容量决定，但由于硬盘固有技术的局限性，硬盘内部数据传输速率还是停留在一个比较低的层次上，目前主流硬盘的内部数据传输率一般在50MB/s~90MB/s，而且在连续工作时会降到更低。

外部传输速率是指系统从硬盘缓冲区读取数据的速率，它的快慢主要由硬盘的接口类型决定，实际上也就是IDE接口和SATA接口的速率。IDE接口的传输速率最高为133MB/s，SATA接口的传输速率最高为750MB/s，都远远地高于硬盘的内部传输速率。

从上面的分析中可以看出，如果内部传输速率提高不上去，那么即使有再高的外部传输速率也是无用的。所以内部传输速率才可以明确表现出硬盘的读写速度，它的高低是评价一个硬盘整体性能的决定性因素，有效地提高硬盘的内部传输率对硬盘的性能可以有最直接、最明显的提升。但是由于技术的局限性，目前内部数据传输率过低已经成为影响硬盘以至整台计算机性能的最大瓶颈。

3. 硬盘相关技术

目前硬盘已经成为制约整个计算机系统性能进一步提升的瓶颈，因而各硬盘厂商一直都在努力开发各种硬盘新技术，以进一步提升硬盘的工作性能。

3.1 RAID技术

RAID磁盘冗余阵列，通过该技术可以让多块硬盘协同工作，从而达到提升硬盘传输速率和安全性的目的。其意义类似于CPU的双核技术、内存的双通道技术以及显卡的互联技术。简单来说，RAID是一种把多块独立的硬盘（物理硬盘）按不同的方式组合起来形成一个硬盘组（逻辑硬盘），从而提供比单个硬盘更高的存储性能和数据备份功能的技术。

要实现RAID技术需要有RAID控制器的支持，目前已经有很多主板上都集成了RAID控制器，如果主板未集成，也可以购买单独的RAID卡。另外在组建RAID时，要求所用的硬盘必须都是相同规格。

组成磁盘阵列的不同方式称为RAID级别，常用的RAID级别有：RAID0、RAID1、RAID5。

（1）RAID 0

RAID0级别专用于提升硬盘工作速度，要组建RAID0至少要用2块硬盘。

组成 RAID0 之后，数据并不是保存在一块硬盘上，而是分成数据块保存在不同的硬盘上。进行数据读写操作时，是对这两块硬盘同时进行，从而大幅提高硬盘性能，其效果示意如图 3-21 所示。

RAID 0 的缺点是没有冗余功能，如果一个硬盘损坏，则所有数据都将无法使用。

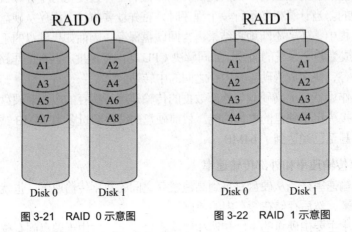

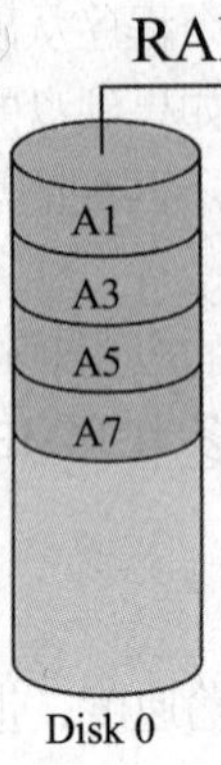

图 3-21　RAID 0 示意图

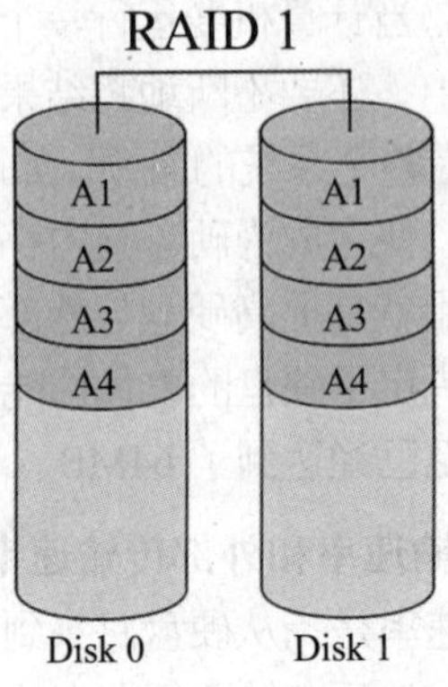

图 3-22　RAID 1 示意图

（2）RAID 1

RAID 1 由两块硬盘实现，它的原理是将用户写入到其中一块硬盘中的数据原样地自动复制到另外一块硬盘上。当读取数据时，系统先从 RAID 1 的源盘读取数据，如果读取数据成功，则系统不去管备份盘上的数据；如果读取源盘数据失败，则系统自动转而读取备份盘上的数据，不会造成用户工作任务的中断，其效果示意如图 3-22 所示。

在所有的 RAID 级别中，RAID 1 提供了最高的数据安全保障。但是其写入速率低，存储成本高，所能使用的空间只是所有磁盘容量总和的一半，所以主要用于存放重要数据，如服务器和数据库存储等领域。

（3）RAID 5

RAID 5 是由至少 3 块磁盘实现的冗余磁盘阵列，将数据分布于不同的磁盘上，并在所有磁盘上交叉地存取数据及奇偶校验信息。图 3-23 所示是由 4 块硬盘组成的 RAID 5，当其中的任何一块硬盘损坏时，都可以从其他硬盘中将数据恢复回来。

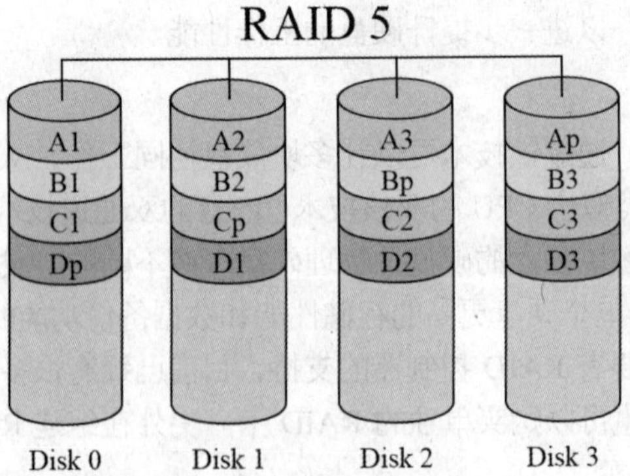

图 3-23　RAID 5 示意图

采用 RAID 5 时，数据存储安全，读取速率较高，磁盘利用率较高，但写入速率较低。因而在所有的 RAID 级别中，RAID 5 应用最多，被广泛用于各种类型的服务器中。

3.2 固态硬盘技术

固态硬盘（见图 3-24）是近几年最受关注的存储技术之一，它彻底颠覆了传统硬盘的存储模式。与传统硬盘采用磁头从旋转的磁盘片上读写数据的机械方式不同，固态硬盘采用了半导体存储技术，以芯片作为存储介质，因此具有读写速度快、运行噪音小、热量产生少、功耗低的优点，此外由于不用担心磁头碰撞损坏，固态硬盘还有抗震、稳定性好的优势。

目前很多大型网站的服务器已经采用了固态硬盘，如百度在 2008 年就将其搜索服务器全部换作了固态硬盘，使得其单台存储设备的内部读写性能提升了 100 倍，整机性能提升了 1 倍，而能耗却要大大低于普通的硬盘存储，所以固态硬盘一致被看作是未来存储技术发展的方向。

图 3-24 金士顿 480GB 固态硬盘

固态硬盘与传统硬盘内部结构的对比如图 3-25 所示。从图中可以看出，固态硬盘存放数据的原理和机械硬盘完全不同，但这在得到性能大幅提升的同时，也带来了一些弊端。比如固态硬盘一旦损坏，就很难像机械硬盘那样通过更换电路板或取出盘片的方式挽救数据，而且存储原理的不同，导致固态硬盘上被删除的文件也很难恢复。因而，最好不要将重要数据存放在固态硬盘上。

图 3-25 固态硬盘与传统硬盘内部对比

随着价格的不断降低，目前同时选择固态硬盘和机械硬盘的普通用户也越来越多，如果能够合理利用，这种“混合硬盘”模式可以大幅地提高计算机的整体性能。

无论对于普通家庭 PC，还是企业服务器，机械硬盘作为数据存储是最好的选择，而系统盘或者一些常用程序则最好使用性能更好的固态硬盘，这样才能让应用达到最佳化。因而对于采用“混合硬盘”的计算机，在使用中建议固态硬盘不必分区，专门用于安装操作系统或者是大型的应用软件；机械硬盘在合理分区之后，专门用于存储文本、视频等相对重要的资料和数据。这样既保证了计算机启动和大型软件的快速响应，又保证了数据的安全性。

除此之外，固态硬盘在使用时还有一些需要注意的地方。如果操作系统安装在固态硬盘上，那么系统会频繁往临时文件夹写入大量零碎文件，长此以往必将导致固态硬盘性能下降，因此最好将临时文件夹设定在机械硬盘上；另外在删除文件时，最好先将文件移动到机械硬盘上，然后再进行删除操作，以便将来可能恢复数据。

4. 硬盘选购及主流产品介绍

目前市场上的硬盘品种繁多，正确选购硬盘需要注意一些技巧。

目前销售的硬盘已经全部采用了SATA接口，主流硬盘容量达到了1TB。另外单碟容量和缓存大小是影响硬盘性能的两大因素，目前主流硬盘的单碟容量多为500GB或1TB，缓存则至少为16MB，在购买时注意不要选择性能太差的产品。

目前能够生产硬盘的厂家并不多，主要包括希捷Seagate、西部数据WD、三星和日立等，表3-5所示为西部数据一款硬盘的主要参数。

表3-5 西部数据（WD）蓝盘 1TB SATA 6Gbit/s 7200r/min 64M 台式机硬盘性能参数

适用类型	台式机硬盘
硬盘容量	1000GB
缓存（MB）	64MB
接口类型	SATA 3.0
转速/分	7200r/min
单碟容量（GB）	500GB
盘片数（张）	2
接口速度（MB/s）	300MB/s
内部传输速率（MB/s）	126MB/s
外部传输速率（MB/s）	600MB/s

5. 光存储系统

光存储系统包括光盘和光盘驱动器（简称光驱）两部分。

光盘由于具有容易保存、携带方便以及成本低廉等特点，成为硬盘之外的常用外存储设备。尤其在购买一些软件时，其安装程序基本上都以光盘为载体。所以下面首先介绍这些最为我们熟悉的光盘。

5.1 光盘的工作特性

光盘是通过激光的反射来存储和读取数据的。

在光盘上用一些凹凸不平的小坑和特殊颜料等来代表“0”和“1”，当光盘放到光驱里后，由光驱内部的激光头发出激光，光盘就会把激光反射回来，由于凹凸和特殊颜料等的存在，反射的光线会有所不同，光驱就通过识别这些不同的光线从而将之还原成二进制的“0”和“1”。

光盘的这种工作特点决定了绝大多数光盘都是只读光盘或者一次性刻录光盘，那种能够反复写入的可擦写光盘只是少数。

5.2 光盘的分类

一般来讲，波长越短的激光越能够在单位面积上记录或读取更多的信息，所以各种不同类型光盘间的主要区别就在于所采用的激光波长不同。

（1）CD 光盘

CD 光盘算是光盘家族的老前辈了，它采用波长约 780nm 的近红外激光作为光源，容量一般在 700MB 左右。

CD 光盘虽然技术古老而且存储容量一般，但是在 VCD 和 Windows98 的时代，CD 光盘一直是影音存储和计算机数据存储最主要的载体，一直到现在也仍在大量使用。

（2）DVD 光盘

DVD 光盘是继 CD 光盘之后诞生的容量更大的光存储产品，它采用了波长更短的 650nm 红色激光作为光源，容量一般在 4.7GB 左右，大致相当于 7 倍普通 CD 光盘的容量，所以迅速取代了 CD 光盘的地位，成为目前应用最为广泛的光盘类型。

但随着各种应用技术的发展，DVD 光盘也开始满足不了人们的需求了，此时便出现了双层甚至多层的 DVD 盘片。这里所提到的层，指的是光盘中用于记录数据的数据层。单层光盘说明此光盘只有一层数据层，双层光盘表示此光盘具有两层数据层，而多层光盘则表明此光盘具有 3 层或 3 层以上的数据层。在使用多层光盘时，需要使光驱的光头聚焦在不同的位置以读取相应数据层中的数据。这样通过在光盘中集成更多的数据层，就可以在保持光盘存储密度不变的情况下实现光盘数据的翻倍存储。

另外随着技术的发展，DVD 光盘的每一面也都可以被设计用来存放数据，所以目前使用的 DVD 光盘主要就被分为单面单层、单面双层、双面单层和双面双层 4 种物理结构，它们分别被命名为 DVD-5、DVD-9、DVD-10 和 DVD-18。这 4 种不同规格 DVD 光盘的容量分别为 4.7GB、8.5GB、9.4GB 和 17GB，其中目前使用最多的是 DVD-5 和 DVD-9。另外需要注意，在读取双面光盘的时候，如果光驱只有一个光头，那么必须要把光盘取出翻转后才能读取另外一面的内容。

虽然这些新型的盘片从一定程度上提高了光盘的容量，延长了 DVD 技术的寿命，但是这毕竟还基于 DVD 技术，加上双层技术的生产和使用成本比较高，很大程度上限制了它的普及，所以基于 DVD 技术的光盘也终于无法满足人们的要求，此时必然要求出现技术更为先进的更大容量的光盘。

（3）BD（蓝光）光盘

从 DVD 进化到 BD 的技术原理和当年 CD 向 DVD 的进化非常相似，都是通过缩短激光波长来实现的。蓝光光盘采用的是波长为 405nm 的蓝/紫色激光来读取和写入数据，单面蓝光光盘的存储容量就达到了 25GB，而双面蓝光光盘的容量更是达到了 50GB。

蓝光光盘是目前最先进的光盘存储技术，已经大量应用于高清视频和大容量数据的存储。

5.3 光驱

光盘种类繁多，而每一种光盘都要使用相应的光盘驱动器，因而光驱也大体上分为 CD 光驱、DVD 光驱和蓝光光驱等各种类型。

一般来讲，每种类型的光驱都可以向下兼容，即 DVD 光驱也可以读取 CD 光盘，蓝光光驱也可以读取 DVD 和 CD 光盘。另外因为光盘又分为只可以读取的只读光盘、可以一次性写入的刻录光盘以及可以反复擦写的可擦写光盘，所以每种类型的光驱里又分成了只读光驱和刻录机两种形式。

下面就这些不同类型的光驱分别予以介绍。

（1）CD-ROM 光驱与 CD 刻录机

CD-ROM 光驱只可以读取 CD 光盘，随着 DVD 光盘的普及，CD-ROM 光驱已逐渐退出了市场。

衡量 CD-ROM 光驱性能的一个重要指标是读取速率，CD-ROM 光驱的读取速率基本上都是 52X，称为 52 倍速，这也是 CD-ROM 光驱所能够达到的最高读取速率。CD-ROM 的基准倍速是指每秒可以读取 150KB 的光盘数据，所以 52X CD-ROM 光驱的读取速率为 52 × 150KB/S=7800KB/S。

CD 刻录机只可以刻录 CD 光盘，目前已被淘汰。另外在一段时间里曾经出现过一种称为 COMBO（康宝）的光驱，COMBO 光驱既可以读取 CD 光盘，也可以读取 DVD 光盘，还可以进行 CD 光盘的刻录，因而是一种三合一的产品。直至目前，仍有部分低端笔记本电脑配备了 COMBO 光驱。

（2）DVD-ROM 光驱与 DVD 刻录机

DVD 光驱与 DVD 刻录机都是目前市场上的主流产品。同 CD 光驱一样，读取速率也是 DVD 光驱的一项重要的性能指标，目前 DVD 光驱的读取速率一般都为 16X，DVD 光驱的基准倍速是指每秒可以读取 1358KB 的 DVD 光盘数据，所以 16X 光驱的读取速率为 16 × 1358KB/S=21.7MB/S。但是当用 DVD 光驱读取 CD 光盘时，大多仍是按照 52X 的 CD 光盘速率读取的。

DVD 光驱或 DVD 刻录机的外部结构目前大都类似，其前面板如图 3-26 所示。面板中的指示灯用于显示光驱的运行状态，紧急出盘孔用于在断电或其他非正常状态下打开光盘托盘，打开/关闭/停止按钮用于控制光盘的进出。

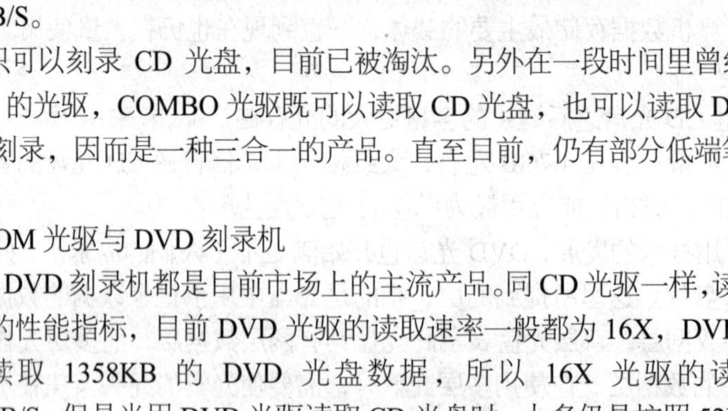

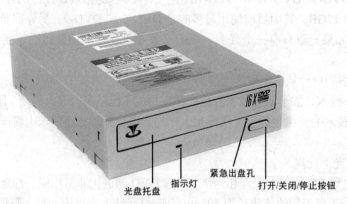

图 3-26 光驱前部面板

（3）蓝光光驱与蓝光刻录机

作为目前最先进的光驱产品，蓝光光驱也分为 BD-ROM、BD 康宝和 BD 刻录机等几种类型，而且所有的类型都可以向下兼容 DVD 光盘和 CD 光盘，如图 3-27 所示。

图 3-27 蓝光光驱

另外无论在使用何种光驱时都要注意，当不读盘时尽量不要将光盘长时间放在光驱内，因为光驱的电机在光盘进入光驱之后，经一段时间后会由低速转向高速并以高速转动，以保持对光盘的随机访问速度，所以即使光驱内的光盘并没有被使用，电机的转速仍会保持不变，这就加速了电机的老化，缩短了光驱的使用寿命。

6. 虚拟光驱与光盘刻录

随着技术的不断进步，光盘被使用得越来越少，在一些笔记本电脑中，甚至已经取消了光驱，所以虚拟光盘以及虚拟光驱就越来越盛行。

虚拟光盘也称为光盘镜像，其原理是将整个物理光盘的内容刻录到硬盘上，以一个文件（扩展名为 iso）的形式存放，这个 iso 文件就称为光盘映像文件，其内容与真实光盘一模一样。从网上可以下载到大量的 iso 映像文件，这已成为软件传播的一个重要渠道。

6.1 虚拟光驱的使用

直接使用光盘映像一般要通过虚拟光驱，虚拟光驱是通过工具软件在计算机中生成的模拟光驱。它有诸多优点，如节省计算机整机成本，更高的光盘读取速度，可以随意设置虚拟光驱的个数等。

目前使用最多的虚拟光驱软件是 Daemon Tools，它是一款免费软件，如图 3-28 所示，下面以 Daemon Tools Lite V4.30 为例来介绍其使用方法。

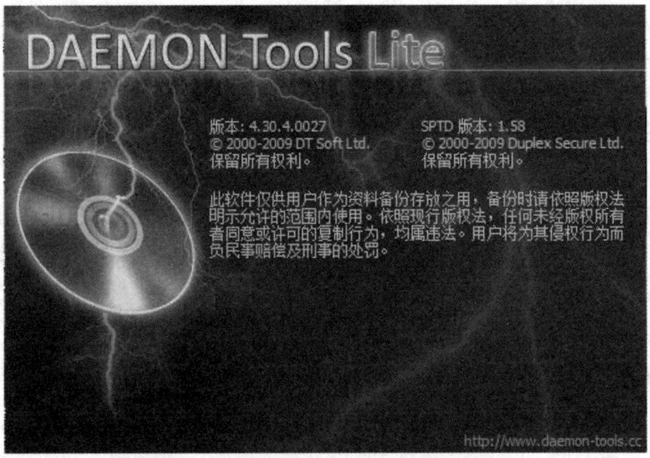

图 3-28 Daemon Tools Lite V4.30

① 首先安装软件，在安装的过程中需要重启计算机。安装完成之后，会发现计算机中新增加了一个光驱，如图 3-29 所示，其中的 BD-ROM 驱动器就是新增加的虚拟光驱。

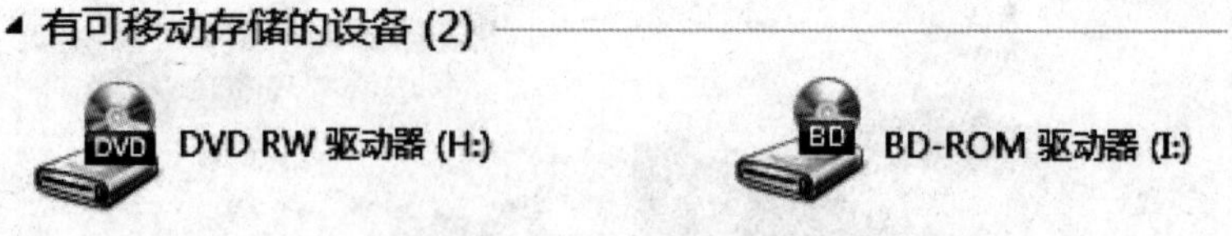

图 3-29　新增加的虚拟光驱

② 运行程序之后，在任务栏的右下角会看到程序图标。单击图标，出现如图 3-30 所示的任务菜单。其中“设备 0”表示用 Daemon Tools 增加的第一个虚拟光驱，编号为 0，盘符为 I，“无媒体”表示虚拟光驱里还没有放入虚拟光盘。

图 3-30　Daemon Tools 任务菜单

③ 单击“设备 0：[I:] 无媒体”载入光盘映像，如图 3-31 所示。

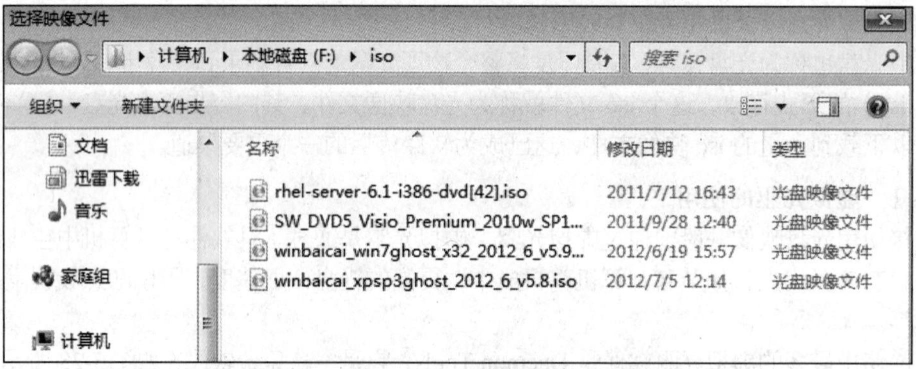

图 3-31　载入光盘映像

④ 这样就将光盘映像放入到了虚拟光驱中，下面就可以像使用普通光盘一样地使用虚拟光盘了，如图 3-32 所示。

图 3-32　加载好的虚拟光盘

光盘使用完之后，如果要将虚拟光盘退出，只要在图 3-30 所示的任务菜单中单击“卸载所有驱动器”即可。

6.2　光盘刻录

光盘刻录就是向光盘中存放数据，将 iso 映像文件刻录到光盘中，就可以得到一张真实的物理光盘。

进行光盘刻录首先要购买刻录盘，CD 刻录盘的容量为 700MB，售价一般在 1 元左右。DVD

刻录盘的容量为 4.7GB，售价多为 1.5~2 元。要根据所要刻录的内容大小，选择合适的刻录盘。

在实际使用中最常被刻录的是系统工具盘，以便于安装系统和进行系统维护。如果是制作 Windows XP 系统的工具光盘，一般用 CD 光盘即可，如果是制作 Windows 7 系统的工具光盘，则需要使用 DVD 光盘。

刻录光盘需要具备两个前提条件：刻录机和刻录软件。刻录机目前已基本普及，大多数计算机上安装的光驱都具备刻录功能。刻录软件最常用的则是由德国 Nero 公司推出的 Nero 软件，在 Windows 7 系统中比较常用的版本是 Nero8。下面就以 Nero8 为例介绍其使用方法。

Nero8 安装好之后，在开始菜单中可以找到其启动程序，如图 3-33 所示。

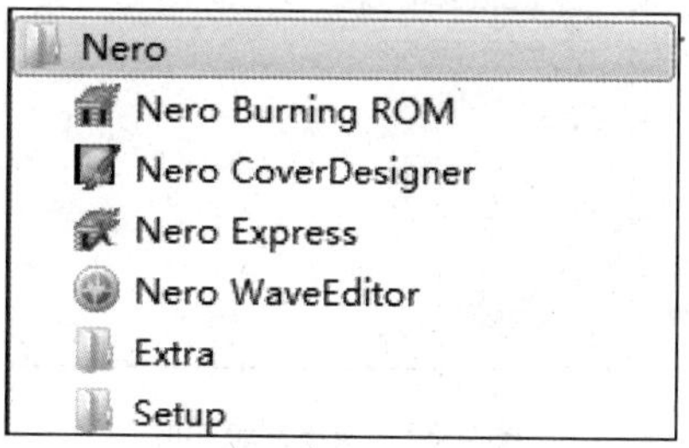

图 3-33 Nero 启动程序

其中的 Nero Express 是低级版本，功能简单，人机界面傻瓜化，设置很少，适合新手完成简单刻录。Nero Burning Rom 是高级版本，功能强大，设置专业，这里推荐使用 Nero Burning Rom。

启动 Nero Burning Rom 之后，会自动出现一个向导界面，从中可以选择要刻录的光盘类型。因为我们要刻录 ISO 镜像，所以这里将向导关闭，然后选择“刻录器”菜单中的“刻录映像文件”，如图 3-34 所示。

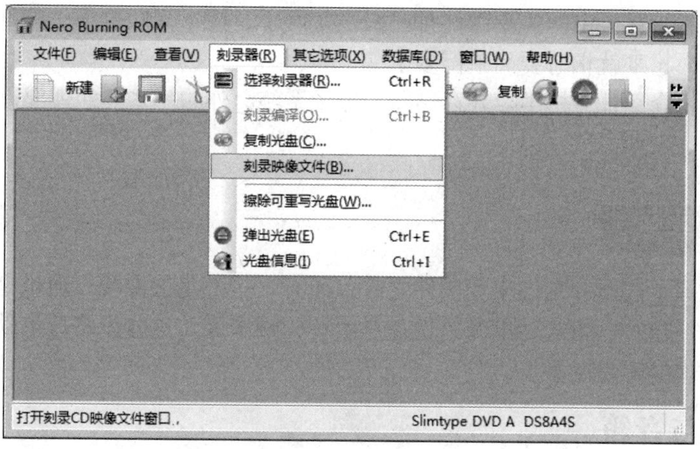

图 3-34 刻录映像文件

找到需要刻录的映像文件之后，便会出现刻录设置界面，在这里主要对刻录速度进行设置，如图 3-35 所示。一般不建议将刻录速度设得太高，速度太快，容易导致刻录失败或部分数据出错。刻录 CD 光盘，最高速度可达 32x，一般设置为不超过 16x。刻录 DVD 光盘，速度一般设置为不超过 8x。

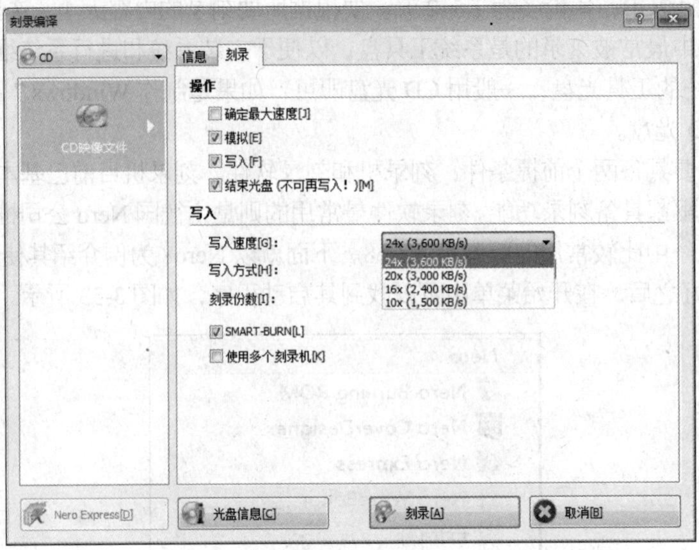

图 3-35　设置刻录速度

刻录结束之后，就可以得到一张物理工具光盘了。

任务三　了解计算机的其他外部设备

任务描述

小孙要选购的计算机中的主要部件都已经确定好了，接下来只剩下一些其他的外部设备，这些外部设备选择起来就相对要简单得多了。

在本任务中将介绍计算机中除外存储器和显示系统之外的一些其他外部设备的主要特点。

任务分析及实施

一台计算机除了前面介绍的主要硬件之外，还有一些不是很重要，但也是计算机必不可少的设备，如声卡、音箱、机箱、电源、键盘、鼠标、网卡等。这些设备普遍功能较为简单，因此选购起来相对也要容易得多。

1. 声卡与音箱

声卡与音箱共同组成了计算机的音频系统，完成输出设备的功能。

1.1　声卡

声卡的作用与显卡类似，它首先要完成信号的转换工作。由于音箱和麦克风都是使用的模拟信号，而计算机所能处理的是数字信号，所以必须要通过声卡实现两者之间的转换。声卡一方面要完成数/模转换，将计算机内的数字声音信号转换为音箱等设备能使用的模拟信号，另一方要完成模/数转换，将麦克风等声音输入设备采集到的模拟声音信号转换成计算机所能处理的数字信号。

另外声卡也要完成音频数据的处理工作，这主要是由声卡上的声卡处理芯片负责的，如同主板芯片组和显卡显示芯片一样，声卡芯片也是声卡的核心，它的好坏决定着声卡的档次。但计算机中处理音频的数据量要远小于图像视频，所以声卡的工作量相比显卡要少得多，其在计算机中的地位也远不如显卡重要。

声卡主要分为集成声卡和独立声卡两种。集成声卡只具备编码能力，音效和混音等工作交由 CPU 完成；独立声卡则由声卡芯片独立完成所有的声音处理和输出的工作，不需要 CPU 处理数据。但因为现在的 CPU 性能已经非常强大，处理集成声卡的这点音频数据对整体性能影响可以忽略不计。集成声卡的性能已经可以满足我们的基本需求，目前几乎所有的主板上都集成有声卡芯片，所以除非特殊需要，否则在组装计算机时一般无需单独购买声卡，如图 3-36 所示。

图 3-36 主板上集成的声卡芯片

主板上的集成声卡大都符合 AC'97 或 HD Audio 标准。

AC'97 的全称是 Audio CODEC'97，这是一个由 Intel、雅马哈等多家厂商联合研发并制定的一个音频电路系统标准。它并不是一个实实在在的声卡芯片型号，而只是一个标准，所以很多主板不论集成的是何种声卡芯片，只要符合 AC'97 标准就都称为 AC'97 声卡。

HD Audio 是高保真音频（High Definition Audio）的缩写，是 Intel 与杜比（Dolby）公司联合推出的新一代音频标准。HD Audio 的制定是为了取代 AC'97 音频标准，它与 AC'97 有许多共通之处，某种程度上可以说是 AC'97 的增强版，但在 AC'97 的基础上提供了全新的连接总线，可以支持更高品质的音频以及更多的功能，理论上可以使计算机中播放的音频达到甚至超过高档家庭影院的音质效果。

在目前的主板上，绝大部分都是集成符合 HD Audio 标准的声卡。要注意的是，HD Audio 与 AC'97 都只是音频的标准，主板上所集成的声卡芯片仍然有着各自不同的生产厂商和型号，这点尤其在安装声卡驱动程序时要注意辨别。集成声卡芯片的生产厂商主要有瑞昱（ Realtek）、华讯（C-Media）、威盛（VIA）和美国模拟器件公司（Analog Devices），其中瑞昱（Realtek）的产品最为常见。

1.2 音箱

音箱负责将音频信号经过放大处理之后再还原为声音。

根据所采用的材质不同，音箱分为塑料音箱和木质音箱。塑料音箱的优点是加工容易，外形可以做得比较好看，在大批量的生产中可以降低成本，但缺点是音质较差，所以一般都属于中低端产品。木质音箱采用纯木板作为箱体材料，可以有效抑制声音共振，拓宽频响范围，减少失真，但缺点是价格较贵，所以一般都属于高端产品。

塑料音箱与木质音箱的对比如图 3-37 所示。

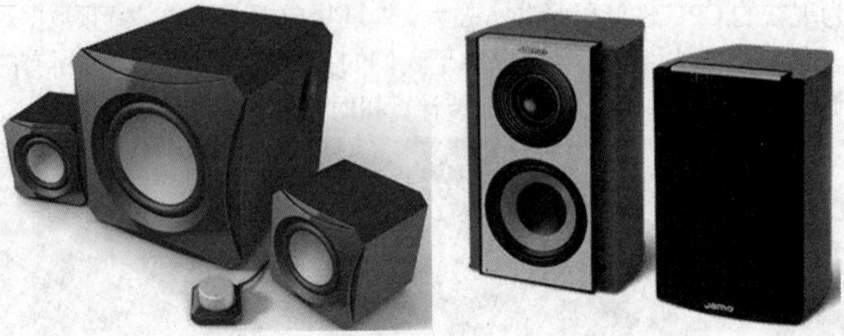

图 3-37　塑料音箱和木质音箱

根据不同声道，音箱的结构也有所不同。一般立体声音箱都分为主音箱和副音箱两部分，副音箱连接在主音箱上，然后主音箱再通过信号线与声卡的输出接口相连接。

根据所支持的声道数不同，每种音箱所包含的音箱个数也不相同，主要有 2.0、2.1、4.1、5.1、6.1 和 7.1 等几种类型。这些型号中前面的数字 2、4、5、6、7 代表的是环绕音箱的个数，2 是双声道立体声，4 是四点定位的四声道环绕，5 是在四声道的基础上增加了中置声道，6 是又增加了后中置声道，7 是增加了双后中置声道。后面的“.1”或“.0”代表是否配有超低音装置，通过专门设计的超低音声道可以专用于播放低频声音，效果要更为震撼。各种不同类型的音箱如图 3-38 所示。

2.0 音箱

2.1 音箱

4.1 音箱

5.1 音箱

6.1 音箱

7.1 音箱

图 3-38　各种不同类型的音箱

大部分用户都是使用的集成声卡，因此对音箱也没有必要追求高端。音箱的品牌目前主要有漫步者、麦博、轻骑兵、多彩等，它们的低端 2.0 或 2.1 音箱的价格一般都在一二百元，在实际中还是以这两种类型的音箱应用得最多。

2. 机箱与电源

一个好的机箱不仅在款式上要新颖，在质量上更要有良好的表现。机箱可以起到支撑主机各部件，使它们安全工作、不受外界影响的作用。电源是计算机中的能量来源，计算机内的所有部件都需要电源进行供电，因此电源质量的优劣直接关系到计算机的稳定性和硬件的使用寿命，对电源的选购也绝对不容忽视。

2.1 机箱

机箱作为计算机配件中的一部分，主要用于放置和固定各计算机配件，起到承托和保护作用，此外机箱还有屏蔽电磁辐射的重要作用。

目前绝大部分的机箱都是立式机箱，因为立式机箱在理论上可以提供更多的驱动器槽，而且更有利于内部散热。机箱的内部结构如图 3-39 所示，机箱底板为主板位置，其上可安装铜柱以固定主板。5 英寸固定支架用于安装光驱，3 英寸固定支架用于安装硬盘，电源安装于专用电源支架处，后面板提供多个 PCI 设备接口，其 PCI 挡板可装卸，能加强防尘能力。

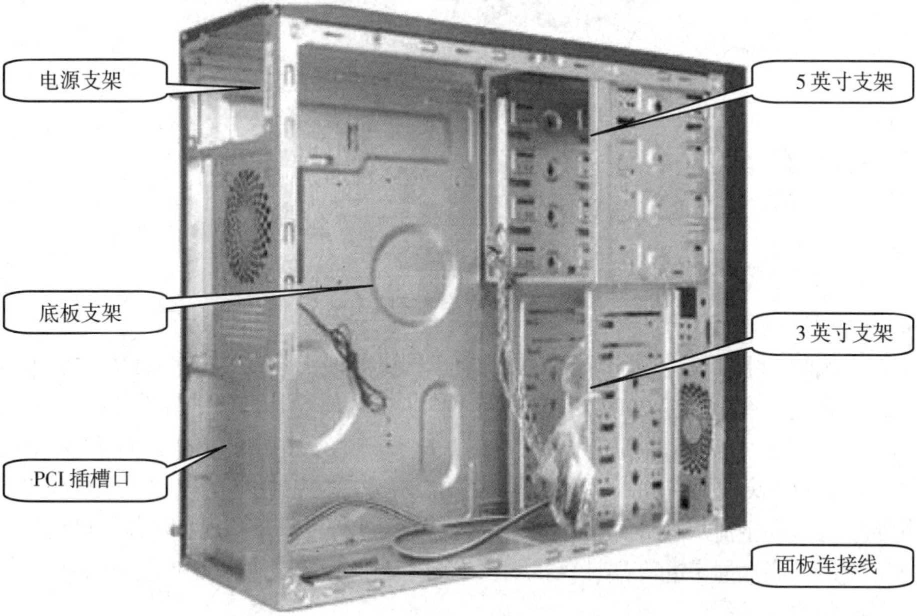

图 3-39 机箱内部结构

机箱的技术含量相对较低，在选购机箱时主要应考虑的因素是机箱的材质和可扩展性。

目前市面上的机箱多采用镀锌钢板制造，其优点是价格比较便宜，而且硬度大，不易变形，但往往比较重，搬动起来比较费劲。另外还有部分机箱采用铝合金材料制成，这种机箱在外观上比较有质感，重量也比较轻，但是往往价格较贵且选择的余地比较少。

机箱的可扩展性是指机箱内要有较宽阔的空间，这样既可以为以后新增加的设备提供安装的空间，而且也更有利于通风散热。

2.2 电源

电源是向电子设备提供功率的装置，它提供计算机中所有部件所需要的电能。电源功率的大小，以及电流和电压是否稳定，将直接影响计算机的工作性能和使用寿命。

电源有 AT 和 ATX 之分，分别对应于相应结构的主板，目前的计算机电源都已是 ATX

电源。

ATX 是由 Intel 制定的一种电源标准，最新的版本是 ATX 12V 2.3。符合这种标准电源的主电源接头共有 24 针，其中有 4 针专门为 CPU 供电，提供 12V 电压，其余 20 针则负责为主板供电，再由主板为它上面所安装的各个硬件提供电力。

ATX 12V 2.3 电源上的各种接头如图 3-40 所示。

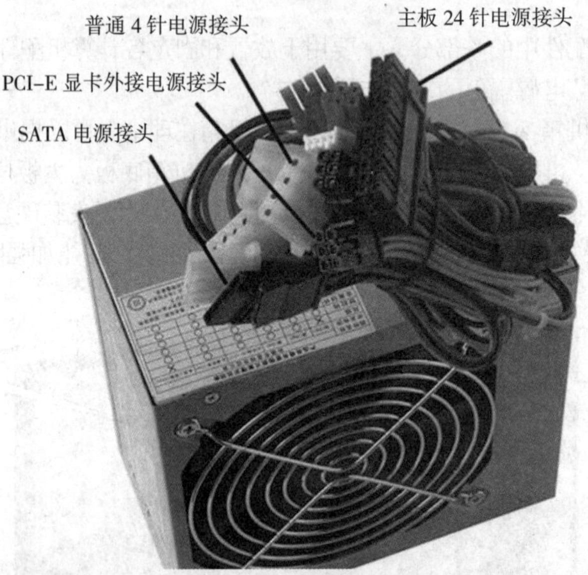

图 3-40　电源接口

在选购电源时，主要应考虑的因素是电源可以提供的最大额定功率，ATX 12V 2.3 电源可以提供的最大额定功率一般在 200~450W 的范围内。就目前的计算机平台来看，耗电量最多的是 CPU 和显卡，因此一台计算机选用多大功率的电源，主要由所配置的 CPU 和显卡来决定。一般来讲，对于使用集成显卡的入门级双核计算机，一款 250W 功率的电源完全可以满足需求；对于采用独立显卡的主流双核计算机来说，一款额定 300W 功率的电源也可以满足要求；对于采用四核处理器与高端显卡的高端计算机平台，则应选择额定功率 400W 以上的电源，才能保证系统的长时间稳定运行。

在选购电源时最好选择质量有保障的品牌电源，如长城、航嘉、金河田、百盛等。

2.3　笔记本电脑电池

电池不仅是笔记本电脑最重要的组成部件之一，而且在很大程度上决定了它使用的方便性。对笔记本电脑来说，轻和薄的要求使得其对电池的要求也非同一般。

目前，绝大多数笔记本电脑采用的是锂离子电池，整块电池中采用多个电池芯通过串联或并联的堆叠方式来达到笔记本电脑所需的电池容量。根据所使用的电池芯数量的多少，笔记本电池分为 4 芯或 6 芯等不同类型，6 芯电池的续航时间要更长。

3. 键盘鼠标

键盘和鼠标作为计算机硬件系统中最常用的输入设备，也是不可缺少的标准配件之一。但相对于其他硬件设备，它们的技术含量明显要少得多。

键盘目前通用的是 104 标准键盘，共有 104 个按键，接口主要分为 PS/2 及 USB 接口两种。

鼠标目前大都是光电式鼠标，以前那种机械式鼠标基本已被淘汰，鼠标的接口主要是USB接口。

在选购键盘和鼠标时，虽然可以考虑的因素不多，但不同品牌的键盘鼠标价格相差非常大，罗技、微软等名牌键盘鼠标无论在做工和质量上都要远远好于那些杂牌键盘鼠标，当然价格相对它们也要贵得多。

在选购键盘时，可以优先考虑防水键盘。对普通键盘而言，如果不慎将水洒到键盘上，就必须立即拔掉键盘插头，待水完全干透后才能使用。具有了防水功能的键盘，则不必担心这些。通过键盘上密布的小孔，洒到防水键盘上的水能直接漏出来，而不会接触到键盘上的电路板。

随着技术的不断发展，近年来无线技术也逐渐被应用在键盘鼠标上，无线技术的应用使得用户摆脱了线缆的限制和束缚，实现更加自由的操作，这其中尤其是无线鼠标已经成为市场主流。按传输信号方式不同，无线键鼠可分为3类：27MHz、2.4GHz以及蓝牙。

较早的无线键鼠都是采用27MHz信号和计算机主机通信，但由于这类键鼠功耗大，使用不便，在2.4GHz键鼠和蓝牙键鼠（见图3-41）的双重挤压下，27MHz键鼠已经逐步退出市场。

同27MHz一样，2.4GHz也是一种无线传输技术所在频段，它在全球范围内都可以公开免费使用。采用2.4GHz无线技术的键鼠，抗干扰能力强，传输距离最大可达10米，功耗较低，接收器体积较小，携带也比较方便，因此受到厂商和消费者的一致青睐，目前已经发展成为无线键鼠的主流传输技术。

图3-41 2.4GHz无线键鼠

蓝牙键鼠最大的优势在于其发射端不必占用USB接口，因为很多计算机都已经内置了蓝牙模块，因而使用更方便、快捷。不过，设备制造商在生产蓝牙产品时需要交纳专利费，导致蓝牙无线键鼠的价格普遍较高。

4. 网卡

网卡是局域网中的基本部件之一，也是计算机的必备硬件。网卡的主要功能是处理计算机发往网线上的数据，按照特定的网络协议将数据分解成为适当大小的数据包，然后发到网络上去。每块网卡都有唯一的物理网络地址，它保存在网卡的ROM中。

根据所支持的传输速率不同，网卡主要分为10M网卡、10/100M自适应网卡和10/100/1000M网卡，目前常用的是10/100/1000M自适应网卡。

目前基本所有的主板上都已经集成有网卡，采用集成网卡既可以降低成本，也有利于提高网卡的稳定性与兼容性，因而如果没有特殊需求一般没有必要再单独购买网卡。

目前的主流集成网卡品牌主要有Realtek、Marvell和Broadcom等，其中Realtek（瑞昱）不仅在集成声卡领域，而且在集成网卡领域也是一个最常见的品牌。它的集成网卡产品为RTL

系列，如图 3-42 所示。

Broadcom 的产品主要集中在中高端集成网卡芯片中，而 Marvell 则在集成 1000M 网卡芯片领域有着较强的实力和占有率。

图 3-42 主板上集成的 Realtek 网卡

5. 打印机与扫描仪

打印机和扫描仪是计算机比较常见的两种外设，主要用于办公领域。其中打印机是一种输出设备，用于打印输出；而扫描仪则是一种输入设备，用于扫描输入。

打印机主要分为针式打印机、喷墨打印机和激光打印机几种类型。

- 针式打印机靠针头在色带上击打进行打印，打印速度慢，噪声大，而且质量较差，现在主要用于账单和发票打印。
- 喷墨打印机靠许多喷头将墨水喷在纸上而完成打印任务，打印效果好，而且噪声小，但是速度较慢。喷墨打印机价格便宜，但是所使用的墨盒一般都很贵，所以主要用于打印任务不是很多的家庭用户。
- 激光打印机通过感光复印的方式进行打印，所用到的耗材是硒鼓，具有打印速度快，打印效果好，并且噪声少等优点，但缺点是价格较贵，主要用于企业办公领域。

打印机品牌主要有惠普 HP、佳能 Canon、爱普生 EPSON 等，3 种类型的打印机如图 3-43 所示。

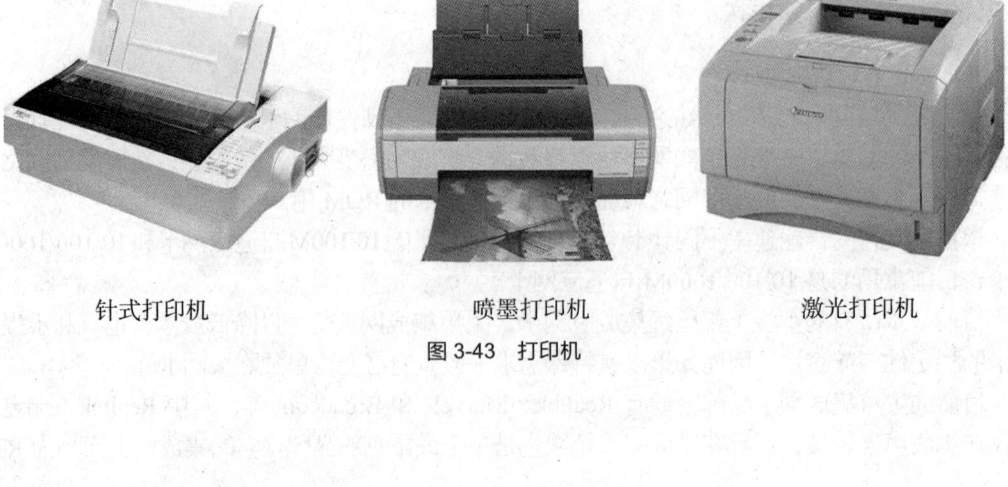

针式打印机　　喷墨打印机　　激光打印机

图 3-43 打印机

扫描仪用于将照片、图片、文件、报刊等纸质文稿扫描输入到计算机中，并将之转换成计算机可以显示、编辑、存储和输出的文件，如图 3-44 所示。

在用扫描仪扫描文字时需要用到 OCR 软件，OCR 软件可以对输入的多种字体的汉字、英文、标点符号甚至手写汉字进行判别，最后形成计算机中可以修改的文本文件。OCR 的使用减轻了手工录入的工作量，极大地提高了文字输入的速度。

图 3-44　扫描仪

任务四　组装计算机整机

任务描述

在认识和了解了计算机中所有的硬件设备之后，在本任务中将介绍如何将这些硬件组装在一起，构成一台完整的计算机。

任务分析及实施

1. 用到的工具

在组装计算机的过程中，主要用到下列工具。

- 螺丝刀：分十字螺丝刀和一字螺丝刀两种，用于安装或拆卸各种螺丝。
- 尖嘴钳：用来拆卸各种挡板或挡片。
- 镊子：用来夹取各种跳线、螺丝或者一些较小的零散物品。

2. 组装过程

2.1　安装主板

安装主板即将主板安装固定到机箱中。在安装主板之前，先将机箱提供的主板垫脚螺母安放到机箱主板托架的对应位置（有些机箱购买时就已经安装）。然后双手平行托住主板，将主板放入机箱中，如图 3-45 所示。

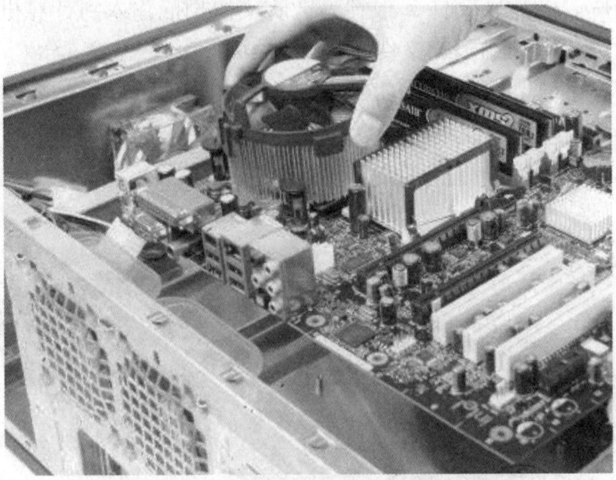

图 3-45　双手平行托住主板，放入机箱中

在安装主板时，要注意将主板上的螺丝孔与机箱背板上的螺丝柱对齐。另外要处理好主板I/O 接口区，使所有的接口能露出来。确认主板安放无误后，拧紧螺丝，固定好主板在装螺丝时，最好按照对角线的顺序进行。另外要注意每颗螺丝不要一次性拧紧，等全部螺丝安装到位后，再将每颗螺丝拧紧，这样做的好处是随时可以对主板的位置进行调整。

2.2　安装硬盘

对于普通的机箱，只需要将硬盘放到机箱的 3.5 英寸硬盘托架上，拧紧螺丝使其固定即可，如图 3-46 所示。

图 3-46　将硬盘固定在硬盘托架上

安装硬盘时，单手捏住硬盘（注意，手指不要接触硬盘底部的电路板，以防止身上的静电损坏硬盘），对准安装插槽，轻轻地将硬盘往里推，直到硬盘的 4 个螺丝孔与机箱上的螺丝孔对齐为止，确保硬盘固定在硬盘托架上。拧螺丝时，4 个螺丝的进度要均衡，切勿一次性拧好一边再去拧另一边，使得受力不对称，影响数据的安全。

2.3　安装光驱和电源

安装光驱的方法与安装硬盘的方法大致相同，一般只需将机箱 5.25 英寸托架前的面板拆除，并将光驱插入对应的位置，拧紧螺丝即可，如图 3-47 所示。注意，光驱要从外侧向里侧插入。

图 3- 47 光驱安装一般从机箱的前面插入

机箱电源的安装方法比较简单，放到位后，拧紧螺丝即可，不做过多的介绍。安装好的电源如图 3-48 所示。

图 3- 48 安装好的电源

2.4 安装显卡

目前，PCI-E 显卡已经是市场的主流，AGP 显卡已被淘汰，因此下面以 PCI-E 显卡为例介绍其安装过程。

在主板上找到 PCI-E 16x 显卡插槽，用手轻握显卡两端，垂直对准主板上的显卡插槽，向下轻压到位后，再用螺丝固定即完成了显卡的安装，如图 3-49 所示。

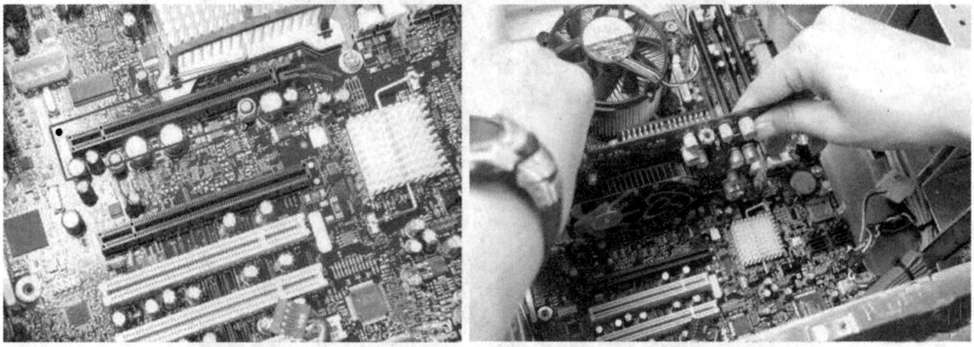

PCI–E 16x 显示插槽　　将显卡插入相应的插槽中，并用螺丝固定好

图 3- 49 显卡安装过程

2.5　连接各种线缆

至此，各个主要的硬件设备基本已经安装完毕了，下面为它们集中连接各种连线或电缆。

（1）连接硬盘数据线和电源线

首先为硬盘连接数据线和电源线，图3-50所示是一块SATA硬盘，右边的为数据线，左边的是电源线，安装时将其接入即可。接口全部采用防呆式设计，反方向无法插入。

图 3-50　安装硬盘的数据线和电源线

（2）连接光驱数据线和电源线

然后为光驱连接数据线和电源线，图3-51所示是一个采用IDE接口的光驱。

光驱电源线和数据线也均采用了防呆式设计。在安装数据线时可以看到IDE数据线的一侧有一条蓝或红色的线，这条线应该位于电源接口一侧。数据线的另一端要安装到主板的IDE接口上。

安装光驱的数据线和电源线　　安装主板上的IDE数据线

图 3-51　安装光驱的数据线和电源线

（3）连接主板供电电源接口

下面连接主板供电电源接口（见图3-52），目前大部分主板都采用了24PIN的供电电源设计。在安装时要注意在电源的插头和插座上都有塑料的卡扣。

图 3-52　安装主板供电电源接口

（4）连接信号线

机箱上的各种信号线较为复杂，每种信号线的作用如图 3-53 所示，在安装时需要根据提示分别将其插到主板的相应位置。

安装信号线时要注意分清正负极，一般红色或彩色信号线对应正极，黑色或白色信号线对应负极。在主板的跳线插座边上或者是说明书中都标明了正负极位置，用户需要一一对应来插接。

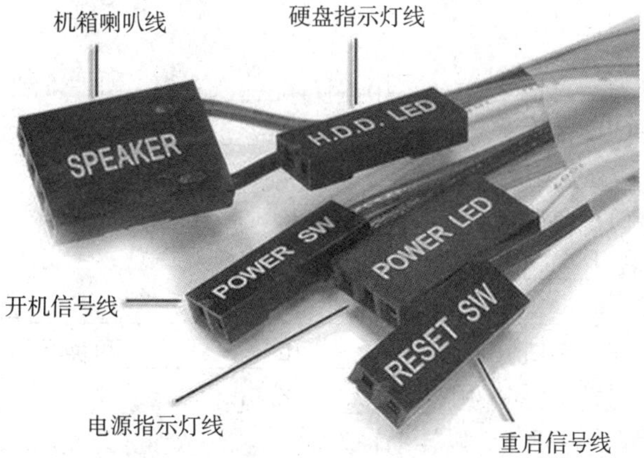

图 3-53　各种信号线的作用

另外，要注意对机箱内的各种线缆进行简单整理，如图 3-54 所示，以提供良好的散热空间，并盖上机箱盖。

图 3-54　对机箱内的线缆进行简单整理

最后，连接上显示器和键盘鼠标等外部设备。至此，一台计算机便组装成功了。

2.6　连接电源，开机测试

在通电之前，应做好相应的检查，检查的主要内容有以下几点。

- 内存条是否插入良好。

- 各个板卡与插槽是否接触良好。
- 各个驱动器、键盘、鼠标、显示器的电源线和数据线是否连接良好。

经过最后检查，如果没有问题，才可以通电测试。打开显示器电源和计算机电源开关，当听到“嘀”的一声后，显示器出现自检画面，表示计算机已组装成功。

思考与练习

填空题

1. 显示内存也称为__________，它用来存储__________所要处理的数据。

2. 显卡用于连接 CRT 显示器的最佳输出接口是__________，用于连接液晶显示器的最佳输出接口是__________。

3. 显卡的总线接口主要有__________和__________两种，其中__________接口已被淘汰，目前的显卡都是采用__________接口。

4. 显卡的核心是__________，主要由__________和__________公司生产。

5. 硬盘与主板相连的接口分为__________和__________两种类型，其中__________接口已被淘汰，目前大多数硬盘都采用__________接口。

6. 在硬盘磁盘片的每一面上，以转动轴为轴心，以一定的磁密度为间隔，划分了若干个同心圆，这被称为__________。

7. __________与音箱共同组成了计算机的音频系统。

8. __________是主机乃至整个计算机的能量来源。

9. 目前市场上常见的打印机有 3 大类，分别是__________、__________和__________。

10. 主板在安装到机箱中之前，一般要先把__________和__________安装上去。

选择题

1. 具有数字输入接口的液晶显示器接到显卡的（ ）接口显示效果会更好。

A. D-Sub　　B. S-Video　　C. DVI　　D. VGA

2. 决定显卡性能的最关键因素是（ ）。

A. 显示芯片　　B. 显存　　C. 显卡接口　　D. 显卡品牌

3. 下列选项中，（ ）不是液晶显示器的性能指标。

A. 亮度　　B. 对比度　　C. 最大分辨率　　D. 扫描方式

4. 计算机在往硬盘上写数据时寻道是从（ ）磁道开始的。

A.外　　B.内　　C.0　　D.1

5. 一块标称容量为 500GB 的硬盘，其实际存储容量是（ ）。

A. 500GB　　B. 480GB　　C. 460GB　　D. 440GB

6. 固态硬盘与传统机械硬盘最主要的区别在于（ ）。

A. 传输接口不一样　　B. 尺寸大小不一样

C. 存储介质不一样　　D. 存储容量不一样

7. 主引导记录位于硬盘（ ）磁头/（ ）柱面/（ ）扇区（ ）。

A. 0,0,0　　B. 1,1,1　　C. 0,1,1，　　D. 0,0,1

8. 关于打印机的说法，（ ）是错误的。

A. 喷墨打印机的耗材是硒鼓

B. 激光打印机的打印速度比喷墨打印机和针式打印机快

C. 超市用的商品明细小条是由针式打印机打印的

D. 打印机需要安装驱动程序才能使用

9. 在选购电源时最应注意的因素是（ ）。

A. 功率　　B. 做工　　C. 认证标志　　D. 品牌

简答题

1. 计算机在使用时一定要注意避免震动，请说明原因。

2. 为什么固态硬盘不怕震动，请说明原因。

3. 戴尔 Inspiron 灵越 14R 笔记本电脑，内置 AMD Radeon HD 7650M 独立显卡，该显卡的流处理器数量为 480 个，搭配 2GB 容量、128bit 位宽的 GDDR3 显存。请说明流处理器数量以及位宽、GDDR3 这些参数的含义。

这台笔记本电脑上配有 1 个 VGA 接口和 1 个 HDMI 接口，指出这两个接口的作用。

4. 在选购液晶显示器时，为什么最好选择带有 DVI 接口的?

PART 4 项目四 选购计算机

通过之前的内容，我们已经认识了解了组成计算机的各个硬件设备，下面将从台式机和笔记本电脑两个角度，分别介绍如何选购一台既能符合我们需要，又有着较高性价比的计算机。

学习目标

通过本项目的学习，读者将能够：

- 了解选购电脑的一般原则；
- 了解选购电脑时应注意的问题；
- 根据不同层次需求制作相应的装机配置单；
- 了解在选购笔记本电脑时应注意的各方面因素；
- 根据不同的应用需求选购相应的笔记本电脑。

任务一　选购台式机

任务描述

小孙在学习完微机组装与维护课程之后，打算自己选购并组装一台计算机，但是面对市场中品牌型号众多的硬件产品，一时感觉无从下手。

在本任务中将介绍在选购台式机时的一般步骤以及注意事项，并给出了一些推荐配置。

任务分析及实施

在选购计算机之前，首先应该根据“好用、够用、适用”的基本原则写出符合自己需求的配置单。对于台式机，在选购过程中需要重点考虑的3个硬件设备是CPU、主板、显卡，另外还需考虑到硬件设备之间的兼容性，即设备之间能否互相搭配，协调工作，这其中又以CPU与主板之间的兼容最为重要。

另外，计算机配置的高低不是由其中一两个部件的性能决定的，要记住“木桶原理”，考虑性能指标合理的搭配。主要关键部件尽量选用知名厂家的主流产品，这样可以减少因部件间的兼容性不好而引起的系统不稳定。

1. 确定计算机用途

市场上销售的每种硬件设备都是种类繁多，价格各异，而计算机硬件的更新发展又是日新月异，因而在选配计算机之前首先必须明确自己的用途，切不可盲目追求最贵、最好，否则只是在浪费金钱。

总体来讲，计算机的用途无非以下几种类型，不同的用途对计算机的定位截然不同。

（1）低端入门型

低端入门机型一般要求能够满足基本的学习、娱乐需求即可，计算机总体价位大致在3000元以下。对于学生一族，如果所学专业对计算机性能要求不是太高，那么大多数同学都可以选择低端入门机型。

（2）中端家庭/办公型

中端机型一般能够满足绝大多数的学习和娱乐需求，计算机总体价位一般在3000~4000元。在具体选配时，家庭用户可侧重于时尚美观等因素，而办公用户则更应注重计算机整体的稳定性。

（3）高端游戏/专业型

游戏，尤其是一些画面华丽的大型游戏，对计算机的要求是非常高的，另外一些专业性的工作，如视频编辑、图像处理等，对计算机的要求也比较高。因而当计算机要用作这些用途时，应选择总体价位在4000元以上的高端机型，其中尤其是CPU和显卡等关键设备，更应选择性能强劲的高端类型。

2. 选配硬件设备

在明确了计算机的用途之后，就可以开始选配具体的硬件设备了。在选配的过程中，要对每个硬件的具体产品有个大致的了解，并准备几个候选的配置，以备市场缺货或商家利用一些我们不熟悉的型号来混淆。

本着由主到次、保证兼容的原则，计算机整机的选配大致可以按照如下的步骤进行。

2.1 选购CPU

由于CPU在计算机中的突出地位，根据大致确定的计算机总体价位，首先应该确定的硬件设备就是CPU。

在具体选购时，应注意以下问题。

（1）Intel与AMD处理器的区别

Intel处理器的优势在于其强大的处理器能力和丰富的多媒体性能，这让它在日常家庭应用中有更多的灵活性，也赋予了计算机更多的功能。在Intel处理器中集成的HD Graphics显示核心在性能上并不算弱，普通的网络游戏是完全可以运行的，不过Intel的核芯显卡最强大的是其多媒体能力，包括4K视频播放、多1080P视频播放以及快速转码功能等，因而总体来讲，Intel处理器更适合于家庭和办公用户。

AMD 的 APU 是专注在游戏领域的核显处理器，它内置的显卡核心在游戏性能上是Intel无法比拟的。对于喜欢玩游戏的用户，APU自然会更为适合一些。而且AMD在显卡市场耕耘已久，对于 APU 游戏性能的优化也做得比较不错，对于游戏玩家来讲，APU 是一个省钱配机的好办法。

（2）根据计算机的用途选择

CPU作为计算机的核心，确定了选用哪种CPU，也就基本确定了计算机的档次。

例如，对于低端入门型计算机，AMD 的 APU 是为首选，利用其中集成的核显，可以以较低的价格组装出一台完全够用的集成显卡计算机。在目前的主流产品中，推荐采用“AMD A10-5800K”CPU，参考价格 659 元。

“AMD A10-5800K”是 AMD 的中低端系列 APU，集成有 HD7660D 核显，具有 384 个流处理器，核心频率达到了 800MHz，其性能不亚于任何一款 400 多元的独立显卡。配合 AMD A75 主板，3D Mark Vantage 测试得分为 P4798。从游戏方面看，不管是《魔兽世界》，还是以画面著称的众多韩系网络游戏，A10-5800K 都已经能够应付自如，而且对于一些单机游戏来说，A10-5800K 带有的 HD7660D 核显已经可以运行，包括对计算机配置要求比较高的《使命召唤》系列游戏，使用单纯的核显已经可以流畅运行了。

对于中高端计算机，推荐采用“Intel Core i3 4130”，参考价格 769 元，或是“AMD A10-6800K”，参考价格 910 元。利用这两款 CPU 搭配独立显卡，可以组装出一台性能强劲的中高端计算机。

“Intel Core i3 4130”是 Intel 的中端系列 CPU，处理器性能非常强悍，如图 4-2 所示。其采用第 4 代的 Haswell 核心，双核心四线程，三级缓存为 3MB，性能可确保流畅的日常应用和游戏娱乐。

“AMD A10-6800K”作为 APU 中的旗舰产品，CPU 拥有 4.4GHz 的最高主频，加上 Radeon HD 8670D 独显核心，整体性能够强，如图 4-1 所示。

图 4-1　AMD A10-6800K

图 4-2　Intel Core i3 4130

（3）不要盲目追求多核心

目前的主流处理器大都是双核心，应付日常的应用、游戏都没有太大的问题。

基本上主流用户并不需要特别纠结于处理器核心的多少，只有那些经常需要进行视频编码/转码或者科学计算等大负荷运算应用的用户才需要选择更多核心的处理器。

（4）盒装与散装

CPU 和其他硬件产品不同的地方就在于 CPU 的品牌比较单一，不会出现产品冒充。但在具体选购时，可能会发现市场上的 CPU 有散装和盒装之分。

散装 CPU 价格便宜，但一般得不到有效的全国保修，而且还不能保证经销商所搭配的处理器风扇质量是否合格。所以在购买时应尽量选择采用原包装正规渠道的盒装 CPU，这样不但有长时间的全国保修，而且处理器风扇的质量也更加可靠。

2.2 选购主板

主板一定要与选好的 CPU 相搭配，这是选购主板的首要原则。

另外对于那些打算升级 CPU 的用户，最好也将主板同时升级。这是由于一般每款新推出的 CPU 都要配上相应的新款主板才能发挥它的全部效力，即便有些老主板能与新买的处理器搭配，但也未必会有很好的兼容性，所以升级处理器时换新主板是非常明智的选择。

（1）低端主板的选购

对于低端入门型的计算机，建议选择二线厂商（微星、华擎、映泰）的主板产品，它们价格一般均在 400 元以下。虽然价格便宜，但是质量同样可以得到保证。

对于 AMD 平台，推荐“映泰 Hi-Fi A75S3”主板，参考价格 369 元，如图 4-3 所示。映泰 Hi-Fi A75S3 主板采用的是 AMD A75 芯片组，可以支持 Socket FM2 接口的 AMD CPU。这款主板是一块 Micro ATX 小板，虽然体积小巧，但是接口齐全，不仅配备了 DVI、VGA、HDMI 接口，而且多声道声卡、1000M 网卡、USB3.0 接口（包括前置 USB3.0 接口）等该有的接口也都有了。对于低端入门型计算机，这样的主板完全够用，369 元的价格也可以让用户接受。

对于 Intel 平台，推荐“华擎 H81M-VG4”主板，参考价格 339 元，如图 4-4 所示。Intel H81 是 LGA1150 接口入门级的主板，华擎主板在中低端市场也拥有广大的用户群。这款主板虽然只拥有 VGA 接口，支持原生 USB 3.0 接口和 5.1 声道音频，但价格不到 350 元，可以说是颇具性价比。

图 4-3 映泰 Hi-Fi A75S3 主板

图 4-4 华擎 H81M-VG4 主板

（2）中高端主板的选购

华硕和技嘉的主板一向是稳定高端的象征，对于中高端的用户，建议选择这些一线大厂的主板产品。

对于 AMD 平台，推荐“技嘉 F2A75M-D3H”主板，参考价格 429 元，如图 4-5 所示。

技嘉 F2A75M-D3H 是一款相当不错的 APU 平台主板，拥有 VGA 接口、DVI 接口、USB3.0 接口、7.1 声道接口，采用技嘉超耐久技术和双 BIOS 设计，保障平台的使用寿命和性能表现。

对于 Intel 平台，推荐“技嘉 H81M-DS2”主板，参考价格 429 元，如图 4-6 所示。

对应于 Haswell 核心的“Intel Core i3 4130”CPU，采用入门级芯片组 H81 的主板是其完美搭档。这款主板更多的是面向办公型用户，视频输出只支持 VGA 接口，不过同时保留了并口和串口，方便办公用户连接各种办公设备。这款主板同样也有原生 USB 3.0 接口和 7.1 声道音频接口，支持技嘉的超耐久电源供应设计和On/Off Charge快速充电技术，适合办公型消费者选择。

图 4-5　技嘉 F2A75M-D3H

图 4-6　技嘉 H81M-DS2 主板

（3）主板的工艺标准

在选购主板时，主板的工艺标准也很重要，一款主板的制造工艺是否良好，可通过以下几个方面来判断。

- 主板做工。看主板做工是否精细，板卡走线布局是否条理清晰，线和线的间距是否一致，各个焊点是否工整简洁。
- 设计结构。查看主板布局是否合理，是否方便计算机整机系统的散热和以后的硬件升级。
- 主板电容。主板电容对芯片和主板电子部件起到了保护作用，所以也是购买主板时必须查看的部件。主板使用的电容分为固态电容和电解电容两种，通常固态电容性能会比电解电容更好，所以推荐首选固态电容的主板，如图4-7所示。

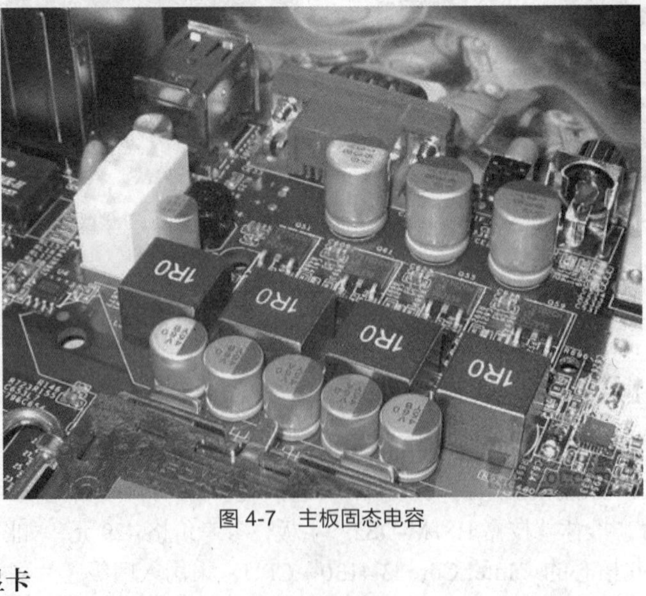

图 4-7　主板固态电容

2.3　选购显卡

显卡选择的关键依然是要根据用户的使用需求而来。

（1）低端用户推荐采用核显

目前无论 Intel 还是 AMD 的主流 CPU，其中都已经集成了显示芯片，而且随着技术的不断发展，这些集成在 CPU 中的显示芯片的性能越来越强大，对于那些用途主要为办公、学习、网络、多媒体娱乐及小型游戏娱乐的用户来说，目前集成于 CPU 中的核显已经完全能够满足他们的需求，没有必要再单独购买显卡，而且即使当核显无法满足需求时，也可以随时添加独立显卡。

AMD 的 APU 在核显性能方面有着明显的优势，因而推荐采用 A10-5800K 或 A10-6800K，两者的核显性能相差大概 10%。

（2）中高端用户的显卡选购

对于中高端用户，毫无疑问应选用独立显卡。

对于游戏爱好者来说，主流的中端显卡也能够满足大多数游戏的需要。而对于那些有着专业用途的用户们来说，首先要搞清楚自己经常用哪些专业软件，如 PhotoShop、CorelDraw 等图像图形处理软件，集成显卡已经够用；对于 3D MAX、MAYA 之类的软件应用，专业显卡是最好的选择，但出于价格的考虑，可以选择目前 800 元左右的中高端显卡。一些艺术、设计类专业的同学盲目购买昂贵的高端游戏显卡作为专业显卡使用的现象非常常见，这不但是对资金严重的浪费，而且对专业应用也并没有帮助。

推荐产品："迪兰恒进 R7 260X 酷能 1G DC"显卡，参考价格 899 元，如图 4-8 所示。Radeon R7 260X 的性能在千元级显卡中几无对手，这款显卡核心频率为 1075MHz，显存频率为 6000MHz。虽然显存容量只有 1GB，但价格相对比较超值。迪兰恒进的显卡品质一向值得信赖，而且这款显卡还拥有双 DVI+HDMI+DispalyPort 接口，完全能满足游戏玩家对游戏显卡的需求。

图 4-8 迪兰恒进 R7 260X 酷能 1G DC 显卡

（3）显卡应与 CPU 相匹配

在选购独立显卡时还要注意显卡要与 CPU 配套。

显卡与 CPU 是计算机硬件系统中最为重要的两块数据处理芯片，虽然各自处理的数据类型不太相同，但在某些应用环境中需要两者互相协调才能更好地完成任务。因此，在购买显卡的同时，还需要衡量 CPU 的性能，以免出现性能不均衡导致的资源浪费。

3. 推荐配置

下面根据目前市场上的主流产品，分别就低端入门型、中端家庭/办公型、高端游戏/专业型 3 种定位各自给出了一套推荐配置，并同时做出了产品点评。

3.1 低端入门型配置

低端入门型配置采用的是 AMD 的 APU 平台，具体配置如表 4-1 所示。

表 4-1　低端入门型电脑配置单

配件	名称	价格（元）
CPU	AMD A10-5800K（Socket FM2/3.8GHz/4 核/4MB 二级缓存/32 纳米）	659
主板	映泰(BIOSTAR) Hi-Fi A75S3 主板(AMD A75/Socket FM2)	369
内存	金士顿(Kingston)DDR3 1600 2GB 台式机内存 ×2	338
硬盘	希捷（Seagate）1TB 7200r/min 64MB SATA 6Gbit/s 台式机硬盘	400
显示器	优派（ViewSonic） VA2349s 23 英寸 IPS 硬屏广视角 LED 液晶显示器	799
机箱/电源	金河田（Golden field）计算机机箱（含额定 230W 电源）	179
键盘鼠标	富勒 MK650 无线键盘鼠标套装	65
总价：2809 元		

产品点评：

之前反复提过，APU 是低端计算机的首选。“A10-5800K”拥有最高 4.2GHz 的主频，所整合的“Radeon HD 7660D”显示核心性能相当不错，性能足以轻松超越 GT630 级别的独立显卡，应对 DX9 游戏和 DX10 游戏完全不在话下。

这款配置采用了 2 条 DDR3 1600 内存，并组成双通道。核显的显存就是计算机的主内存，显存频率取决于系统主内存的频率，因而在计算机中使用更高频率的内存，就可以大幅提升核显的性能。

无论 CPU 还是内存，都必须要有主板的支持才行。映泰的这款主板虽是小板，但支持的内存频率最高为 DDR3 1866，完全可以满足要求了。

总体上，这整套配置价格还不足 3000 元，但是完全可以满足绝大多数人的需求。

3.2 中端图像/视频处理型

中端机型给出了一套专门用于图像处理和视频转码的配置，具体如表 4-2 所示。

表 4-2　中端家庭/办公型电脑配置单

配件	名称	价格（元）
CPU	Intel 酷睿四核 i5-4430（LGA1150/3.0GHz/6MB 三级缓存/22 纳米）	1209
主板	技嘉 B85M-D3H 主板 (Intel B85/LGA 1150)	529
内存	威刚游戏威龙 DDR3 1600 4GB × 2	529
硬盘	希捷 2TB ST2000DM001 7200r/min 64MB SATA 6Gbit/s 台式机硬盘	589
显示器	戴尔 UltraSharp U2412M 24 英寸宽屏 LED 背光 IPS 液晶显示器	1799
机箱电源	金河田赤豹 8505B（含额定 300W 电源）	159
键盘鼠标	双飞燕（A4TECH）3200N 针光无线光电套	79
总价：4893 元		

产品点评：

Photoshop 这类大型商业软件，对 CPU 的要求比较高，虽然最低端的赛扬处理器也能运行 Photoshop，但实际上要想流畅地处理大图片，没有中高端的 Core i5 处理器是不太现实的，当然配备 Corei7 处理器的电脑性能更好。所以要想配置一台流畅运行图片处理器软件的电脑，从性价比的角度来看，首选 Core i5 4430 处理器，频率虽然不算特别高，但缓存够大，核心也够多，性能还是相当出色的。

从第三代酷睿处理器开始，Intel 在 CPU 中加入了快速视频同步技术，通过这一技术可以大大地提高视频转码的速度。另外处理图片也用不着独立显卡，所以这套配置中就没有配置独立显卡。

选定了 CPU，要注意的就是内存容量了，要更加流畅地加载足够多的图片，8GB 内存显然是有必要的，何况用核芯显卡的话还得有一部分内存要共享给显示核心，内存大一点更有利于对图片的加载和处理。

对于图像和视频处理工作，显示器也非常重要，这款 Dell 显示器属于性能比较均衡的产品，无论是色彩，还是对比度的表现，都让人放心。

3.3 高端游戏型

高端机型给出了一套适用于游戏或专业应用的配置，具体如表 4-3 所示。

表 4-3 高端游戏/专业型电脑配置单

配件	名称	价格（元）
CPU	Intel 酷睿四核 i7-4770（LGA1150/3.4GHz/8MB 三级缓存/22 纳米）	1999
主板	华硕 B85M-E 主板(Intel B85/LGA 1150)	529
内存	威刚万紫千红 DDR3 1600 4GB 台式内存 ×2	538
显卡	昂达 GTX760 典范 2GD5 980/6000MHz 2GB/256bit DDR5 显卡	1499
硬盘	希捷 2TB ST2000DM001 7200r/min 64MB BSATA 6Gbit/s 台式机硬盘	589
显示器	AOC I2369V 23 英寸 LED 背光超窄边框 IPS 广视角液晶显示器	949
机箱	安钛克 GX900	229
电源	航嘉 jumper450B 电源（额定 450W）	269
键盘	戴尔 KB212 键盘	45
鼠标	赛睿 Kinzu v2 战士	129
总价：6775 元		

产品点评：

酷睿 i7-4770 可谓目前性能最强劲的 CPU，采用四核心八线程设计，在多核心性能方面拥有更高的性能优势。CPU 主频为 3.4GHz，最大睿频为 3.8GHz，拥有 8MB 三级缓存，内置 HD 4600 核芯显卡，采用 22 纳米制作工艺，LGA 1150 接口，支持双通道 DDR3 1600 内存。

华硕的 B85 主板算是性能和价格比较平衡的产品，显卡选择了高端的 GeForce GTX 760 显卡，内存选择了两条 DDR3 1600 4GB 内存组成双通道。

总体来讲，这套配置性能强劲，无论是游戏，还是各种专业应用，均可以流畅运行。

任务二 选购笔记本电脑

任务描述

随着技术的不断发展，无论是工作、学习，还是娱乐，都已经有越来越多的用户开始选择使用笔记本电脑，台式机有逐渐没落之势。目前市场上的笔记本电脑也是琳琅满目，如何才能做到理智地购买到自己所需要的笔记本电脑?

在本任务中将介绍在选购笔记本电脑时应注意的一些因素，并给出了一些推荐产品。

任务分析及实施

目前笔记本电脑的价位多集中在3000~6000元的范围内，其中3000元以下过于低端的产品以及6000元以上过于高端的产品，都不建议普通用户选用。价位在4000元左右的笔记本电脑一直属于市场主流产品，其性能足以满足学习或生活的需求。

接下来，将从3个方面分别说明在选购笔记本电脑时应注意的一些因素。

1. 性能因素

决定计算机性能的关键硬件设备主要是CPU、主板、内存、显卡、硬盘。对于笔记本电脑，由于所有的硬件都已由厂商经过严格的选配测试，所以作为各个硬件工作平台的主板我们已无需去做过多的考虑。另外内存和硬盘由于大多数笔记本电脑的配置都大同小异，所以它们也不作为重点考虑的因素。这样决定一台笔记本电脑性能的关键硬件设备就只剩下了CPU和显卡，而它们也正是计算机中升级换代速度最快的部件，品牌型号众多，因而在笔记本电脑的性能因素方面应着重考虑这两个关键设备。

1.1 笔记本电脑的CPU

目前大多数笔记本电脑中都是配置的Intel处理器，因而这里对AMD的处理器不做介绍。

Intel处理器目前的主流产品是酷睿i3和酷睿i5系列，这两个系列中最常见的产品型号如下。

- 酷睿i3系列：酷睿i3 3110M、酷睿i3 3120M。
- 酷睿i5系列：酷睿i5 3230M、酷睿i5 4200M。

上述就是在目前的笔记本电脑中最常见到的主流CPU。注意，那些不在这个范围内的CPU很可能是一些过时的产品，如酷睿i3 2330M、酷睿i5 2430M等，这些都属于第二代酷睿，而目前的酷睿已经发展到了第四代，因而不建议购买配置这些过时产品的笔记本电脑。

为了说明这两个不同系列4款CPU间的区别，下面通过其性能参数进行对比如表4-4所示。

表4-4 CPU性能参数对比

酷睿 i3-3110M	酷睿 i3-3120M	酷睿 i5-3230M	酷睿 i5-4200M
核心代号：Ivy Bridge 核心数量：双核心 线程数：四线程 主频：2.4GHz 三级缓存：3MB 制造工艺：22nm 显示核心：Intel HD 4000	核心代号：Ivy Bridge 核心数量：双核心 线程数：四线程 主频：2.5GHz 三级缓存：3MB 制造工艺：22nm 显示核心：Intel HD 4000	核心代号：Ivy Bridge 核心数量：双核心 线程数：四线程 主频：2.6GHz 最大睿频：3.2GHz 三级缓存：3MB 制造工艺：22nm 显示核心：Intel HD 4000	核心代号：Haswell 核心数量：双核心 线程数：四线程 主频：2.5GHz 最大睿频：3.1GHz 三级缓存：3MB 制造工艺：22nm 显示核心：Intel HD 4600

通过参数对比可以发现，i5-4200M 属于第四代酷睿，而 i5-3230M 则属于第三代产品，它们的主要差别在于核心以及所集成的核显不同，而酷睿 i5 与酷睿 i3 的主要区别仍在于睿频加速技术。酷睿 i3 3120M 相比酷睿 i3 3110M 则是主频提高了 0.1GHz。

总体来讲，这几款 CPU 在从事一些诸如办公、上网之类的日常任务时，几乎感觉不到差别，它们在应用中的差异主要体现在运行一些大型游戏或图像处理这样的数据运算量比较大的任务。

1.2 笔记本电脑的显卡

显卡在笔记本电脑中的重要性仅次于 CPU，是选购笔记本电脑时要重点考虑的因素。在目前的笔记本电脑中大都配备了独立显卡，决定显卡性能的关键因素取决于显示芯片和显存。下面分别介绍一些简易的方法，来判断比较显示芯片和显存的性能强弱。

（1）显示芯片

显示芯片主要包括 nVIDIA 的 Geforce 和 AMD 的 Radeon 两大系列，虽然显示芯片更新换代的速度很快，但其型号命名大都遵循了一些规则。

以 nVIDIA 的 GeforceGT750M 显示芯片为例，其型号中的数字“750”，第一位的“7”代表这是第 7 代产品。第二位的“5”代表这款芯片在第 7 代产品中所处在位次，这个数字越大越好。最后一位的“0”也是对产品定位的进一步细分，数字越大越好。

按照这个规则，就可以比较容易地判断出两款显示芯片的性能强弱。比如 GeForce GT710M 和 GeForce GT750M 对比，很明显 GeForce GT750M 要好于 GeForce GT710M。再如 GeForce GT710M 和 GeForce GT635M 对比，虽然 710M 属于第七代产品，但由于它所处的位次太低，所以性能还不如 635M。因而在比较显示芯片的性能时，型号中的第二位数字是关键。

AMD 显示芯片的命名也大致遵循这个规则。

对于目前的笔记本电脑，如果采用独立显卡，那么 nVIDIA Geforce GT740M 或 AMDRadeonHD 8750M 是最基本门槛，尽量不要购买配备过低显卡的笔记本电脑。有些笔记本电脑中的独立显卡，比如 AMDRadeonHD 8570，性能并不比核显强多少，这类显卡在笔记本电脑中实在没有多大意义，纯粹是计算机厂商为迎合消费者心理而推出的。在目前的市场中还存在着不少这类产品，其价格相比集成显卡的笔记本电脑要高出不少，但性能并没有多少提升，反而独立显卡还会带来增大发热量等诸多问题，所以用户在选购时应尽量回避此类产品。

（2）显存

显存在显卡中的地位仅次于显示芯片，决定显存性能的相关参数主要有：容量、频率、位宽。

在选购显卡时，应综合考虑显示芯片和显存这两个因素。比如有几款笔记本电脑，都是配备了 Geforce GT 740M 显卡，显存容量也都是 1GB。乍看之下，感觉这些都是相同的显卡，但其实它们之间还是可能有很大的差别。比如有的显存位宽只有 64 位，这相比配备 128 位显存的显卡，整体性能要低了 20%。再如有的显存是用的 GDDR3，这相比配备 GDDR5 显存的显卡，整体性能也要低 20%。

2. 品牌因素

笔记本电脑的品牌众多，目前的一线品牌主要是：联想 Lenovo、戴尔 Dell、宏碁 Acer、惠普 HP、华硕 ASUS，二三线品牌包括：三星、东芝、索尼、苹果、方正、神舟等。

不同品牌的电脑在做工设计和服务支持等方面都存在较大的差异，综合价格、质量各方面因素，还是各个一线品牌的产品占据了较大的市场占有率，也是大多数人在购买笔记本电脑时的主要选择。

用户无论选择哪个品牌的笔记本电脑，几乎都会面临一个相同的问题，即每个品牌的笔记本电脑都包含了很多的产品系列，每个产品系列下面又细分了很多产品型号，很难分清它们之间的区别。所以下面就针对这些一线品牌以及它们的产品系列做下简单介绍。

2.1 联想 Lenovo

联想 Lenovo 属于国内第一品牌，在中国最为深入人心，品牌号召力很大，其售后服务非常完善，但缺点是产品性价比不是很高。

联想的产品分为商用机 Thinkpad 和家用机 Ideapad 两大系列，其中 Thinkpad 系列做工跟定位都是面向的商业用户，价格相对较高，普通用户大都选择 Ideapad 系列。

Ideapad 又进一步细分为 Y、Z、G 等不同的产品系列。

- Y 系列是纯影音娱乐游戏机型，也是 Ideapad 中定位最高的一个产品系列。
- G 系列主要面向低端，性价比较高，但外观和做工一般。
- Z 系列处在 Y 和 Z 系列之间，各方面较为均衡。

2.2 戴尔 Dell

戴尔 Dell 作为国际知名品牌，其产品在做工、质量、售后等各个方面都比较到位，配置合理，价格适中。Dell 笔记本电脑的最大卖点是外观，主打外观时尚，性能主流，不足之处是价格相对较贵，散热平平。

Dell 笔记本电脑主要包括以下产品系列。

- inspiron 系列：学生/主流游戏/影音本。
- vostro 系列：低端商务本。
- xps 系列：高端影音本。

其中销量最多的当属 inspiron 系列。

2.3 宏碁 Acer

宏碁 Acer 虽是台湾厂商，但却是国际大品牌，其产品在全球的占有率比较高。宏碁电脑的最大特色是性价比较高，产品在各个方面也都中规中矩。

宏碁的笔记本电脑分为 E1、V3、V5 等系列，其中 E1 是入门级的，V3 和 V5 是主流级的。

- V3 系列主打主流性能，配备标准电压处理器与较高性能显卡。
- V5 系列注重轻薄设计，与之搭配的都是超低电压处理器与入门级独立显卡。

每个系列后面再跟上数字和字母就构成具体的产品型号，如 V3-471G 就是一款主流价位的中档机型。

2.4 惠普 HP

惠普 HP 是老牌国际厂商，收购康柏后在笔记本方面的实力很强，其笔记本电脑的市场占有率曾一度全球第一。但同 IBM 一样，惠普正逐渐剥离其 PC 部门，所以估计其产品在市场中也将越来越少。

2.5 华硕 ASUS

华硕 ASUS 是台湾知名厂商，其产品一直以质量稳定可靠著称，而且在散热方面尤为出色，但其产品一般性价比也不高。

华硕的笔记本电脑分为 A、N、K 等系列。

- A 系列的特色是主流的性能与价格，有些机型有彩壳可选。

- N 系列配备专用外置低音单元，音效出色，性能也更强，当然价格也就最贵。
- K 系列主打低价市场，总体和 A 系列差不多，但一般没有彩壳选择。

3. 设计因素

在购买笔记本电脑时，不少人常常会感到疑惑：相同配置的笔记本电脑，为什么价格会差那么多呢？其实，在选购笔记本电脑时，除了要考虑性能和品牌因素之外，设计因素也是必不可少的。笔记本电脑的外形设计、用料品质以及易用性都是与性能、价格同等重要的购机要素，但大多数用户很少会注意到它们。

例如，有些型号的笔记本电脑，在相同的价位上实现了远高于其他品牌的性能，从而吸引了很多消费者，但很多人都没有看到这些笔记本电脑同样低于平均水准的易用性——屏幕、扬声器、发热量、噪音、键盘手感、操作系统……均较其他电脑低一个档次。

下面就列举一些在选购笔记本电脑时应考虑的设计方面因素。

3.1 笔记本电脑屏幕

在诸多设计因素中，首当其冲的就是笔记本电脑的屏幕。对于笔记本电脑屏幕，普通用户们在选购时多半会忽视它，认为屏幕的差别不是很大。其实，如果将一台三千元的入门级笔记本电脑与一台六七千元的高端本放在一起的话，显示效果的差异极有可能会让人感到惊诧。而这样的差异不仅仅体现在不同价位的笔记本电脑上，即便是价位相接近的笔记本电脑，在配置同样显卡的情况下，屏幕的显示效果往往也有很大差异，这就是一块优秀屏幕的价值。

对于笔记本电脑的屏幕，可以考虑以下几个因素。

（1）IPS 屏提升综合性能

采用 IPS 屏的笔记本电脑，首先可视角度会有极大的提升，让使用者在屏幕的侧面也能够看清屏幕图像。另外，在色彩表现上 IPS 屏也有很大的提升，更真实、浓郁的色彩，也让使用者可以直观感受到显示效果的提升。

（2）视网膜屏杜绝模糊显示

通过视网膜显示技术，可以在相同尺寸的屏幕上，将分辨率由 1366 像素 × 768 像素提升到 1920 像素 × 1080 像素，从而减少屏幕显示颗粒感。

3.2 防尘防水防潮湿设计

如今笔记本电脑的使用环境复杂多变，灰尘会堵塞风道，潮气会氧化腐蚀电路板，甚至还会出现使用者意外打翻水杯等情况。所以，通过有效可靠的设计赋予笔记本电脑对抗恶劣环境的能力就显得尤为重要。

（1）防水（防泼溅）导流设计

受轻薄机身、制造难度、成本等限制，大部分笔记本电脑往往无法做到真正的防水，因此防水技术主要指的是防泼溅。所谓防泼溅，指的是当笔记本电脑键盘面有少量进水时，相关设计可以避免水进入机身内部或者通过导流系统排出。

为实现上述目的，笔记本电脑的键盘四周边缘有凸起的挡水板，如图 4-9 所示，这样设计的目的是为了避免键盘进水时，水从键盘四周漫出后进入主板。当然，水停留在键盘上也并非长久之道，因此在凸起的挡水板上还开有几个缺口，缺口位置对应着机身下部的导流槽和排水孔，以便水可以流出机身外部。对于日常使用时的水喷洒泼溅，甚至整杯水倒在键盘上，这样的导流结构还是基本可以保证笔记本电脑安全性的。

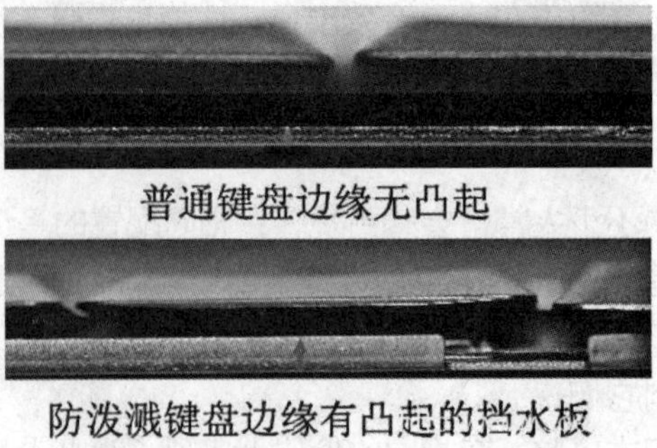

图 4-9　防水设计的笔记本电脑键盘

（2）防潮设计

防潮也是不少笔记本电脑设计时要考虑的因素。春秋季的潮气，以及冬季笔记本电脑从低温转向高温环境时，水气都可能在笔记本电脑内部凝结，形成小水滴，这很可能造成局部短路。这也是不少笔记本电脑明明没有进水，但拆开后却有明显水渍和水损坏痕迹的主要原因。

为了防潮，不少笔记本电脑在主板上都贴有塑料薄膜，这一方面降低了笔记本电脑少量进水时主板损坏的概率，另一方面就是可以防潮。在贴上这层薄膜后，即便笔记本电脑内部产生凝露现象，凝结出的水滴也只是附着在塑料薄膜的表面，这样就不会造成主板的短路，而这些凝结的露水在笔记本电脑工作后，会随着部件的发热而蒸发，将凝露的危害降至最低。

（3）防尘设计

灰尘是电脑的大敌，但是就现有的空气质量来看，只要笔记本电脑使用风冷方式，就难以避免灰尘在散热鳍片和风扇上堆积。在这种情况下，想要避免灰尘堆积，显然是不太可能的。因此，普通笔记本电脑防尘的设计重点，其实在于尽可能降低除尘的难度，而不是避免灰尘进入机内。

基于这样的设计思想，不少笔记本电脑采用了散热维护窗设计，如图 4-10 所示，只需要打开维护窗，拆下风扇，就可以便捷地进行散热器的清理。当然，便捷维护不只表现在维护窗上，实际上这类电脑的底面拆卸也都很简单，只要拆下几个螺丝就可以轻松地拆下底盖。

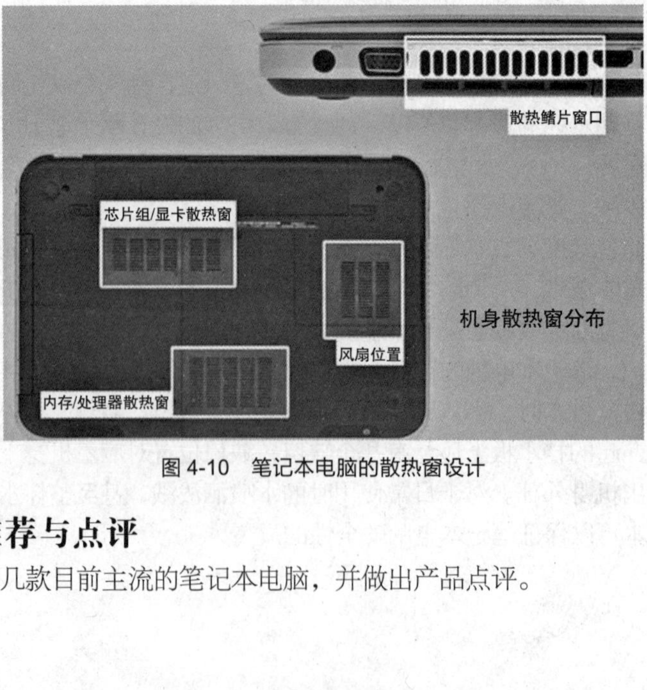

图 4-10　笔记本电脑的散热窗设计

4. 产品推荐与点评

下面分别推荐几款目前主流的笔记本电脑，并做出产品点评。

4.1 联想 IdeaPad Y410P

IdeaPad Y410P 配置单如表 4-5 所示。

表 4-5 联想 IdeaPad Y410P 笔记本电脑配置单

配件	名称
屏幕尺寸	14 英寸
CPU	Intel 酷睿 i5-4200M（2.5GHz/3MB/双核心四线程）
内存	8GB DDR3 1600MHz
硬盘	1TB（5400r/min）
显卡	NVIDIA GeForce GT 755M（2GB/GDDR5/128bit）
光驱	DVD 刻录机
其他	集成 720p 摄像头
	6 芯锂电池
	预装中文正版 Windows8 操作系统
价格	5499 元

在联想的产品系列中，IdeaPad Y410 系列是为首选，被众多用户昵称为“小 y”。它不仅仅配置强悍，而且在外观上也颇具吸引力。该系列笔记本电脑的键盘和扬声器在家用本中是一流的，尤其是扬声器，几乎是家用本中音量最大、音质最好的。另外，它还具有 UltraBay 扩展功能，其光驱位不仅能扩展光驱、硬盘、减重模块，更能够额外接驳一块独立显卡以及散热风扇，以满足用户各种不同的使用需求。

联想 Y410P 采用了最新的第 4 代酷睿 i5 4200M 处理器，配备了 Geforce GT 755M 显卡，配置强劲而且均衡，缺点是价格相对较高。

4.2 戴尔灵越 14R（5437）

戴尔灵越 14R（5437）配置单如表 4-6 所示。

表 4-6 戴尔灵越 14R（5437）笔记本电脑配置单

配件	名称
屏幕尺寸	14 英寸
CPU	Intel 酷睿 i5-4200U（1.6GHz/3MB/双核心四线程）
内存	4GB DDR3 1600MHz
硬盘	750GB（5400r/min）
显卡	NVIDIA GeForce GT 750M（2GB/GDDR5/128bit）
光驱	DVD 刻录机
其他	集成 100 万像素摄像头
	6 芯锂电池
	预装中文正版 Windows8 操作系统
价格	4599 元

需要注意的是，戴尔灵越 14R（5437）采用的 CPU 是“酷睿 i5-4200U”，相比“酷睿 i5-4200M”虽然只有一字之差，但是字母“U”代表低电压版，其主频只有 1.6GHz，最高可睿频加速至 2.6GHz，而酷睿 i5-4200M 的主频为 2.5GHz，可以睿频加速至 3.1GHz，因而这两款 CPU 在性能上还是有不少差距的。

综合来看，这款笔记本电脑的性能比较均衡，价格相比联想的小 y 系列也要更为实惠。另外，它的音效也相当出色，键盘和触控板都非常舒适，齐全的端口保障使用的便捷性，而在内置光驱的情况下，整机厚度也仅为 25mm，该机可谓均衡的典范。

4.3 宏碁 Aspire V5-473G

宏碁 Aspire V5-473G 配置单如表 4-7 所示。

表 4-7　宏碁 Aspire V5-473G 笔记本电脑配置单

配件	名称
屏幕尺寸	14 英寸
CPU	Intel 酷睿 i5-4200U（1.6GHz/3MB/双核心四线程）
内存	4GB DDR3 1600MHz
硬盘	500GB（5400r/min）
显卡	NVIDIA GeForce GT 750M（2GB/GDDR5/128bit）
光驱	无光驱
其他	集成 130 万像素摄像头
	6 芯锂电池
	预装中文正版 Windows8 操作系统
价格	4799 元

这款笔记本电脑定位时尚轻薄本，整机厚度只有 20.75mm，重量 1.95kg，而且外观时尚，性能强劲，配置也比较均衡。另外键盘面采用了铝合金材质，牢固性也有保障。再加上出色的电池续航和大键帽键盘，使用感受还算不错。

思考与练习

填空题

1. 在选购台式机的过程中需要重点关注的三个硬件设备是__________、__________和__________。

2. 在选购笔记本电脑的过程中需要重点关注的两个硬件设备是__________和__________。

3. 在选购计算机时可能会选择集成显卡，对于目前的主流计算机都是将显示芯片集成在设备__________里。

4. 一款笔记本电脑所采用的显卡是“Geforce GT750M”，请指出型号中的“7”表示__________，“5”表示__________，“M”表示__________。

5. 显卡的性能主要取决于，其次才是显存。决定显存性能的相关参数主要有：__________、__________和__________。

简答题

1. 请指出 Intel 和 AMD 各自 CPU 的优缺点。
2. 请分别列举出 2 个主板的一线和二线品牌。
3. 请列举出 3 个笔记本电脑的一线品牌。

综合项目实训

实训目的

根据自身需求选购计算机（台式机或笔记本电脑均可），列出具体参数，并做出适当点评。

实训步骤

1. 列出装机配置单

列出计算机整机的配置单，要包括主要配件的产品型号和参考价格。

2. 列出核心硬件的主要参数

（1）CPU 相关参数

产品型号、核心代号、核心数量（线程）、主频（睿频）、缓存大小。

（2）显卡相关参数

GPU 型号、显存容量、显存类型、显存位宽。

（3）存储设备相关参数

内存容量、内存类型、硬盘容量、主轴转速、光驱类型。

（4）其他参数

显示屏尺寸、USB 接口数量、视频接口。

3. 产品点评（不少于 200 字）

从自身需求、主要配置、产品特色、总体评价几个方面对电脑做出总体点评。

模块二 系统安装与应用

学习目标

- ◆ 能够使用 VMWare WorkStation 搭建学习环境
- ◆ 能够对 BIOS 进行基本设置
- ◆ 能够对硬盘进行分区
- ◆ 能够掌握 Windows 7 操作系统以及驱动程序的安装
- ◆ 能够掌握 Windows 7 操作系统的常规应用
- ◆ 能够配置本地策略和管理注册表
- ◆ 了解病毒和木马防护

PART 5 项目五 利用虚拟机搭建实验环境

在本书的第一个模块中，我们已经在硬件方面选配并组装好了一台计算机，但这并不意味着我们已经可以使用它了，像这样只具备了硬件系统而没有安装任何软件的计算机被称为“裸机”。在本模块中，我们将在此基础之上，通过进一步的硬盘分区、系统安装等软件方面的工作，使“裸机”变成一台切实可用的工作系统。

在本模块以及后续的第三模块中，很多内容都涉及实际操作，这些操作要求具备一定的实验条件。除了在实验室中进行实战演练之外，利用虚拟机也可以快速方便地为我们搭建一个虚拟的实验环境，而且在这个虚拟环境中进行操作，可以具备更大的灵活性和自主性。因而，下面就介绍如何利用 VMWare Workstation 来搭建一个虚拟的实验环境。

学习目标

通过本项目的学习，读者将能够：

- 了解虚拟化技术；
- 掌握如何安装 VMWare Workstation；
- 掌握如何创建虚拟机；
- 掌握虚拟机的一些常用设置方法。

任务一　VMWare Workstation 的基本应用

任务描述

配置好虚拟机是进一步学习的前提，在本任务中要求掌握以下两个操作。

① 安装 VMWare Workstation 10.0。

② 在 VMWare 中新建虚拟机，并进行适当的配置。

任务分析及实施

1. 虚拟化技术

虚拟化以及云计算是目前 IT 领域的热门技术，其中虚拟化技术主要是指各种虚拟机产品的应用。

目前的虚拟机产品主要分为两个大类。

一类称为原生架构，有时也被称作裸金属架构。这种类型的虚拟机产品直接安装在计算机硬件之上，不需要操作系统的支持，它可以直接管理和控制计算机中的所有硬件设备，因而这类虚拟机拥有强大的性能，主要用于生产环境。典型产品就是 VMware 的 VSphere 以及微软的 Hyper-V，目前所说的虚拟化技术也正是使用的这类产品。

另外一类称为寄居架构（见图 5-1），这类虚拟机必须要安装在操作系统之上，通过操作系统去调用计算机中的硬件资源，虚拟机本身被看作是操作系统中的一个应用软件。这种虚拟机的性能与原生架构的虚拟机产品有着天壤之别，因而主要被用于学习或教学。典型产品是 VMware 的 VMWare Workstation 以及微软的 Virtual PC。

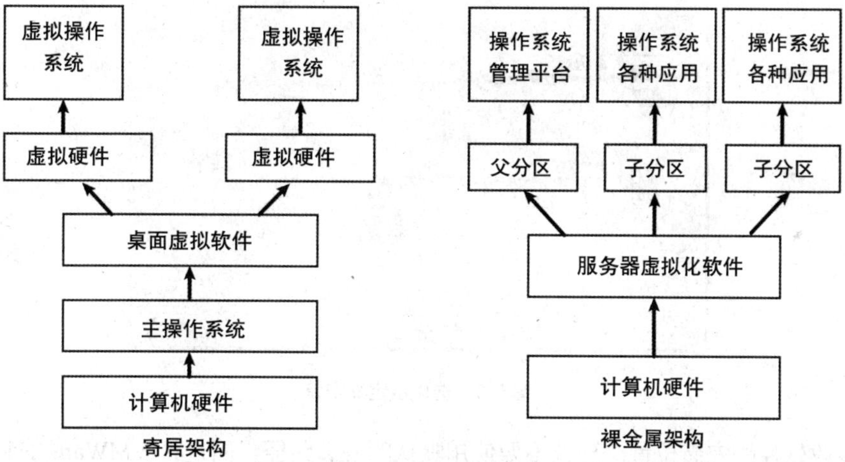

图 5-1 寄居架构和裸金属架构

绝大多数普通用户所接触到的都是寄居架构的虚拟机产品，这其中 VMWare Workstation 凭借其强大的性能以及对 Windows 和 Linux 系列操作系统的完美支持，得到了广泛的应用。本书后续章节中的大部分实验都可以利用 VMWare Workstation（以下简称 VMWare）来搭建实验环境，推荐使用的软件版本为 VMWare Workstation 10.0。

2. 安装 VMWare Workstation

VMWare 的安装过程比较简单，下面是主要步骤。

① 运行安装程序，打开安装向导，如图 5-2 所示。

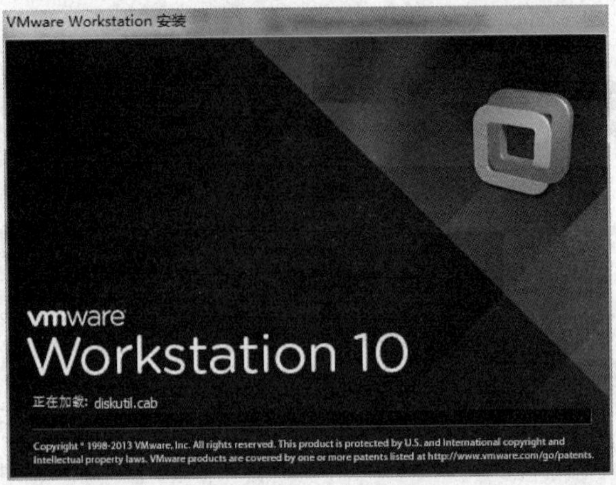

图 5-2　VMWare 安装向导

② 接受许可协议之后，建议选择“自定义”安装类型，如图 5-3 所示。

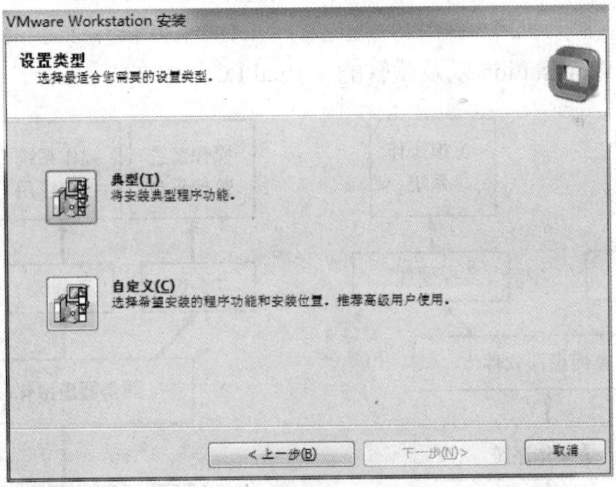

图 5-3　选择自定义安装

③ 修改软件的安装位置。建议不要使用默认的安装路径，而是将 VMWare 安装到 C 盘以外的分区。这里选择安装在 D:\vmware 文件夹中，如图 5-4 所示。

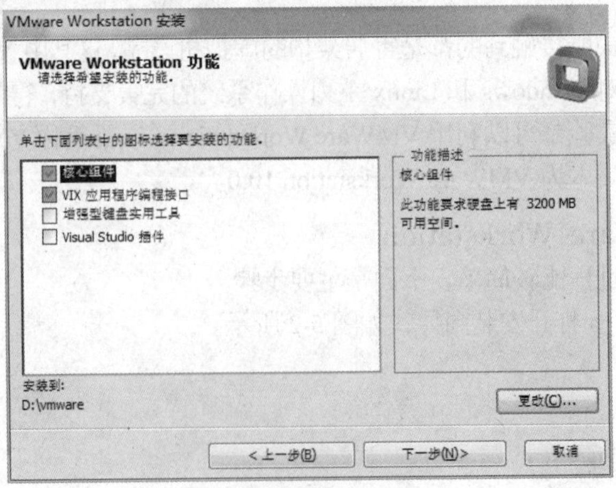

图 5-4　修改安装路径

④ 接下来需要输入序列号进行注册，如图 5-5 所示。

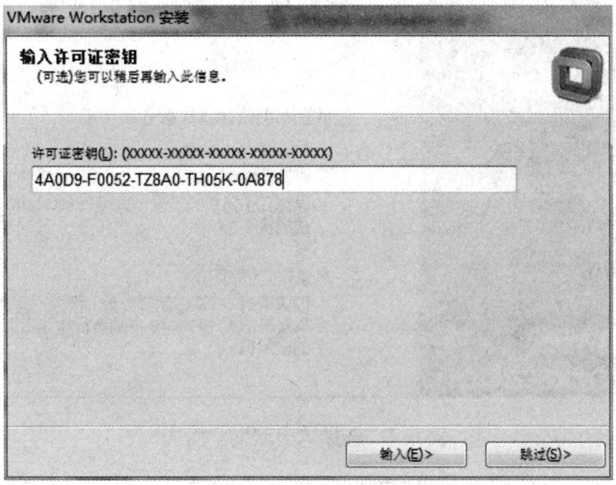

图 5-5 输入注册信息

正确注册之后，VMWare 的安装就完成了。VMWare Workstation 10 相比之前版本的改进之一就是自带简体中文版，因而无需再进行汉化。

3. 创建虚拟机

安装完 VMWare 之后，就可以创建和使用虚拟机了。下面创建一台用于安装 Windows 7（以下简称 Win7）系统的虚拟机。

① 在 VMWare 的主窗口中单击“创建新的虚拟机”按钮，如图 5-6 所示。

图 5-6 VMWare 主窗口

② 在“新建虚拟机向导”对话框中选择“自定义”模式，以对虚拟机中的硬件设备进行定制，如图 5-7 所示。

③ 在“安装客户机操作系统”界面中选择“稍后安装操作系统”，待创建完虚拟机之后再单独进行系统的安装，如图 5-8 所示。

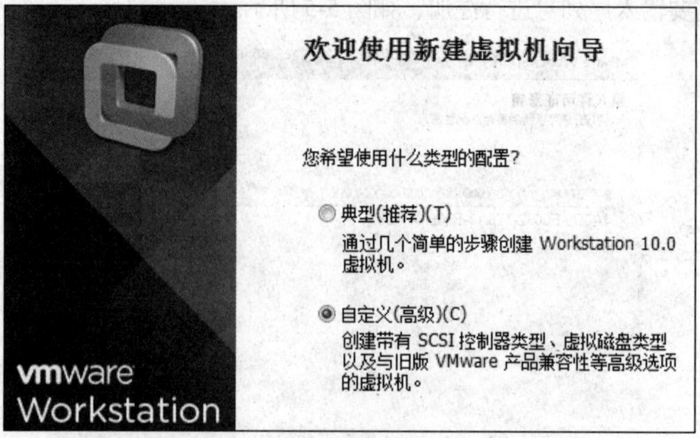

图 5-7　选择“自定义”模式

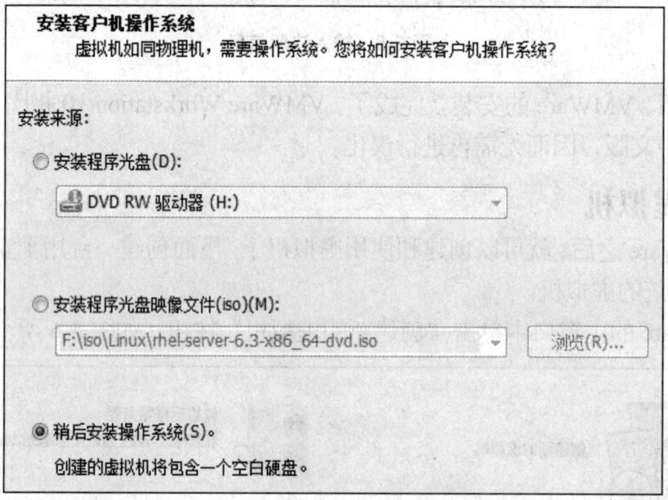

图 5-8　选择以后再安装操作系统

④ 在“选择客户机操作系统”界面中选择要安装的操作系统类型，这里选择安装 64 位的“Windows 7 x64”，如图 5-9 所示。

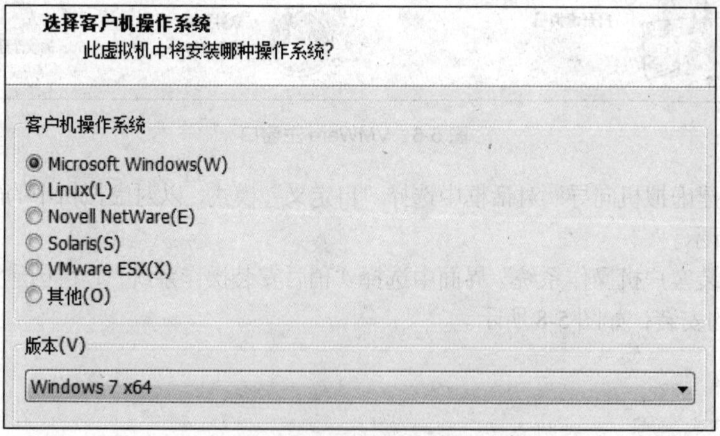

图 5-9　选择安装的操作系统类型

⑤ 设置虚拟机的名称以及虚拟机文件的存放位置。建议在 vmware 安装目录中创建一个文件夹，专门用于存放虚拟机文件，如图 5-10 所示。

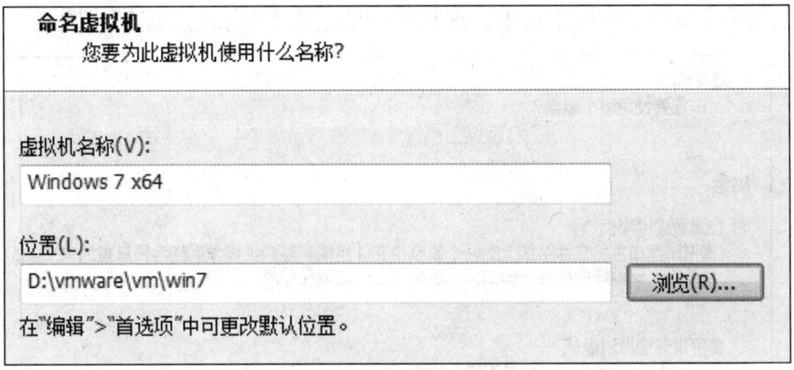

图 5-10 设置虚拟机名字及存放位置

⑥ 接下来需要对虚拟机的 CPU 和内存进行配置，这些配置需要共享物理主机的硬件资源。

目前 PC 机的 CPU 大都是双核心四线程，这里给虚拟机只配置一个核心即可，如图 5-11 所示。

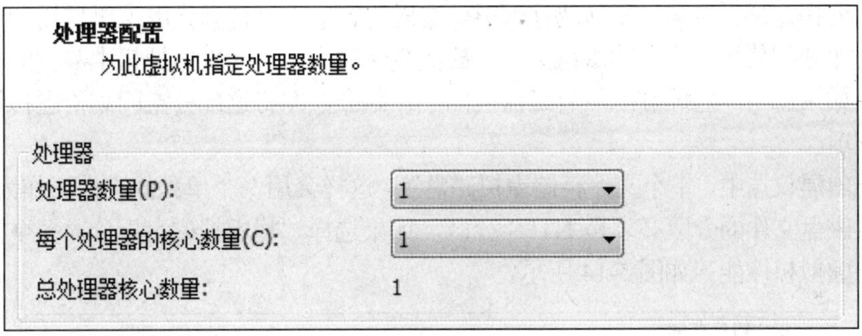

图 5-11 配置 CPU 数量

虚拟机内存大小可根据物理主机的内存大小灵活设置。如果物理内存大于 4GB，可以将虚拟机内存设为 2GB，否则建议设为 1GB，如图 5-12 所示。

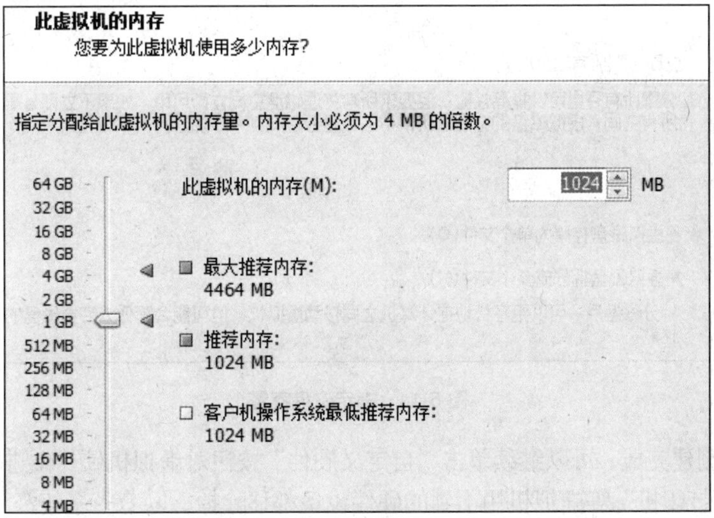

图 5-12 设置虚拟机内存大小

⑦ 接下来的网络类型以及 I/O 控制器、磁盘类型都选择默认设置即可。

⑧ 在“选择磁盘”界面中选择“创建新虚拟磁盘”，如图 5-13 所示。虚拟磁盘以扩展名为.vmdk 的文件形式存放在物理主机中，虚拟机中的所有数据都存放在虚拟磁盘中。

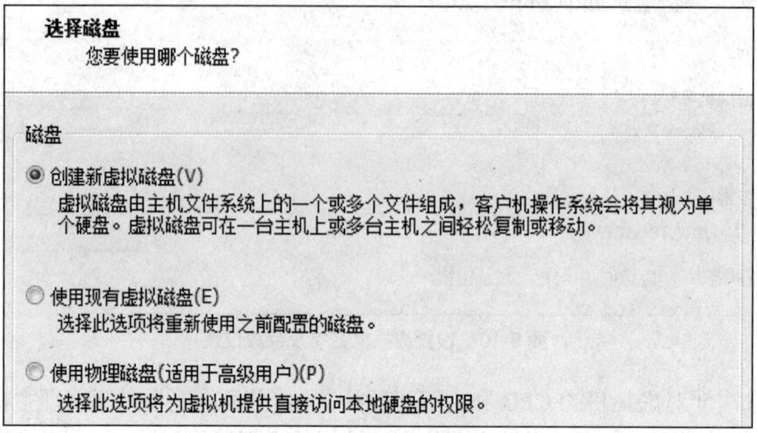
选择磁盘
您要使用哪个磁盘?
磁盘
创建新虚拟磁盘(V)
虚拟磁盘由主机文件系统上的一个或多个文件组成，客户机操作系统会将其视为单个硬盘。虚拟磁盘可在一台主机上或多台主机之间轻松复制或移动。
使用现有虚拟磁盘(E)
选择此选项将重新使用之前配置的磁盘。
使用物理磁盘(适用于高级用户)(P)
选择此选项将为虚拟机提供直接访问本地硬盘的权限。

图 5-13　创建新的虚拟磁盘

然后需要指定磁盘容量，默认为 60GB。这里的容量大小是允许虚拟机占用的最大空间，而并不是立即分配使用这么大的磁盘空间。磁盘文件的大小是随着虚拟机中数据的增多而动态增长的，但如果选中“立即分配所有磁盘空间”，则会立即将这部分空间划给虚拟机使用，不建议选择该项。

另外强烈建议选中“单个文件存储虚拟磁盘”，这样会用一个单独的文件来作为磁盘文件，前提是存放磁盘文件的分区必须是 NTFS 分区。如果选择“将虚拟磁盘拆分成多个文件”，则会严重影响虚拟机性能，如图 5-14 所示。

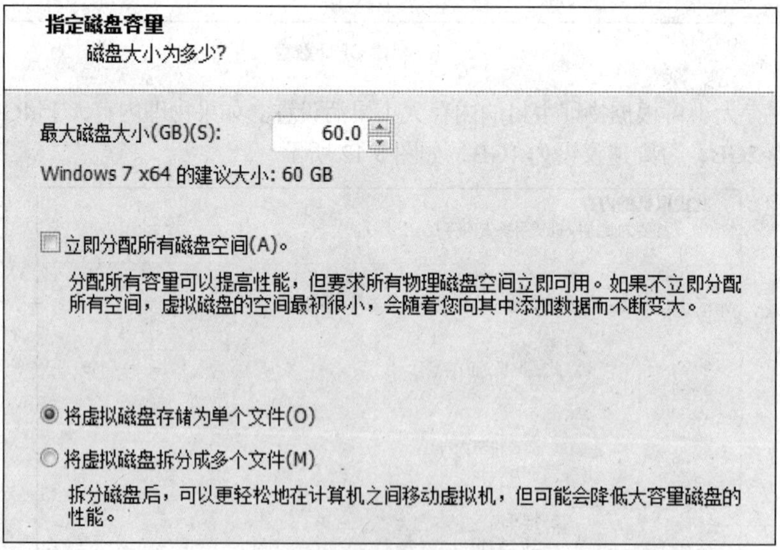
指定磁盘容量
磁盘大小为多少?
最大磁盘大小(GB)(S):
60.0
Windows 7 x64 的建议大小: 60 GB
立即分配所有磁盘空间(A)。
分配所有容量可以提高性能，但要求所有物理磁盘空间立即可用。如果不立即分配所有空间，虚拟磁盘的空间最初很小，会随着您向其中添加数据而不断变大。
将虚拟磁盘存储为单个文件(O)
将虚拟磁盘拆分成多个文件(M)
拆分磁盘后，可以更轻松地在计算机之间移动虚拟机，但可能会降低大容量磁盘的性能。

图 5-14　指定磁盘容量

⑨ 虚拟机创建完成，可以继续单击“自定义硬件”按钮对虚拟机硬件做进一步调整。建议将“声卡”、“打印机”等虚拟机用不到的硬件设备都移除掉，以节省系统资源，如图 5-15 所示。

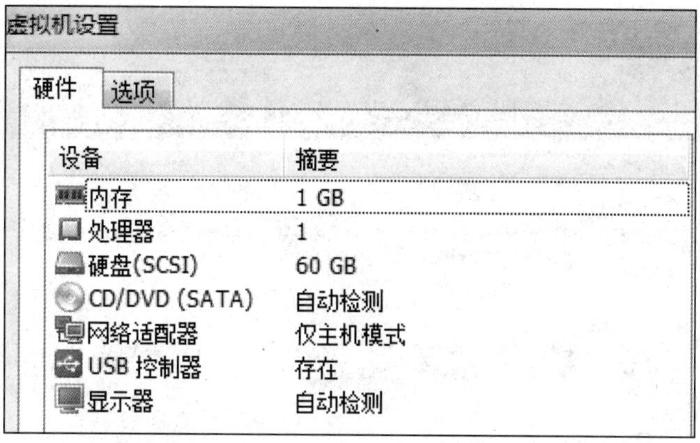

图 5-15 删除不必要的硬件设备

至此，一台新的虚拟机就创建好了。

任务二 VMWare Workstation 的高级设置

任务描述

虚拟机安装完成之后，还应再做进一步设置，以更好地搭建各种实验环境。

在本任务中要求掌握以下操作。

① 安装 VMware Tools，以增强虚拟机的功能。

② 创建快照，备份虚拟机当前状态。

③ 制作克隆虚拟机，实现虚拟机的复制。

任务分析及实施

1. 安装 VMWare Tools

在为虚拟机安装完操作系统之后，建议再为虚拟机安装增强工具 VMware Tools，以增强虚拟机的功能。

VMware 虚拟机中的硬件除了 CPU 和内存之外都是由软件模拟出来的，VMware Tools 为这些模拟的硬件提供了驱动程序，因而在安装了 VMware Tools 之后，可以显著增强虚拟显卡和硬盘的性能。另外还可以得到许多功能上的增强，比如可以实现物理主机与虚拟机之间的文件自由拖曳，鼠标也可在虚拟机与物理主机之间自由移动（不用再按 Ctrl+Alt）。

VMware Tools 必须在系统开机状态下安装，在虚拟机菜单栏中单击“虚拟机”→“安装 Vmware Tools”，安装类型建议选择“典型”，如图 5-16 所示。

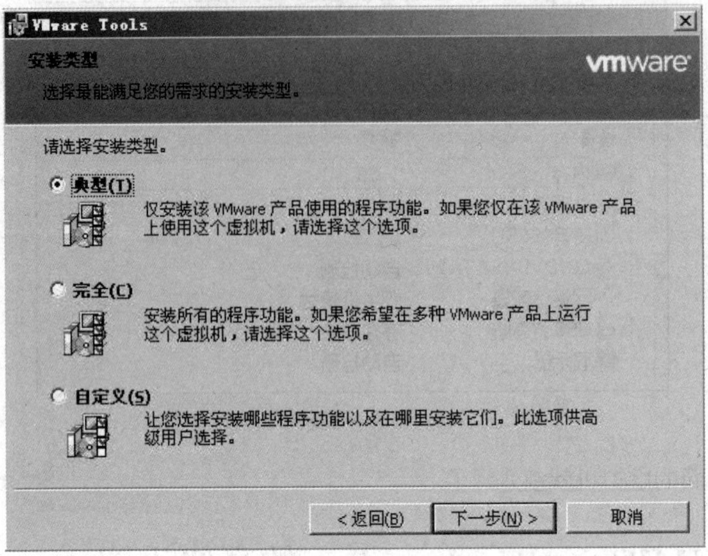

图 5-16　安装 VMWare　Tools

安装结束之后，需要将系统重启生效。

2. 创建虚拟机快照

通过创建快照可以将系统的当前状态进行备份，以便随时还原。一般在进行一项有一定风险的操作之前，可以对系统创建快照。

在虚拟机菜单栏中单击“虚拟机”→“快照”→“创建快照”，可以为当前状态创建一个快照。

图 5-17 所示是以日期为名创建了一个快照，以后可以随时将虚拟机还原到快照创建时的状态。

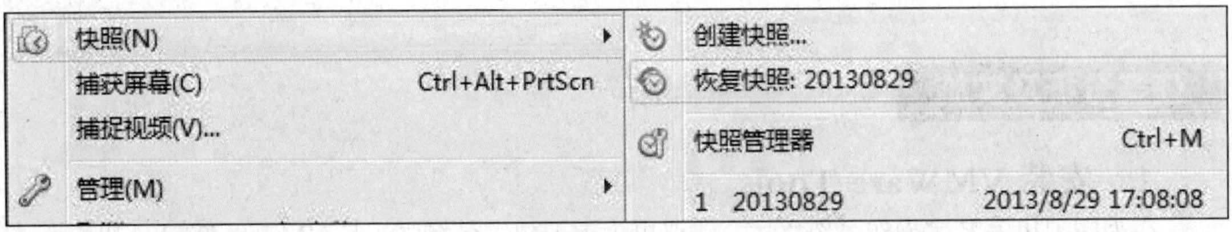

图 5-17　快照管理

3. 克隆虚拟机

虚拟机也必须要经过硬盘分区、安装系统等操作之后才能使用，在有些实验环境中可能需要用到多台虚拟机，如果每台虚拟机都要如此操作则太为繁琐，而且需要占用大量的磁盘空间。通过虚拟机克隆可以很好地解决这个问题，通过克隆，既可以快速得到任意数量的相同配置的虚拟机，省去了安装的过程，而且由于所有的克隆虚拟机都是在原来的虚拟机基础之上增量存储数据的，所以也节省了大量的磁盘空间。

克隆操作必须在虚拟机关机的状态下进行。选中一台要克隆的虚拟机，单击右键，选择“管理”→“克隆”，打开克隆虚拟机向导，如图 5-18 所示。

克隆类型建议选择链接克隆，这样克隆出的虚拟机将会以原有的虚拟机为基础增量存储数据，可以极大地节省磁盘空间。

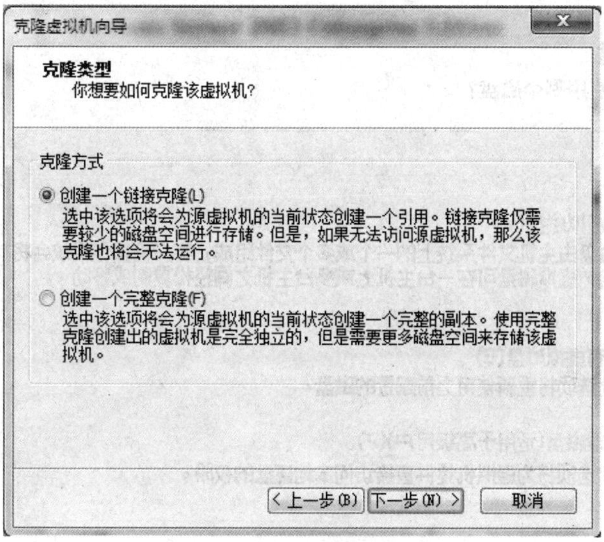

图 5-18　选择克隆类型

为克隆出的虚拟机起一个名字，并指定存放位置，如图 5-19 所示。

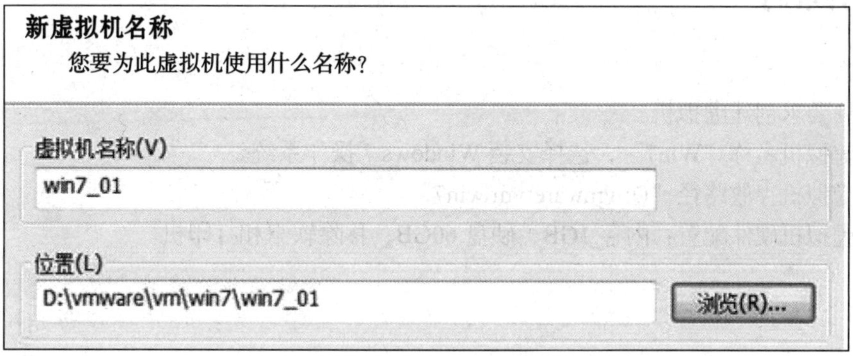

图 5-19　设置克隆虚拟机的名字和存放位置

这样就创建出了一台名为 win7_01 的克隆机，它与原有的虚拟机功能一模一样。要注意的是，一定要确保原有虚拟机的正常无误，如果它出现了问题，那么所有以它为基础创建的克隆机也都会出现错误。所以，建议原有的虚拟机最好不要再使用，而是将其闲置起来，所有的实验操作都基于克隆虚拟机进行。

4. 利用虚拟硬盘文件创建虚拟机

当物理主机上的操作系统被重新安装，或是 VMWare 软件被卸载之后，当我们需要再次用到虚拟机时，之前创建好的那些虚拟机是否可以继续使用呢？如果我们把那些虚拟机的磁盘文件完好地保存了下来，那么完全可以利用这些磁盘文件快速地将虚拟机还原。

在 VMWare 中选择新建虚拟机，虚拟机的创建过程与前面相同，只是要注意在“选择磁盘”的步骤中应选择“使用现有虚拟磁盘”，并指定已有的 vmdk 文件为虚拟机的硬盘，如图 5-20 所示。

虚拟机中的所有数据都保存在 vmdk 磁盘文件中，因而通过这种方式创建出来的虚拟机与之前的完全相同。

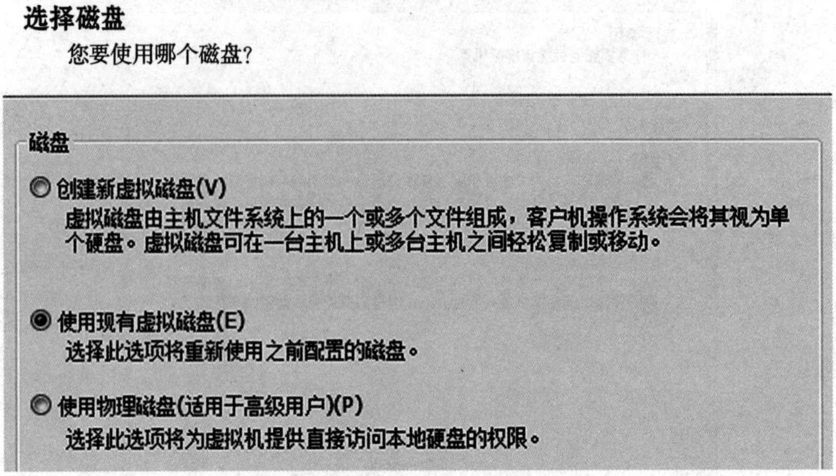
选择磁盘
您要使用哪个磁盘?
磁盘
创建新虚拟磁盘(V)
虚拟磁盘由主机文件系统上的一个或多个文件组成，客户机操作系统会将其视为单个硬盘。虚拟磁盘可在一台主机上或多台主机之间轻松复制或移动。
使用现有虚拟磁盘(E)
选择此选项将重新使用之前配置的磁盘。
使用物理磁盘(适用于高级用户)(P)
选择此选项将为虚拟机提供直接访问本地硬盘的权限。

图 5-20　使用已有磁盘文件创建虚拟机

思考与练习

操作题

按下列要求创建虚拟机。

（1）虚拟机名称“Win7”，选择安装 Windows 7 操作系统。

（2）虚拟机存放路径“D:\vmware\vm\win7”。

（3）虚拟机硬件配置：内存 1GB，硬盘 60GB，移除软驱和打印机。

PART 6 项目六 设置 BIOS

计算机在首次使用之前，必须先通过 BIOS 设置程序对计算机的参数进行调整，然后才能顺利启动计算机进行系统安装等操作，这是实际组装计算机过程中的必要步骤。

学习目标

通过本项目的学习，读者将能够：

- 了解 BIOS 的作用与特点；
- 掌握基本 BIOS 设置；
- 了解常见的 BIOS 报警铃声；
- 掌握 CMOS 放电方法。

任务一 了解 BIOS 的作用与特点

任务描述

小孙选购的计算机已经组装好了，接下来应该为计算机安装操作系统，但在这之前还必须先进行 BIOS 设置。到底什么是 BIOS？而且还经常听说 BIOS 设置也叫 CMOS 设置，CMOS 又是什么呢？

在本任务中将介绍 BIOS 的作用与工作原理，以及 BIOS 与 CMOS 的关系。

任务分析及实施

1．BIOS 的作用

基本输入输出系统（Basic Input Output System，BIOS），它是计算机中最基础、最重要的程序，是计算机硬件与软件之间的桥梁。实际上像光驱、硬盘、显卡等硬件设备都有自己的 BIOS，但通常所说的 BIOS 都指的是主板上的 BIOS 程序。

主板 BIOS 是计算机系统启动和正常运转的基础，对 BIOS 的设置是否合理在很大程度上决定着主板甚至整台计算机的性能。

BIOS之所以这么重要，是因为当计算机开机之后，首先运行的就是BIOS程序，它负责对计算机中安装的所有硬件设备进行全面检测，这称为POST自检。通过POST自检，BIOS能够识别出计算机中安装的所有硬件设备以及这些硬件是否存在问题。如果自检顺利通过，BIOS便将这些硬件设置为备用状态，然后启动计算机中安装的操作系统，把计算机的控制权交给用户。如果在自检的过程中发现了问题，比如说某个硬件设备不存在或者 BIOS 无法对其识别，那么BIOS将会进行报警提示，同时停止计算机的启动。

如果计算机中的某个硬件出现故障，我们可以通过 BIOS 的报警提示准确地对故障进行定位。另外还可以通过对 BIOS 进行某些方面的设置，以达到直接控制和操作硬件设备的目的，从而实现很多强大的功能。

2. BIOS与CMOS

BIOS本身是一段程序，它必然需要有一块存储的空间，在主板上用来存放BIOS的是一块ROM芯片，称为BIOS芯片，如图6-1所示。

图6-1　主板BIOS芯片

存放在ROM芯片中的BIOS程序只允许读取而不能被改写，从而起到对BIOS程序的保护作用。但需要注意的是，存放BIOS程序的ROM芯片并非完全不能被写入，目前基本所有主板上采用的BIOS芯片都是FLASH ROM，通过专用软件可以对其重写。因为我们在使用计算机的过程中，有时是必须要对 BIOS 程序进行升级更新的，比如计算机中新安装了某个硬件，而主板却无法正确识别，这时就可以使用主板厂商发布的专门BIOS更新程序对BIOS进行升级。对 BIOS 的改写升级具有一定的风险，除非特殊需要，否则一般用户不建议随便升级。因为如果一旦稍有不慎升级失败，那么BIOS很难修复，而计算机也将无法启动。

另外 BIOS 程序还专门提供了一些设置参数，通过对这些参数的设置可以达到控制或操作硬件设备的目的。调整设置BIOS的参数这本身也是一个对BIOS程序进行改写的过程，而这又是一种经常性的操作，所以为了方便操作，将对 BIOS 所进行的所有参数设置的数据都保存在另外一个CMOS芯片中，而在BIOS芯片中只存放了BIOS程序。

CMOS是一块RAM芯片，因而它是可读可写的，通过CMOS芯片我们才可以方便地对其中存放的BIOS参数进行调整，所以BIOS设置也称为CMOS设置。

这样在计算机中就存在两块与BIOS有关的芯片，它们的特点可以总结如下。

- BIOS芯片，是一个只读存储器ROM，里面存放着BIOS程序，需要通过专门的软件才可以改写升级。BIOS 芯片存在于主板上。

- CMOS 芯片，是一个随机存储器 RAM，里面存放着 BIOS 的设置参数，可以随时进行调整设置。CMOS 芯片集成于主板的主芯片中。

需要指出的是，CMOS 芯片是需要持续供电才可以保存信息的，所以在主板上会看到有颗纽扣电池，这就是专门为 CMOS 供电的 CMOS 电池，如图 6-2 所示。如果一块主板使用了好几年后频频出现关机后 BIOS 设置参数丢失的情况，则说明纽扣电池的电能已经耗完，需要马上进行更换。

图 6-2　CMOS 电池

任务二　进行 BIOS 相关设置

任务描述

BIOS 功能强大，但是设置项目众多，这其中哪些是经常用到并且应该重点掌握的设置呢？在本任务中将介绍一些常用 BIOS 设置项目的含义及设置方法。

任务分析及实施

BIOS 负责控制系统全部硬件的运行，是计算机启动和操作的基石，任何操作系统都建立在其基础之上。BIOS 设置得是否合理，决定了计算机的整体性能，对 BIOS 的错误设置将会引起各种各样的故障。因此，掌握 BIOS 设置方法对计算机的系统维护极其重要。由于 BIOS 与 CMOS 之间的联系，所以 BIOS 设置也称作 CMOS 设置。

目前主板 BIOS 程序主要是由 Award、AMI 和 Phoenix3 家公司设计研发的，其中由于 Award 公司已被 Phoenix 兼并，所以它们的 BIOS 程序合称为 Phoenix-Award BIOS，这也是目前应用最为广泛的主板 BIOS 程序。AMI BIOS 虽然也应用较多，但其设置内容和操作方法与 Phoenix-Award BIOS 大同小异，所以下面主要以 Phoenix-Award BIOS 为例介绍主板 BIOS 的设置方法。

1. 进入 BIOS 设置界面

由于 BIOS 程序不同于常见的应用软件，所以也无法像应用软件那样随时可以调用执行。只有在计算机刚刚开机或者重新启动的一瞬间，我们才可以进入 BIOS 对其进行设置。方法是在开机或是重启时，在“滴”的一声响屏幕刚刚显示出开机画面后，快速按下 Delete 键（笔记本电脑一般是按 F2 键）就可以进入 BIOS 设置界面。

Phoenix-Award BIOS 程序设置主界面如图 6-3 所示。

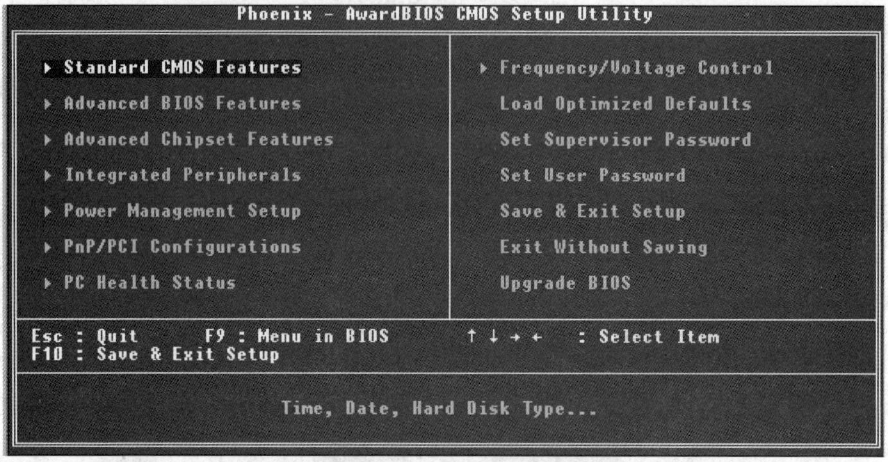

图 6-3　Phoenix-Award BIOS 设置主界面

进入 BIOS 程序的设置界面后，可以用键盘方向键来移动光标，选择需要的 BIOS 选项后，按 Enter 回车键可以进入下级子界面，按 Esc 键则可以返回上级界面。在选定了调节选项后，用 +\-或者是 PageUp\PageDown 切换选项值。在设置选项中一般用“Enabled”表示启用某项功能，用“Disabled”表示禁用某项功能。

不同类型或品牌主板的 BIOS 设置主界面中所包含的项目有所区别，子界面可能也会不同，但大体功能基本一致，计算机用户应记住各选项对应的功能，而非位置。以图 6-3 为例，其中部分选项介绍如下。

（1）Standard CMOS Features（标准 CMOS 功能设置）

使用该选项可对基本的系统配置进行设定，如时间、日期、软硬盘规格等。

（2）Advanced BIOS Features（高级 BIOS 特性设置）

使用此选项可对系统的高级特性进行设定，如病毒警告、开机引导顺序等。

（3）Advanced Chipset Features（高级芯片组功能设置）

使用此选项可以修改 CPU 及其他一些芯片组工作的相关参数，优化系统的性能表现。

（4）Integrated Peripherals（集成设备配置）

使用此选项可对主板上的集成设备进行设定，如声卡、网卡、USB 接口是否打开等。

（5）Power Management Setup（电源管理设置）

使用此选项可以对系统电源管理进行设置。

（6）PNP/PCI Configurations（即插即用/PCI 参数设置）

用来设置 ISA 以及其他即插即用设备的中断以及其他差数，一般很少使用。

（7）PC Health Status（PC 当前状态）

此项显示了计算机的当前工作状态，如温度、风扇转速等。

（8）Frequency/Voltage Control（频率/电压控制）

此项可以调整 CPU 或内存的工作频率及电压。

（9）Load Optimized Defaults（载入高性能默认值）

使用此选项载入经过优化的系统默认值。

（10）Set Supervisor Password（设置管理员密码）

使用此选项可以设置管理员的密码。

（11）Set User Password（设置用户密码）

使用此选项可以设置用户密码。

（12）Save & Exit Setup（保存后退出）

保存对 CMOS 的修改，然后退出设置程序。

（13）Exit Without Saving（不保存退出）

放弃对 CMOS 的修改，然后退出设置程序。

2. 进行 BIOS 基本设置

下面对 BIOS 中一些常用的设置项目进行介绍。

2.1 标准 CMOS 功能设置

进入 CMOS 设置界面的第一项“Standard CMOS Features”标准 CMOS 功能设置，可以看到系统中安装的硬盘、光驱、软驱、内存容量等各种基础信息，如图 6-4 所示。

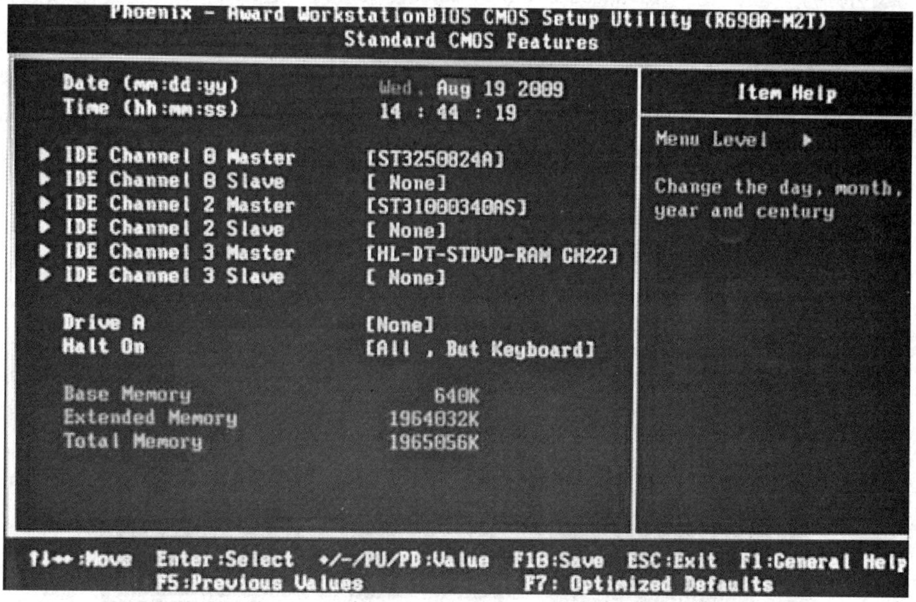

图 6-4 “Standard CMOS Features”设定界面

（1）Date：修改系统日期

该选项用于设置计算机中的日期，格式为“星期，月/日/年”，星期由 BIOS 定义，为只读属性。

（2）Drive A：对软驱进行设置

考虑到软驱已经淘汰，可以将“Drive A”设置为“None”，把软驱设备禁用，这样计算机在启动时可以跳过不必要的软驱设备检测，加快系统启动速度。

（3）Halt On：停止引导设置

该项用于设置系统引导过程中遇到错误时，系统是否停止引导。

可选项有：

- All Errors，侦测到任何错误，系统停止运行，等候处理。
- No Errors，侦测到任何错误，系统不会停止运行。
- All，But Keyboard，侦测到除键盘以外的任何错误，系统停止运行。
- All，But Diskette，侦测到除磁盘以外的任何错误，系统停止运行。
- All，But Disk/Key，侦测到除磁盘和键盘以外的任何错误，系统停止运行。

通常我们将该项设置为“All，But Keyboard”，这样可以避免因为系统识别不了键盘而无法开机。

2.2 设置开机引导顺序

在计算机上连接有各种驱动器，如光驱、硬盘、U 盘等。设置开机引导顺序就是指计算机开机时通过存储在哪种驱动器里的引导程序启动计算机，针对不同的应用环境，应设置相应的开机引导顺序。

譬如，对于新购买的计算机，需要将开机引导顺序设置为优先从光盘或 U 盘启动，然后才能用相应的工具盘启动计算机，从而来安装操作系统。因而设置开机引导顺序是 BIOS 设置中最重要、最常用的一项操作。

开机引导顺序一般是在“Advanced BIOS Features”中设置。进入“Advanced BIOS Features”设置界面，如图 6-5 所示，可以看到其中有 4 项与开机引导顺序相关的设置，其中最重要的是第一项“First Boot Device”（第一引导设备），只有当 BIOS 从第一引导设备启动失败之后，才会从后续的“Secnod Boot Device”、“Third Boot Device”等继续引导。

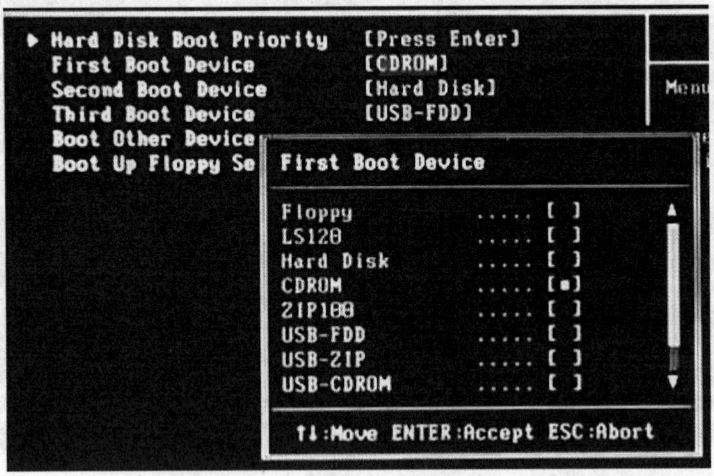

图 6-5 设置开机引导顺序

在“First Boot Device”中可以设置用来引导计算机的设备主要有：CDROM 代表光驱设备，Hard Disk 代表硬盘，Floppy 代表软盘，以 USB-开头的各项则代表各种不同类型的 U 盘。

如果需要为计算机安装操作系统，则需要将“First Boot Device”设置为“CDROM”或“USB-HDD”，表示从光盘或 U 盘引导计算机。图 6-6 所示就是设置为从 U 盘引导计算机。

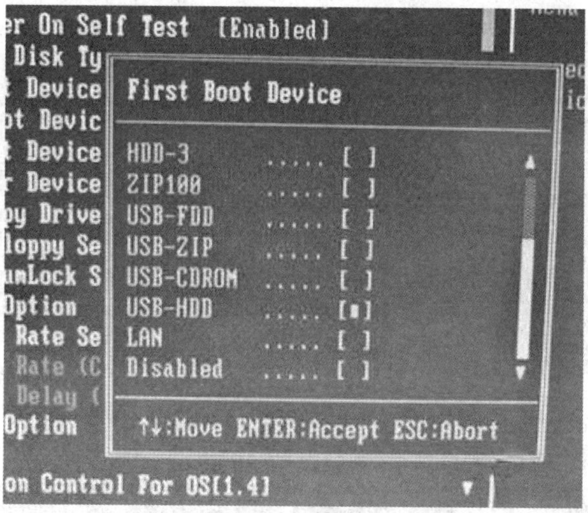

图 6-6 设置从 U 盘引导计算机

如果计算机已经安装好了操作系统，并且运行稳定，那么可以将“First Boot Device”设为“Hard Disk”硬盘，这样在开机时就可以直接从硬盘启动，省去了对光驱或 U 盘等设备的搜索和访问时间，加快开机速度。

不同类型的主板对开机引导顺序的设置方法也有所不同，有的主板设置方法如图 6-7 所示，其中的“1st Boot Device”代表第一引导设备。

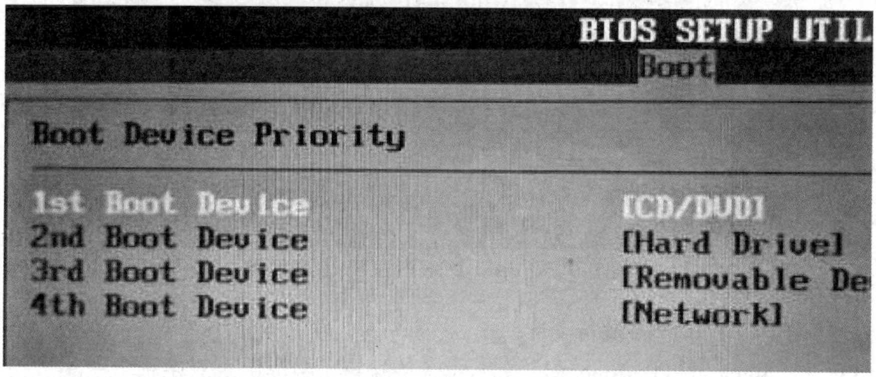

图 6-7 设置从 U 盘引导

虽然不同主板的 BIOS 设置不尽相同，但用来设置开机引导顺序的选项一般有“1st Boot device”、“Boot sequency”、“Boot Device Priority”等，基本离不开“Boot”这个名称，所以设置起来并不困难。

另外有的主板 BIOS 会把 U 盘也视作硬盘，因此在 BIOS 中没有“USB-HDD”的选项，这种 BIOS 在设置 U 盘启动就需要同时设置“Hard Disk Boot Priority”和“First Boot Device”两个选项才行。

首先在“Hard Disk Boot Priority（硬盘启动顺序）”选项的菜单中，选中“USB-HDD”，并将其移动到最上方，将 U 盘排列在其他硬盘前面启动，如图 6-8 所示。

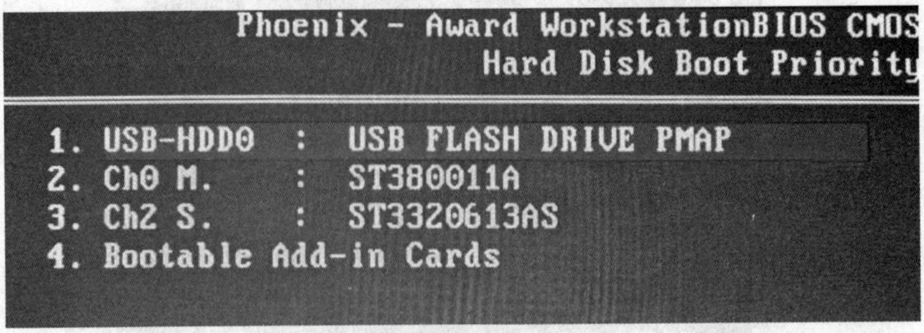

图 6-8　设置 Hard Disk Boot Priority

然后在“First Boot Device”选项的菜单中选择“Hard Disk”，让硬盘最先启动，如图 6-9 所示。这样就可以从硬盘启动了。

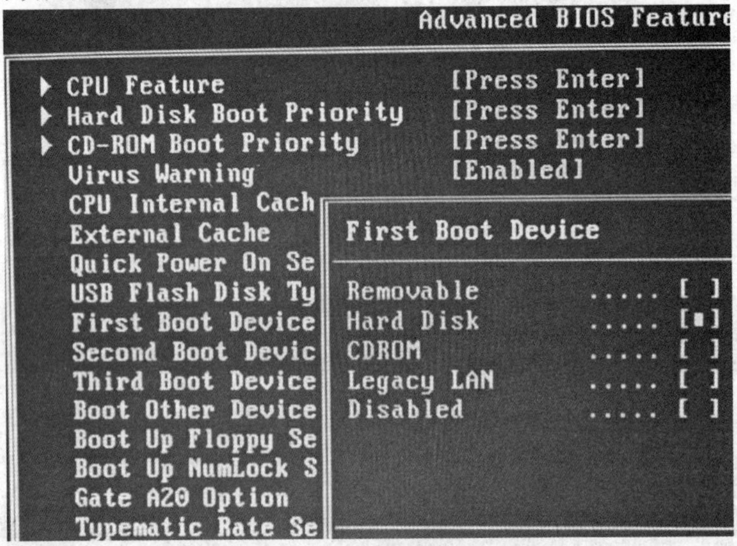

图 6-9　将 Hard Disk 设为第一引导设备

2.3　禁用主板上集成的设备

在 BIOS 的“Integrated Peripherals”（集成设备配置）中提供了对主板上所集成设备的控制功能，可以通过设置它们来开启或者关闭主板上集成的某个设备或者接口，如图 6-10 所示。

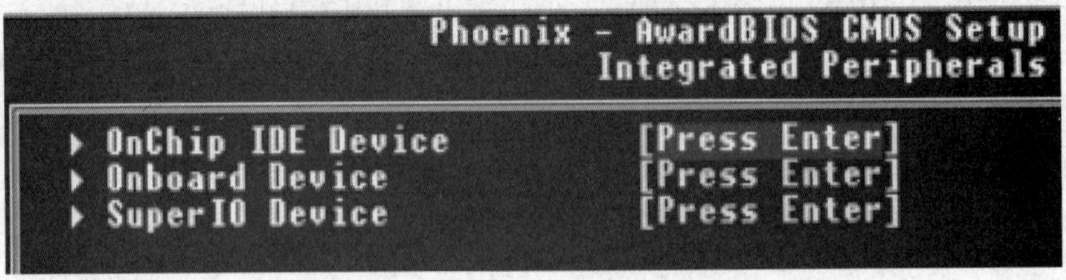

图 6-10　Integrated Peripherals

在“Integrated Peripherals”中选择进入“Onboard Device”（板载设备），如图 6-11 所示。

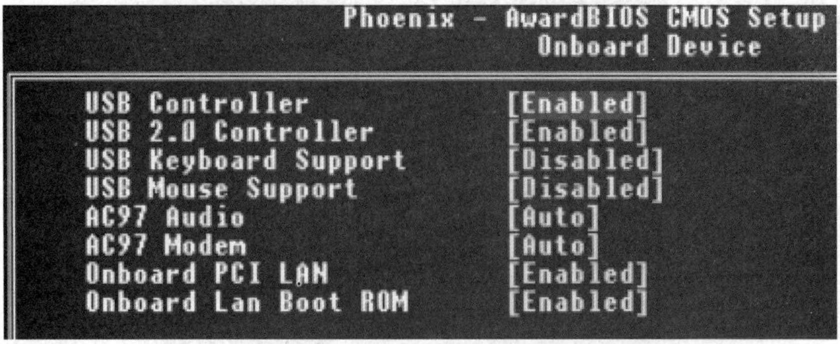

图 6-11 Onboard Device

如果将“USB Controller”设置为“Disabled”，那么就会将主板上的 USB 接口全部关闭，计算机将无法使用任何 USB 设备。如果将“AC97 Audio”设为“Disabled”，那么将关闭主板上集成的声卡。如果将“Onboard PCI LAN”设为“Disabled”，那么将关闭主板上集成的网卡。

2.4 设置密码保护

由于 BIOS 设置功能强大，因而一般不希望被别人随意改动，这时可以通过设置 BIOS 密码来保护 BIOS 设置。

在 BIOS 设置的主界面上，如图 6-12 所示，可以看到有“Set Supervisor Password（设置管理员密码）”和“Set User Password（设置用户密码）”等设置。管理员密码和用户密码的区别在于对 BIOS 设置的权限不同。使用管理员密码进入 BIOS 设置界面，会拥有修改设置 BIOS 所有项目的权限；而用用户密码则只有进入 BIOS 设置界面的权限，没有对 BIOS 的修改权限。

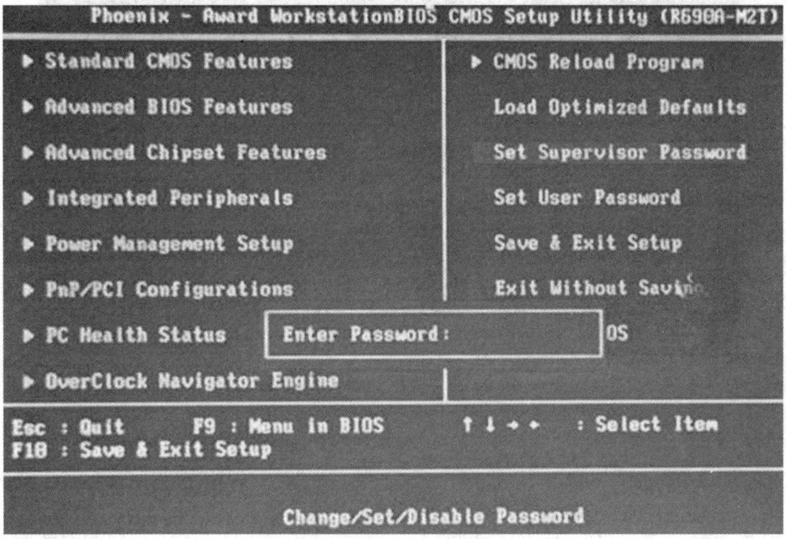

图 6-12 设置 BIOS 密码

当设置了管理员密码或者是用户密码之后，如果再将“Advanced BIOS Features”中的“Security Option（安全选项）”设置为“System（默认值为 Setup）”，那么就会开启开机密码功能，如图 6-13 所示。

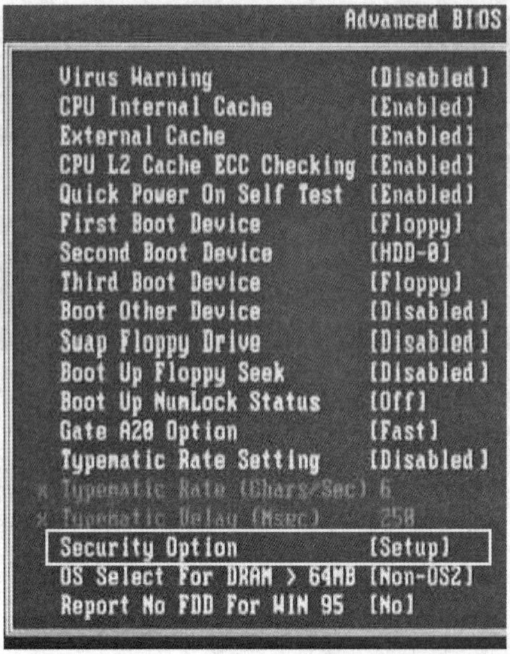

图 6-13　开启开机密码功能

这样当计算机开机时，进行完 POST 自检之后，就会出现输入密码提示框，这时必须要输入管理员密码或用户密码，如图 6-14 所示。如果不输入密码或密码错误，则无法进一步启动系统。这样就可以防止陌生人开机进入系统，加强对计算机中数据的保护。

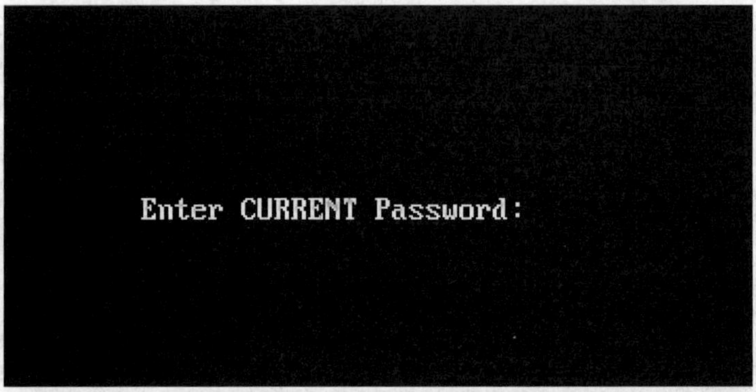

图 6-14　要求输入开机密码

2.5　保存设置

当所有的参数选项都已经设置完毕后，就需要在设置主界面选择“Save & Exit Setup”保存并退出设置，这时会弹出一个对话框，提示“SAVE to CMOS and EXIT (Y/N)? ”，如图 6-15 所示。如果键入“Y”并确认，系统会存储已经修改的参数并退出设置；如果键入“N”并确认，系统会保留此次修改前的原有参数并退出 BIOS 设置（通常情况下默认是“Y”）。如果在 CMOS 设置主界面选择“Exit Without Saving”，也是不保存修改的参数并退出 BIOS 设置。

保存 BIOS 设置还有一个更加快捷的方法，那就是设置完后不必回到主界面，直接按 F10 功能键，选择“Y”就可以保存参数并退出设置。

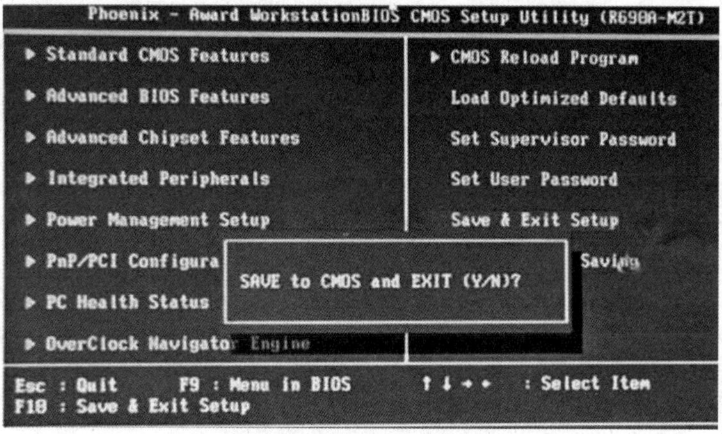

图 6-15 保存 BIOS 设置

任务三 了解 BIOS 的其他特性

任务描述

掌握了 BIOS 设置的基本方法之后，我们还需要了解 BIOS 的一些其他特性，以增强对 BIOS 的全面认识。

在本任务中将介绍 BIOS 报警铃声的含义，如何清除 CMOS 中的数据，以及一些 BIOS 相关的新技术。

任务分析及实施

1. BIOS 报警铃声

BIOS 程序在进行 POST 自检的过程中，如果发现问题将会通过机箱喇叭进行报警提示，所以了解 BIOS 的报警铃声将有助于我们定位硬件故障并进行排除。

Phoenix-Award BIOS 和 AMI BIOS 的报警铃声含义各不相同，其常见铃声与故障含义对照如表 6-1 和表 6-2 所示。

表 6-1 Phoenix Award BIOS 常见铃声与故障含义对照表

报警方式	故障含义
1 短	系统正常启动
1 长 1 短	内存或主板出错（可用替换法排查故障）
1 长 2 短	显示器或者显卡故障
不断地响（长声）	内存损坏或未插好

表 6-2　AMI BIOS 常见铃声与故障含义对照表

报警方式	故障含义
1 短	内存刷新失败，主板内存刷新电路故障，可尝试更换内存条
5 短	CPU 故障，检查 CPU
8 短	显存错误，换显卡或显存
1 长 3 短	内存错误，内存损坏，更换即可

由于内存是计算机中最容易出现故障的硬件设备，所以在 BIOS 报警铃声中有很多是专门针对内存的，如 Phoenix-Award BIOS 中的“不停地响（长声）”和“1 长 1 短”及 AMI BIOS 的“1 短”和“1 长 3 短”等。

遇到这种报警铃声，通常的解决方法是：打开机箱将内存条取下来，用软毛刷对内存插槽部位进行清理，同时清理内存条表面的灰尘，接着用橡皮擦轻轻擦除金手指上的氧化层。如果故障还是没有排除，可以将内存条插入其他内存插槽，或将内存条反复插拔。若故障依然存在，可以用好的内存条替换检查，若故障消失，则可判定原先的内存条已损坏，此时就必须更换新的内存条了。

2. 清除 CMOS 数据

有时对 BIOS 进行设置之后可能会出现一些意外的情况，如因为错误设置而导致计算机无法启动，又如忘记了开机密码等，所以必须得提供一种机制以在这种意外的情况下能够清空 CMOS 中存储的 BIOS 设置信息，使 BIOS 程序还原到初始状态。由于 BIOS 的设置信息都存储在 CMOS 芯片中，所以只要给 CMOS 放电就可以强行将其中存放的数据清除，使其恢复成出厂设置。

可以通过短接 CMOS 跳线的方式为 CMOS 放电。一般在主板纽扣电池的旁边会有一组清除 CMOS 信息的 3 针跳线，如图 6-16 所示。默认情况下，跳线帽扣在第一、二个针脚上，使它们处于短接状态，此时就是保存 CMOS 信息。如果将跳线帽取下扣到第二、三个针脚上，将它们短接，此时就是清除信息。

但要注意的是，将 CMOS 放电之后，一定要将跳线帽插回第一、二针脚上，否则 CMOS 就一直处于放电状态，而计算机也将无法启动。

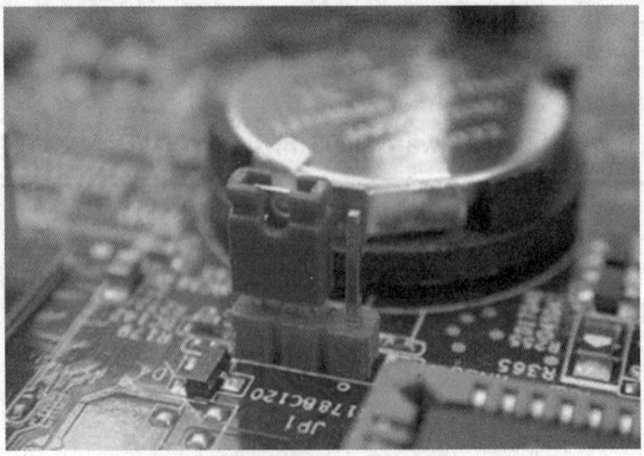

图 6-16　清除 CMOS 跳线

现在也有不少主板采用了按钮清空 CMOS 信息的设计，只需要按一下按钮就可以清空 CMOS 中的数据了，操作起来更加方便，如图 6-17 所示。

图 6-17 清除 CMOS 按钮

一块 CMOS 电池一般可以使用 5~6 年的时间，如果电池没电，在计算机开机时可能会出现“CMOS battery failed”或是按 F1 键继续启动计算机的错误提示，此时买一块电池更换即可。

3. BIOS 新技术

BIOS 在经历了几十年发展之后，已经显出了龙钟老态。随着硬件技术的发展，BIOS 制约了计算机性能的提升，显然已不合时宜。还有很重要的一点是，BIOS 晦涩难懂、技术门槛较高的特点也与目前简单、易用的计算机流行趋势格格不入，所以目前已经出现了对传统 BIOS 的替代升级方案——EFI 可扩展固件接口。

EFI 是由 Intel 推出的一种在计算机系统中替代 BIOS 的升级方案，与传统 BIOS 相比，EFI 给用户最直观的两个感受是图形化界面和支持鼠标操作，并且支持中文显示，如图 6-18 所示。EFI 的使用必将大大简化计算机的操作，提升计算机的整体性能。预计 EFI 有望在未来几年内取代传统 BIOS，成为主导性的固件接口。

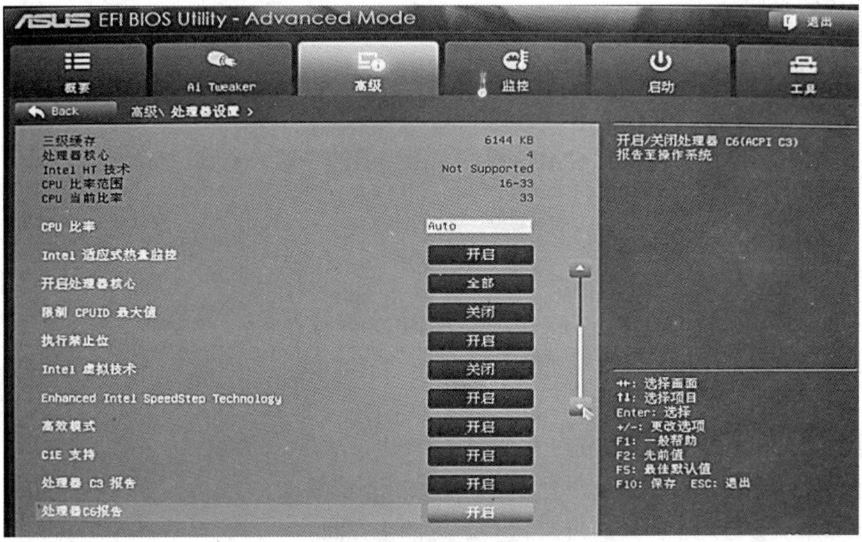

图 6-18 EFI 可扩展固件接口

思考与练习

填空题

1. BIOS 程序存储在__________芯片内，而通过 BIOS 程序设置的相关参数存储在__________芯片内。

2. 目前主流 BIOS 厂商有__________和__________等。

3. CMOS 芯片是一个__________存储器，里面存放__________设置参数。

4. 通过短接 CMOS 跳线的方式称为__________，可以强行将 CMOS 中存放的数据清除，使其恢复成出厂设置。

5. 在大多数笔记本电脑中，要想对 BIOS 进行设置，开机后应按的键是__________。

6. 保存并退出 BIOS 设置的快捷键是__________。

简答题

1. 简述 BIOS 与 CMOS 的区别。
2. 某用户通过 BIOS 对 CPU 进行了超频，现在想恢复成默认设置，该如何操作?
3. 用光盘安装操作系统，需要对 BIOS 进行哪些设置?
4. 每次开机时，系统时间总是恢复到同一默认值，这是什么原因造成的?
5. 如何清除 CMOS 密码?

综合项目实训

实训目的

1. 掌握常用 BIOS 项目的设置方法。
2. 掌握 CMOS 数据的清除方法。
3. 熟悉常见的 BIOS 报警铃声。

实训步骤

1. BIOS 芯片的识别

根据要求识别硬件设备。

（1）从主板上找到 BIOS 芯片，并指出其生产厂商。

（2）从主板上找到 CMOS 电池。

（3）在 CMOS 电池旁边找到 CMOS 跳线（跳线旁边一般有 CLR_CMOS 的标记）。

2. BIOS 界面的常规操作

（1）进入 BIOS 设置界面。

① 开机，观察屏幕上相关提示。

② 按屏幕提示，按 DEL 键或 F2 键，进入 BIOS 设置界面。

③ 观察你启动的 BIOS 设置程序属于哪一种。

（2）尝试用键盘选择项目。

① 观察 BIOS 主界面相关按键使用的提示。

② 依照提示，分别按左右上下光标键，观察光条的移动。

③ 按回车键，进入子界面。再按 ESC 键返回主界面。

④ 尝试主界面提示的其他按键，并理解相关按键的含义。

（3）逐一理解主界面上各项目的功能。

① 选择第一个项目，按回车键进入该项目的子界面。

② 仔细观察子菜单。

③ 明确该项目的功能。

④ 依次明确其他项目的功能。

3. 常用 BIOS 项目的设置

完成以下常用的参数设置。

- 修改系统日期、时间
- 禁用软驱
- 设置从光驱引导系统
- 禁用 USB 接口
- 禁用网卡
- 设置用户密码
- 开启开机密码功能
- 还原 BIOS 默认值
- 保存退出 BIOS 设置

4. 清空 CMOS 数据

通过 CMOS 放电的方法将存储在 CMOS 中的数据全部清空。

注意，CMOS 放电之后要把跳线帽重新插回原处。

5. BIOS 报警铃声

将内存条拔下或故意接触不好，开机仔细分辨 BIOS 的报警铃声。

PART 7 项目七 硬盘分区与格式化

安装系统前，必须对硬盘进行分区、格式化，一个比较科学的分区将会使计算机中的数据存储得更加有条理，并且可有效提高计算机的性能。另外，由于硬盘是用户存储资料的主要场所，所以对硬盘重新分区或格式化时要慎重，以免资料丢失。

在对硬盘进行分区之前首先要先规划好分区方案，这在一定程度上将决定以后系统的性能及浪费程度，另外还要确定每个分区所采用的文件系统，不同文件系统的分区也会影响系统的性能以及安全性。

学习目标

通过本项目的学习，读者将能够：

- 了解硬盘分区类型及文件系统的概念；
- 根据需求合理规划硬盘分区方案；
- 掌握利用工具软件 DiskGenius 对硬盘进行分区的方法。

任务一　了解硬盘分区的基础知识

任务描述

在对硬盘进行分区之前，我们应掌握关于硬盘分区的一些相关概念，并能够制定比较合理的分区方案。

在本任务中将介绍硬盘的分区类型、硬盘分区的文件系统，并能够根据需要合理地规划硬盘分区方案。

任务分析及实施

在使用硬盘之前一般首先都要进行分区的操作，每个分区都要分配一个用大写英文字母做标记的盘符。在 Windows 系统中，分区的数量一般不能超过 24 个，因为英文字母只有 26 个，而且其中的 A、B 是固定保留给软盘驱动器使用的。

1. 了解硬盘的分区类型

硬盘分区包括主分区、扩展分区、逻辑分区 3 种不同类型。

通过【计算机管理】中的“磁盘管理”工具可以清楚地查看到不同的分区类型，如图 7-1 所示。

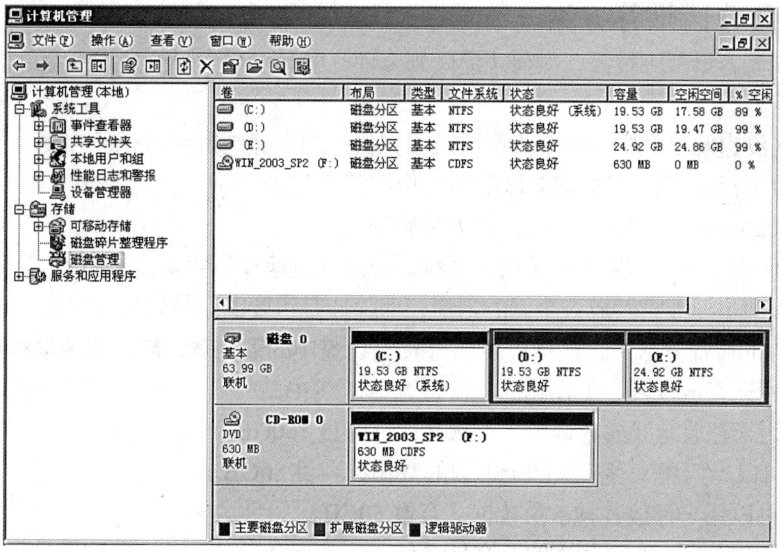

图 7-1 通过“磁盘管理”工具查看硬盘分区类型

主分区是包含有操作系统启动文件的硬盘分区，硬盘上至少要有一个主分区用以安装操作系统。主分区最多可以有 4 个，但只能有一个主分区是活动的，通常情况下在硬盘中只创建一个主分区，也就是 C 盘。

扩展分区是除主分区之外的其他所有分区的统称，它又被划分为若干个逻辑分区，逻辑分区也就是 D 盘、E 盘、F 盘……

在逻辑分区上也可以安装操作系统，但操作系统的启动文件仍然存放在主分区上，所以如果在 C 盘安装了 Windows 7 系统，在 D 盘安装了 WindowsXP 系统，那么将 C 盘格式化的话，D 盘的 WindowsXP 系统也将无法启动。

一般来讲，在对新硬盘建立分区时要遵循以下顺序进行：建立主分区→建立扩展分区→建立逻辑分区。

2. 了解硬盘分区的文件系统

硬盘分区之后还必须要经过高级格式化才能使用，在格式化硬盘分区时，需要指定所使用的文件系统。文件系统就是文件在磁盘上存储时所采用的格式，在 Windows 环境下常见的文件系统主要有 FAT32 和 NTFS 两种。

- FAT32 文件系统比较古老，优点是兼容性好，可以用于微软所有的操作系统。缺点是不支持容量超过 4GB 的单个文件，安全性也比较差，目前已逐渐被淘汰。
- NTFS 是一个基于安全性的文件系统，在 NTFS 文件系统中可以对文件进行加密、压缩，并能设置安全权限。NTFS 相比 FAT32 增加了很多功能，具有更强的安全性和稳定性，缺点是无法兼容 DOS 和 Win9X 系统。

在实际操作中，对于硬盘分区一律推荐使用 NTFS 文件系统，尤其是服务器中的磁盘分区，要求必须使用 NTFS。

文件系统类型是在对磁盘分区进行高级格式化时确定的，对于已经采用了 FAT32 文件系统的磁盘分区，如果不想进行高级格式化，也可以使用 convert 命令将其转换为 NTFS。如要将 C 盘转换为 NTFS 文件系统，可以执行命令“convert c: /fs:ntfs”。

3. 硬盘分区推荐方案

目前的硬盘容量都比较大，如何才能做到合理分区，以最大限度发挥硬盘性能是一个非常值得探讨的问题。

硬盘分区没有既定规则，每个人都可以根据自己的喜好制定硬盘分区方案。下面以一块容量为 500GB 的硬盘为例，就如何分区给出一份推荐方案。

① 分区数量最好不要超过 5 个，以方便管理。

② C 盘作为主分区，用来安装操作系统，分区容量建议不要超过 50GB。另外在平时使用计算机的过程中也要注意养成一个好的习惯，即除非是重要的系统软件，否则其他软件一律安装到 C 盘以外的磁盘分区中，这样可以尽量减少 C 盘中的数据量，减轻系统运行负担。

③ D 盘用来存放学习、工作用的软件，容量 120GB。

④ E 盘用来存放游戏或者音乐、视频文件，容量 160GB。

⑤ F 盘可以专门用来存放从网上下载的数据，容量 80GB。

⑥ G 盘可以用来存放各种备份数据，容量 50GB。

⑦ 以上所有分区全部采用 NTFS 文件系统。

在对硬盘分区时需要注意，分区后硬盘中原先存储的数据将全部丢失，所以硬盘分区操作最好在刚购买回计算机时进行。在分区之前，要先制定好合理的分区方案，以后要尽量避免再次分区或对分区进行调整。

任务二　完成硬盘分区/格式化

任务描述

如果是刚刚购买的计算机，或者使用的是一块全新的硬盘，那么就要求必须对硬盘进行分区、格式化。

在本任务中将介绍如何用 DiskGenius 软件对硬盘进行分区。

任务分析及实施

硬盘的分区方法很多，比较古老的是使用 DOS 命令 Fdisk 进行分区，由于操作复杂，目前已很少使用。下面介绍两种目前比较常用的分区方法，它们操作起来都比较简单，并且分区非常稳定。

1. 使用 DiskGenius 软件进行硬盘分区

DiskGenius 是一款优秀的国产全中文硬盘分区维护软件，采用纯中文图形界面，支持鼠标操作，具有磁盘管理、磁盘修复等强大功能。

由于硬盘分区操作需要在操作系统之外进行，所以往往都是将 DiskGenius 集成在一些系统工具盘中，用这些工具盘启动计算机之后，再运行 DiskGenius 进行硬盘分区操作。

下面在 VMWare 中创建一台虚拟机 Win7_01，在虚拟机中进行硬盘分区操作。

首先需要在虚拟机中放入工具光盘，虚拟机既可以使用物理光盘，也可以使用 ISO 镜像文件，这里推荐使用镜像文件。选中虚拟机，打开虚拟机设置界面，选中“CD/DVD”，在右侧窗口中选择“使用 ISO 镜像文件”，载入准备好的系统工具光盘镜像，如图 7-2 所示。

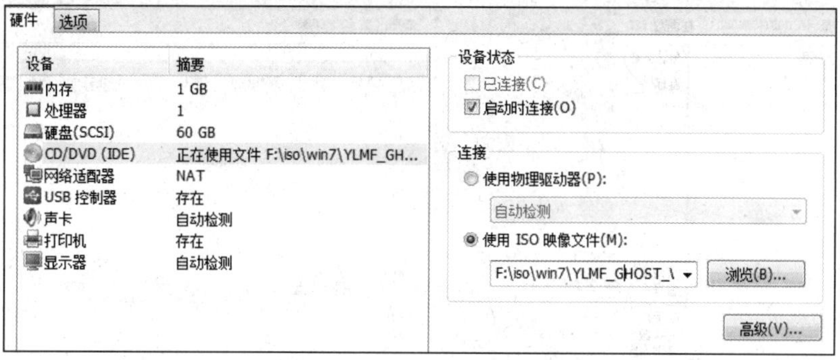

图 7-2　加载镜像文件

将虚拟机开机，按 F2 键进入 BIOS 设置界面，将第一个引导设备设置为“CD-ROM”（可以按 Ctrl+Alt 键在虚拟机和物理主机之间切换），如图 7-3 所示。

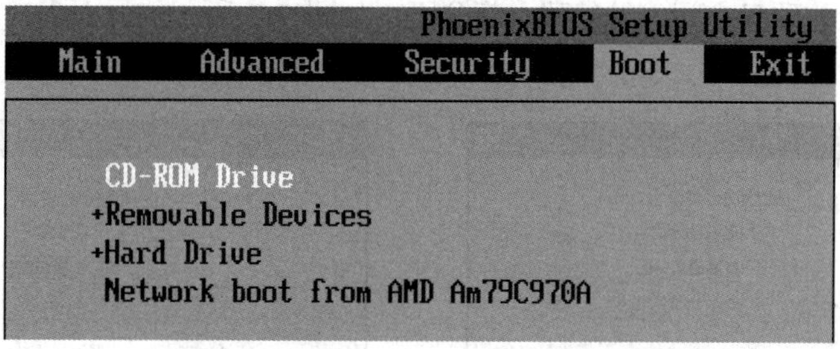

图 7-3　将 CD-ROM 设置为第一引导设备

保存退出之后，系统会自动进入光盘引导界面，如图 7-4 所示，从中选择“运行 DiskGenius 分区检测工具”。

图 7-4　工具光盘启动界面

进入到 DiskGenius 主界面之后，可以看到当前磁盘未进行任何分区。在硬盘上面单击右键，执行“建立新分区”，如图 7-5 所示。

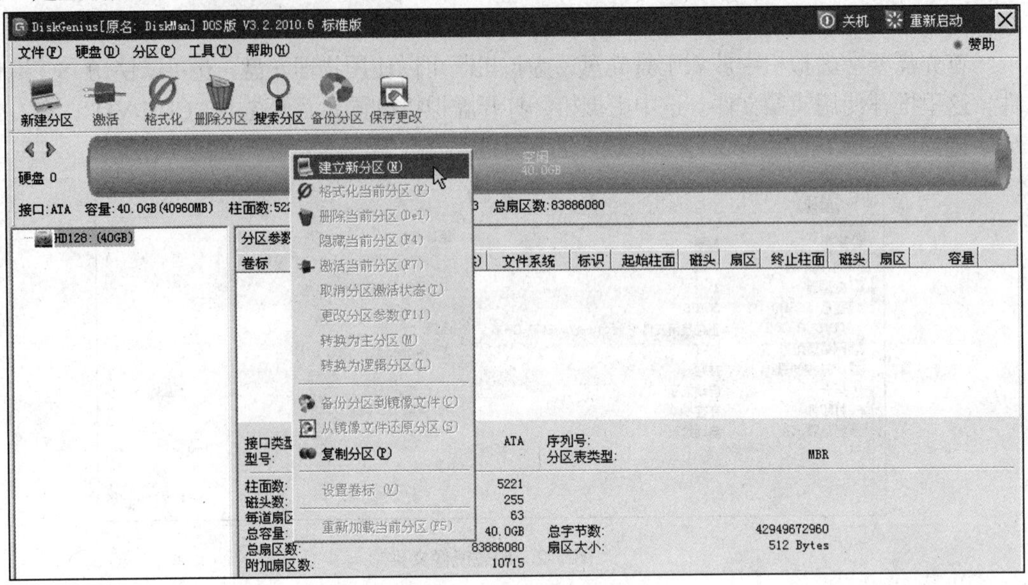

图 7-5　建立新分区

首先应建立主分区，也就是 C 盘，选择好分区类型、文件系统、分区大小，如图 7-6 所示。

然后选中剩余的硬盘空间，继续建立新分区。如图 7-7 所示的界面中，应将所有的剩余空间都划分为扩展分区。

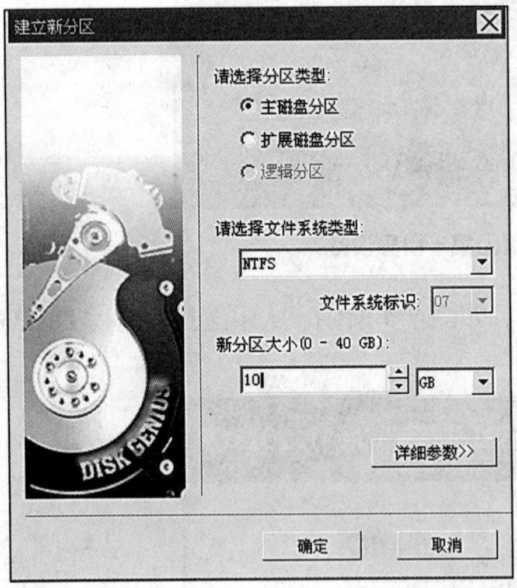

图 7-6　建立主分区

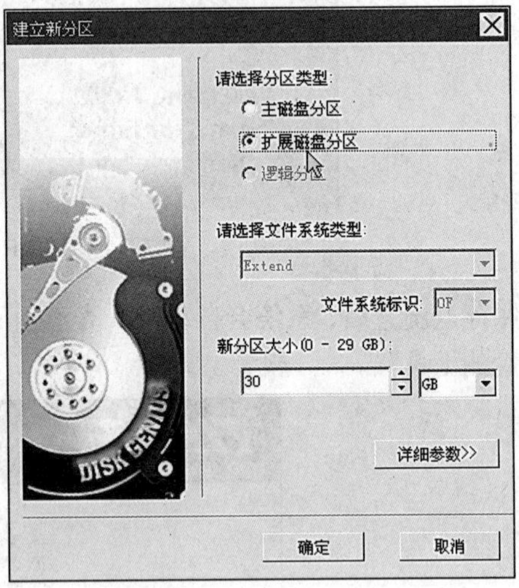

图 7-7　建立扩展分区

然后继续在扩展分区上再创建逻辑分区，如图 7-8 所示。

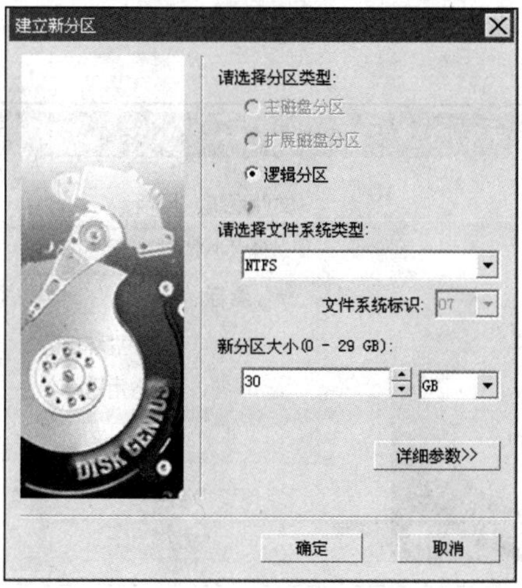

图 7-8　创建逻辑分区

最终分完区之后的效果如图 7-9 所示。

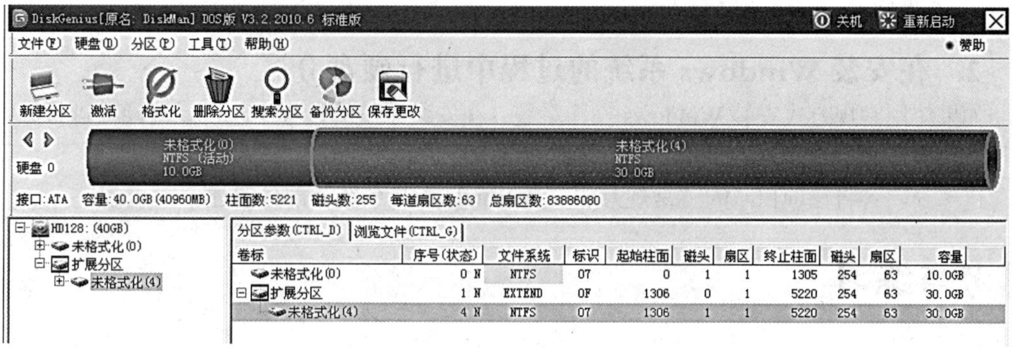

图 7-9　分区结束

然后还需要对每个分区进行高级格式化，在分区上单击右键，执行“格式化当前分区”，如图 7-10 所示。

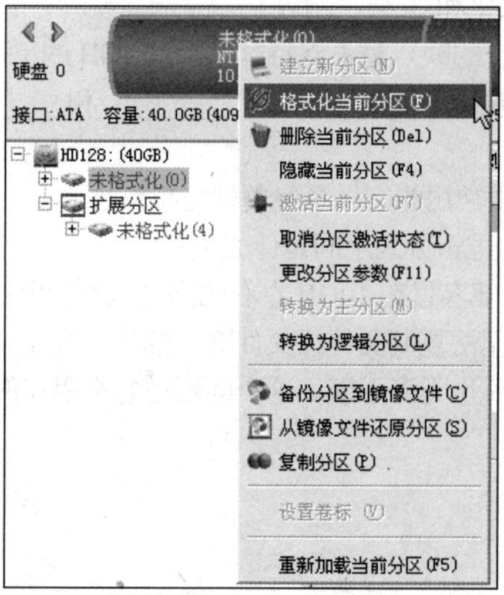

图 7-10　格式化分区

在图 7-11 所示的界面中选择文件系统以及簇大小（建议采用默认值），然后单击“格式化”按钮开始进行高级格式化。

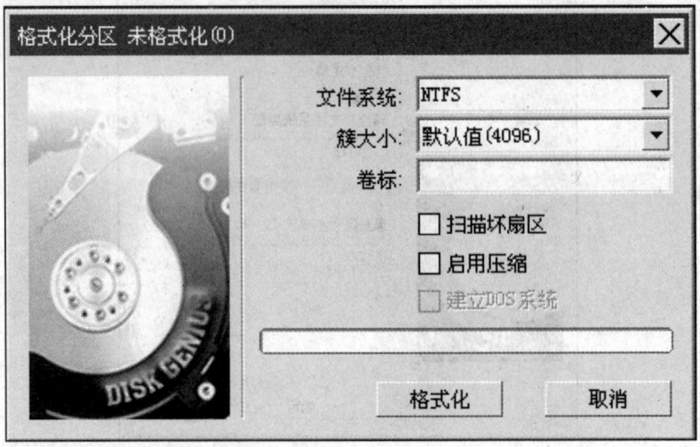

图 7-11 格式化分区

所有分区格式化全部完成之后，单击 DiskGenius 右上角的“重新启动”，重启计算机后生效。

2. 在安装 Windows 系统的过程中进行硬盘分区

如果使用常规方式安装 Windows 操作系统，在安装系统的过程中也可以对硬盘进行分区，这种方法操作简单，而且效果稳定，也是常用的分区方法之一。

这部分内容将在项目八的“常规方法安装 Windows 7 系统”部分讲述。

思考与练习

填空题

1. Windows 系统中目前常见的文件系统主要有__________和__________两种。对于目前的硬盘分区，建议采用__________文件系统。

2. 硬盘分区由主分区、__________和__________组成。

3. 格式化分为低级格式化和__________。

4. __________文件系统的缺点是不支持容量超过 4GB 的单个文件。

5. 硬盘的初始化工作包括__________、__________和__________3 个步骤。

简答题

1. 简述 Windows 系统中常用的文件系统类型与特点。

2. 主分区、扩展分区、逻辑分区之间是什么关系？

3. 某人从网上下载了一部容量在 10GB 左右的高清电影，现在要将这个电影文件从计算机复制到移动硬盘上，出现“无法复制文件或文件夹”的错误提示，移动硬盘中有足够的剩余空间，将移动硬盘重新格式化后也无济于事。这个问题是怎么引起的，如何解决？

综合项目实训

实训目的

1. 能够根据实际情况制定硬盘分区方案。

2. 掌握用 DiskGenius 软件对硬盘进行分区的方法。

实训步骤

1. 制定硬盘分区方案

（1）进入 BIOS 设置界面，查看硬盘大小，制定相应分区方案。

（2）将 BIOS 设置成首先从光盘引导。

2. 用 DiskGenius 对硬盘分区

（1）启动计算机，将系统工具盘放入光驱。

（2）进入光盘引导界面，选择执行 DiskGenius。

（3）按照制定的分区方案对硬盘进行分区。

（4）对所有分区进行格式化。

（5）重启系统。

PART 8 项目八 安装操作系统及驱动程序

在经过前面的 BIOS 设置、硬盘分区与格式化的操作之后，我们可以来为计算机安装操作系统了。安装操作系统是一项非常重要的计算机基础维护操作，通常情况下，计算机的操作系统发生崩溃时，一般都需要重装操作系统来解决。另外，安装操作系统并不是一个孤立的操作，在装完系统之后还需要安装各种设备驱动程序。

学习目标

通过本项目的学习，读者将能够：

- 理解操作系统的基本概念及分类；
- 掌握利用常规方法和 Ghost 还原方法安装 Windows 7 系统；
- 了解驱动程序的概念；
- 掌握驱动程序的安装方法。

任务一　了解什么是操作系统

任务描述

用户在购买回计算机之后，首先要做的就是安装操作系统。操作系统为什么这么重要？在实践中，都有哪些操作系统可供用户选择呢？

在本任务中将介绍操作系统的作用，以及常见的操作系统类型。

任务分析及实施

1. 了解操作系统的功能

计算机由硬件和软件两部分组成，计算机只有在硬件系统和软件系统协调工作的情况下才能正常运行。

软件系统又可分为系统软件和应用软件两大类，操作系统正是系统软件的核心。

我们平常使用计算机主要是在使用各种软件，比如用 QQ 聊天，用 WORD 打字，用 IE 浏览器上网，再加上玩各种游戏等，这类软件都能实现一些特定的功能，因而称为应用软件。

所有的应用软件要想正常运行都必须以操作系统为基础，如果没有操作系统，任何应用软件都无法安装使用，也就是说操作系统要负责管理计算机中所有的软件资源。另一方面，操作系统还要负责管理计算机中所有的硬件资源，每个硬件设备都需要在操作系统的统一指挥调配下才能正常工作并发挥最大性能。

所以说，操作系统是用来控制和管理计算机中硬件和软件资源的软件。一台全新的计算机只有在安装了操作系统之后，它的功能才能得到充分的发挥，而且计算机中安装的应用软件也只有在操作系统的支持下才能正常运行。正是有了操作系统，用户才能方便地使用计算机，提高计算机系统的工作效率。

计算机硬件、操作系统、应用软件以及用户之间的关系如图 8-1 所示。

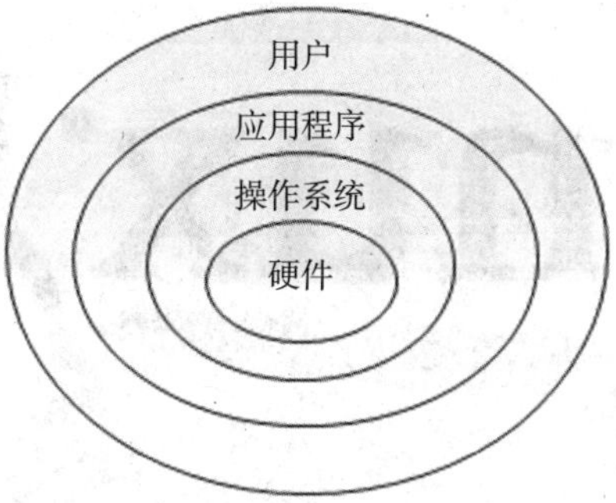

图 8-1　计算机系统构成示意图

从图中可以看出，操作系统直接运行在计算机硬件之上，同时它也是所有外围应用程序运行的基础，因而操作系统就相当于是计算机硬件跟用户之间的一个接口或桥梁。通过它，我们才能让 CPU 去高效地处理各种数据；通过它，我们才能在硬盘中读写各种文件；通过它，我们才能与网络上的计算机之间传输数据……

2. 了解常见的操作系统

我们日常使用最多的是微软的 Windows 系列操作系统，除此之外，我们还有可能会接触到 DOS 和 Linux 操作系统。

2.1　DOS 操作系统

磁盘操作系统（Disk Operating System，DOS）是第一个面向 PC 机的操作系统。

DOS 系统只能以命令行的方式进行操作，在图形界面的 Windows 操作系统出来之前，DOS 控制着整个微型计算机的领域。目前 DOS 已经基本被淘汰了，但在 Windows 系统中仍然保留了一个仿真 DOS 程序“命令提示符”，运行“cmd.exe”即可启动。另外在很多特殊的操作场合仍然会用到部分 DOS 命令，如升级 BIOS、网络测试以及信息安全领域等，因而要成为一名计算机高手还必须要掌握一些基本的 DOS 命令。

2.2　Windows 操作系统

目前的 Windows 操作系统主要分为两个系列。

一个是面向大众用户的系列，主要包括 Windows XP、Windows Vista、Windows 7、Windows 8 等，这类产品有着友好的图形界面和 Windows 的易用性、简便性，同时它们都具有比较强的多媒体处理功能与娱乐功能。

另一个是面向商业和企业用户的系列，主要安装在服务器和工作站上，这类操作系统主要有 Windows Server 2003、Windows Server 2008、Windows Server 2012 等，其重点是安全性和稳定性非常突出，它们都属于网络操作系统，可以担当各种服务器的角色。

在本书中主要介绍微软公司目前主流的面向大众用户的 Windows 7 操作系统。

2.3 Linux 操作系统

Linux（见图 8-2）是目前唯一一个能够与 Windows 相抗衡的操作系统，它的最大优势就在于开放性，即 Linux 系统的所有源代码都是公开的，所有人都可以免费获得使用，而且不仅仅 Linux 系统本身，包括 Linux 系统中的绝大部分应用软件也都是开源的。相比 Windows，在企业网络中部署 Linux 系统不仅可以节省一大笔费用，而且还可以获得更高的可靠性和稳定性，所以 Linux 系统目前在企业网络中得到了越来越多的应用。

图 8-2　企鹅是 Linux 的标志

另外，Linux 也被广泛用于电视机顶盒、路由器、防火墙等各种嵌入式系统中，目前流行的 Android 手机操作系统，也是使用了经过定制后的 Linux 内核。

Linux 系统的缺点是操作复杂，绝大部分操作需要通过命令行实现，用户必须要经过专门的培训才可以使用。因而 Linux 系统主要是面向商业和企业用户，大众用户则很少接触到。

任务二　安装 Windows 7 操作系统

任务描述

在完成了前面的 BIOS 设置、硬盘分区和格式化这些准备工作之后，张建同学准备开始为计算机安装 Windows 7（以下简称 Win7）系统。Win7 系统有众多版本，哪个版本是最适合自己的呢？安装 Win7 系统时，是采用 Ghost 安装，还是常规安装方式更好一些呢？这两种不同的安装方式的特点是什么？

在本任务中将介绍 Win7 系统的版本，以及安装 Win7 系统的两种常用方法。

任务分析及实施

1. 了解 Win7 系统的版本

Win7 是微软目前面向个人和家庭用户的主流操作系统，Win7 系统的版本众多，其中最主要的版本有 3 个，分别是：家庭版、专业版、旗舰版。

- Win7 家庭版主要面向家庭用户，拥有华丽的特效以及强大的多媒体功能。
- Win7 专业版主要面向企业用户，拥有加强的网络功能和更高级的数据保护功能。
- Win7 旗舰版具有家庭版和专业版的全部功能，是功能最全面的一个 Win7 系统版本，当然也是价格最贵的一个版本。

在上述 3 个 Win7 版本中，推荐使用 Win7 旗舰版。

另外，所有版本的 Win7 系统又分为 32 位和 64 位两个类别。64 位的 Win7 系统支持 4GB 以上容量的内存，性能更为强大。只不过由于目前仍有个别应用软件是基于 32 位系统开发的，所以在 64 位的 Win7 系统上运行可能会遇到一些兼容性方面的问题，不过随着这类软件越来越少，还是推荐大家尽量使用 64 位的 Win7 系统。

对于我们学习所使用的 Win7 系统，可以从网上下载系统 ISO 镜像。这里推荐一个开源网站“msdn.itellyou.cn”，从该网站可以下载到各种版本的 Windows 系统镜像，网站如图 8-3 所示。

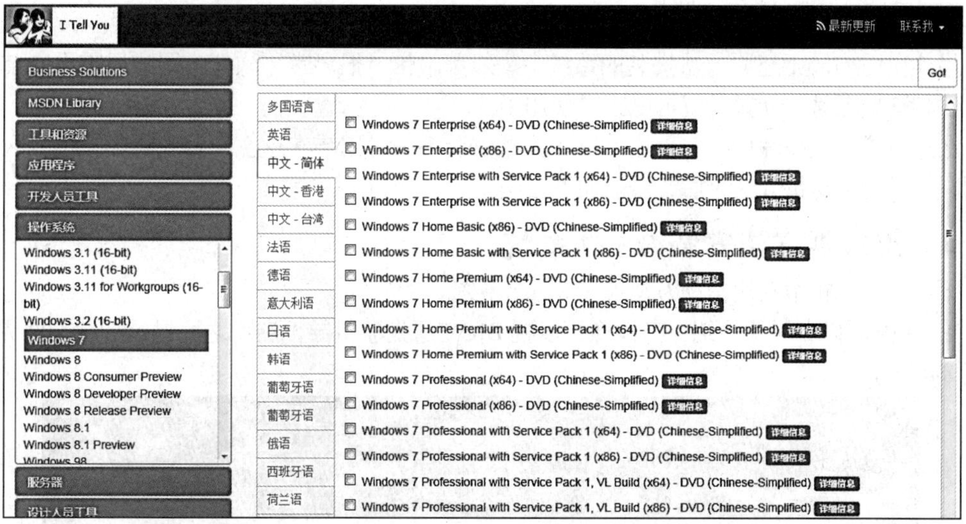

图 8-3　下载系统 iso 镜像

如果希望使用 ghost 版的系统镜像文件，则可以从一些大型的论坛或社区里下载。

2. Win7 系统的安装方法与硬件要求

目前安装 Windows 操作系统的方法主要有两种：常规安装方法和 Ghost 还原安装方法。

- 常规安装步骤繁琐，花费时间较长，但安装的系统非常稳定，也能够发现隐含的一些硬件故障。
- Ghost 还原安装操作简单，耗时较短，但安装的系统相对不够稳定。

对于个人用户，建议优先采用 Ghost 还原方法安装系统，以节省时间和精力。如果利用此种方法安装的操作系统经常出现重启或死机等故障，则可以再考虑利用常规方式安装系统。

Win7 系统对计算机的基本配置要求见表 8-1，基本上近五六年之内购买的计算机，包括我们之前创建的虚拟机都可以满足这个硬件要求。

表 8-1　Windows 7 硬件要求

设备名称	基本要求	备注
CPU	1GHz 及以上	安装 64 位系统需要 CPU 的支持
内存	1GB 及以上	64 位系统需要 2GB 以上内存
硬盘	16GB 及以上可用磁盘空间	64 位系统需要 20GB 硬盘空间
显卡	DirectX 9 或更高版本显卡	显卡如果低于此标准，Aero 特效无法实现

3. 用 Ghost 一键还原的方法安装 Win7 系统

利用 Ghost 还原方法安装系统，操作极其简单，只需用工具盘引导计算机后在启动界面里选择相应的选项即可，如图 7-4 所示。这种方法由于只需按一个按键，因而被称之为一键还原。

用这种方法安装完系统之后，还可以自动检测硬件型号并安装相应的驱动程序。当然有时对个别硬件也可能无法安装正确的驱动，这就需要我们来手工安装一下。另外对于像主板和显卡这样非常关键的硬件驱动程序，建议最好也是手工安装。虚拟机中的硬件设备，除了 CPU 和内存之外都是由软件模拟出来的，其驱动程序由 VMware Workstation 附带的 VMware tools 提供，因而在虚拟机中使用 Ghost 还原方法安装系统时，可以跳过安装驱动程序的步骤。

另外在用 Ghost 还原方法安装的系统中一般都附带了很多常用软件，用户只需再安装上杀毒软件和安全工具，计算机就可以正常使用了。

注意，很多人在虚拟机中采用 Ghost 方法安装系统时出错，这主要是未对虚拟机分区而导致的，只要将虚拟机分区之后，一般便不会出现这个问题了。

4. 用常规方法安装 Win7 系统

下面在虚拟机中利用常规方法安装 Win7 系统。

① 在虚拟机中加载系统光盘镜像，设置 BIOS 从光盘引导，启动之后显示加载文件界面，如图 8-4 所示。

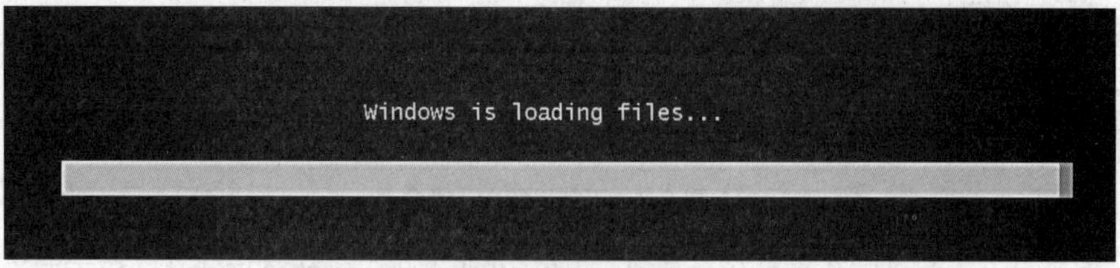
Windows is loading files...

图 8-4　加载文件界面

② 选择语言类型、时间和货币格式及键盘和输入方法。这里采用默认设置，如图 8-5 所示。

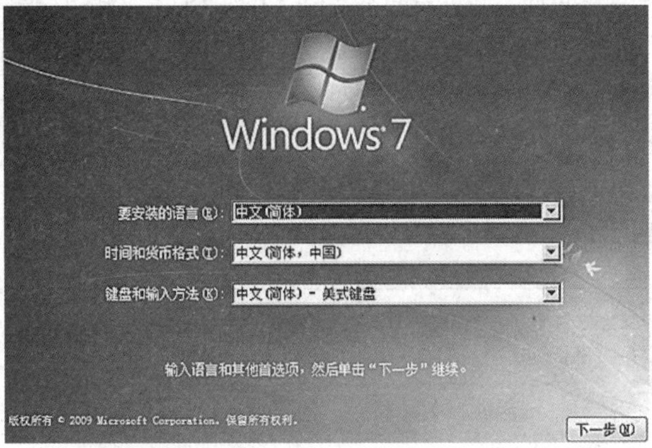

图 8-5　语言、时间和货币、键盘设置界面

③ 在图 8-6 所示的界面中，单击“现在安装”按钮，开始系统安装过程。

图 8-6　单击“现在安装”

④ 同意许可条款，勾选“我接受许可条款（A）”后，单击“下一步”按钮，如图 8-7 所示。

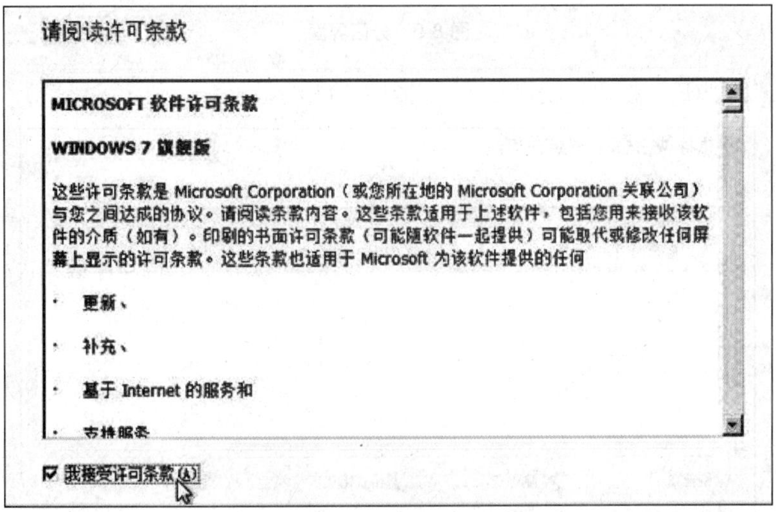

图 8-7　许可条款界面

⑤ 进入安装类型选择界面，此处有两个选项“升级（U）”和“自定义（高级）（C）”，根据需要进行选择，这里我们选择“自定义（高级）（C）”，如图 8-8 所示。

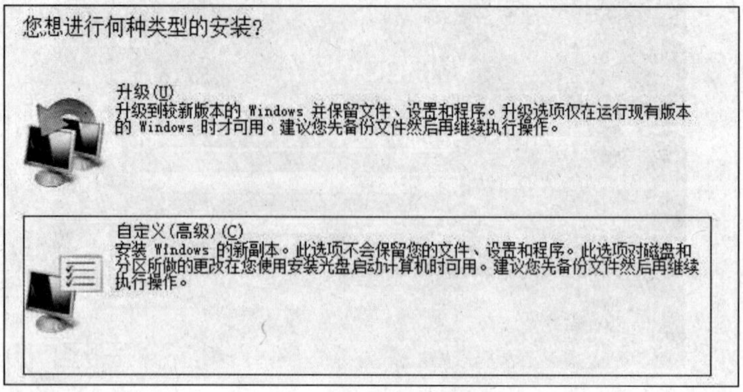

图 8-8　安装类型选择界面

⑥ 进入分区界面，如图 8-9 所示，单击“驱动器选项（高级）”。在这里可以对硬盘进行分区，但是只能创建主分区，而无法创建逻辑分区。也就是说，在这里最多只能创建 4 个分区。另外由于系统默认还要创建一个系统保留分区，因而用户能够创建的分区数量最多就只能是 3 个。

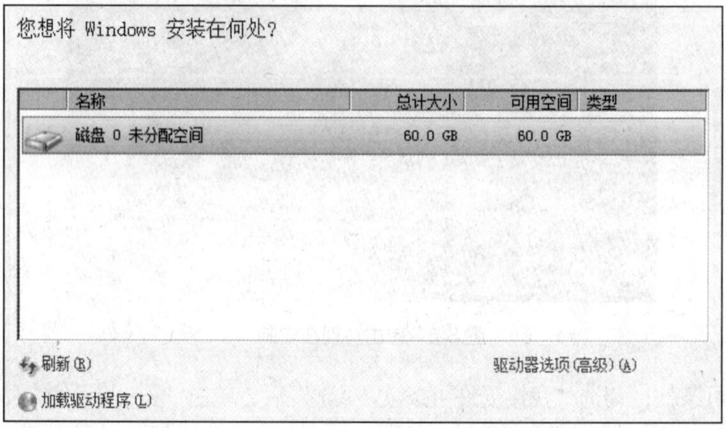

图 8-9　分区界面

⑦ 单击“新建(E)”按钮，创建分区，如图 8-10 所示。

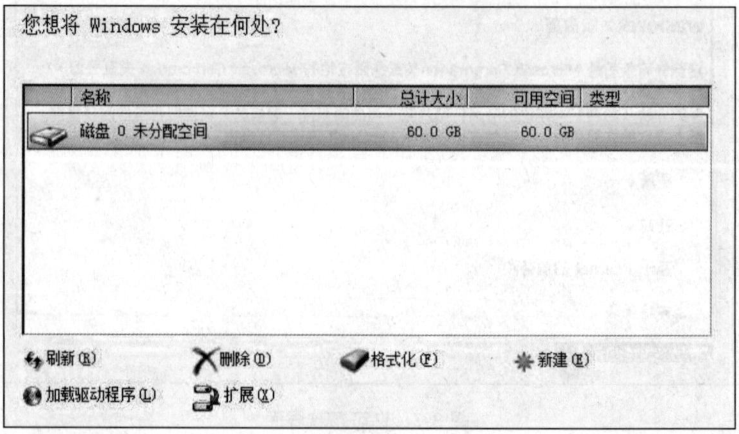

图 8-10　驱动器选项界面

⑧ 设置分区容量并单击“应用”按钮，如图 8-11 所示。

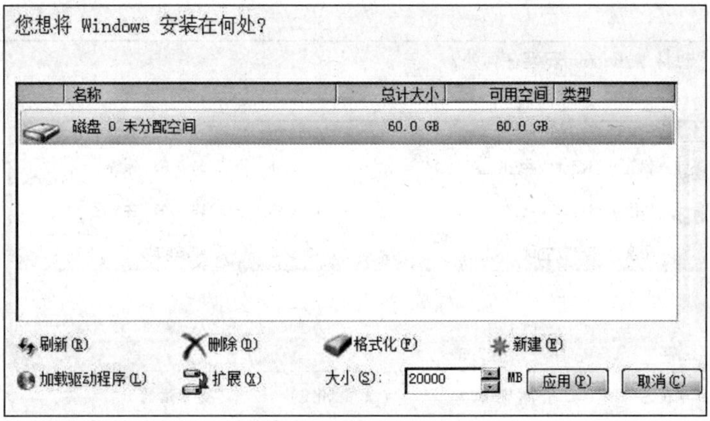

图 8-11　新建分区界面

⑨ 创建好主分区后的磁盘状态。这时会看到，除了 C 盘和未划分的空间之外，还有一个 100MB 的分区，如图 8-12 所示。这是由 Win7 系统自动生成的一个供 Bitlocker（一种磁盘加密方法）使用的空间。

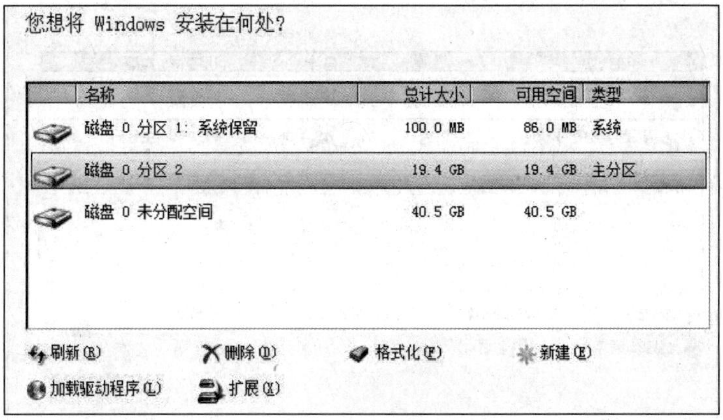

图 8-12　主分区创建成功界面

⑩ 选中未分配空间，单击“新建(E)”按钮，创建新的分区，如图 8-13 所示。

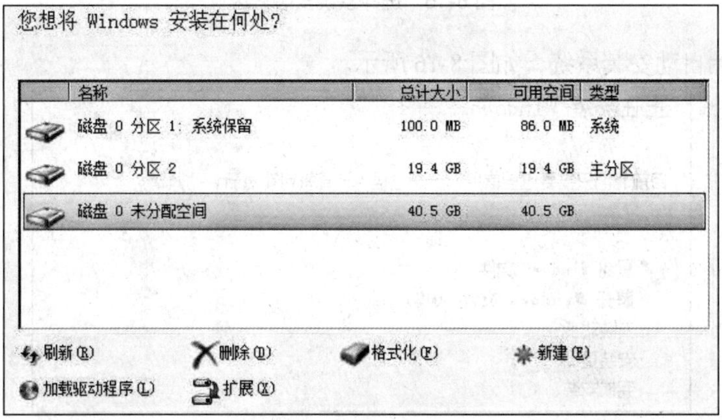

图 8-13　硬盘分区界面

⑪ 将剩余空间全部分给第二个分区，也可以根据实际情况将硬盘分成多个分区，如图 8-14 所示。

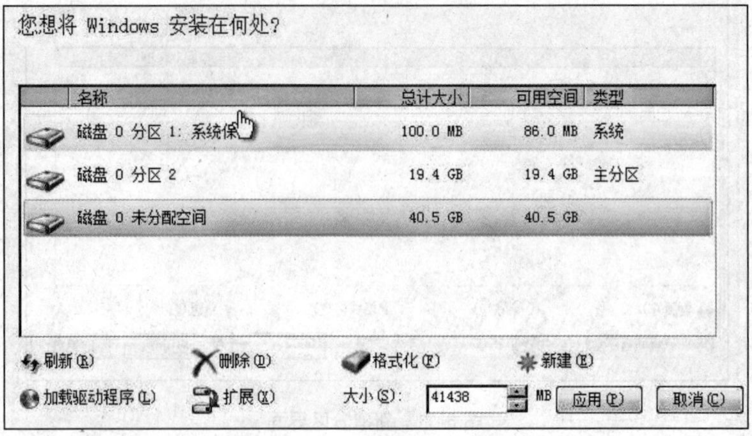

图 8-14　新分区创建界面

⑫ 创建第二个分区完成，选择要安装系统的分区，单击“下一步”按钮，如图 8-15 所示。

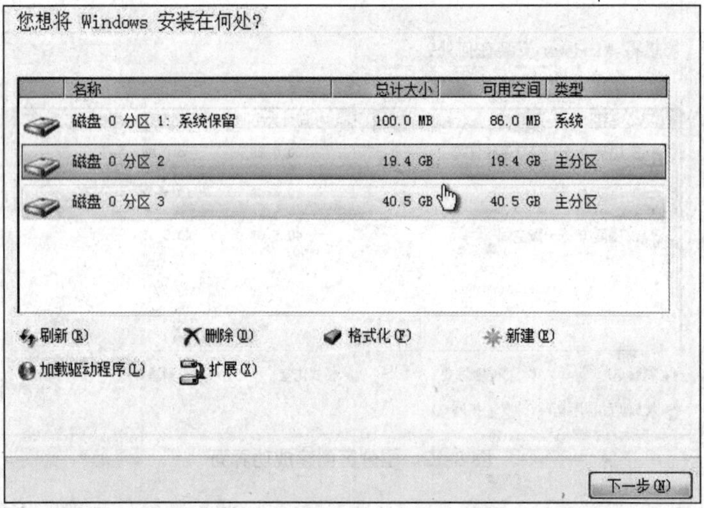

图 8-15　选择系统安装分区

⑬ 系统开始自动安装系统，如图 8-16 所示。

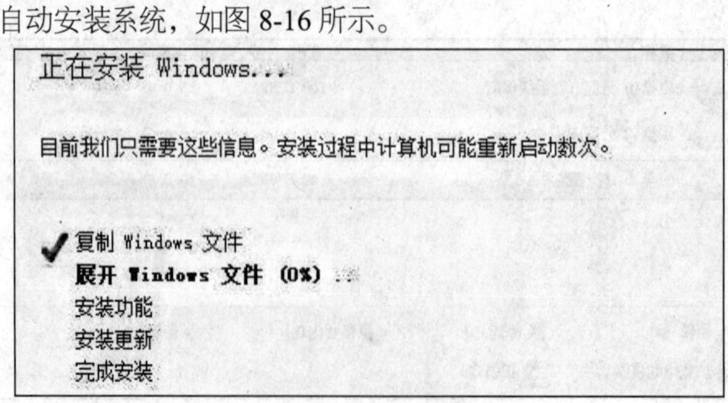

图 8-16　安装界面

⑭ 通常一台主流配置的计算机经过 20 分钟左右的时间就能够安装完成了。系统安装完成后，会自动重启，如图 8-17 所示。

图 8-17　系统重启

⑮ 之后会对即将安装完成的 Win7 系统进行一些基本设置，首先系统会邀请我们为自己创建一个账号，以及设置计算机名称，如图 8-18 所示，设置完成后单击“下一步”按钮。

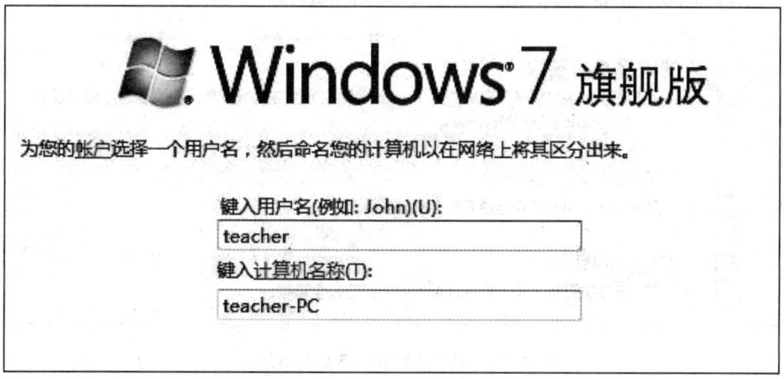

图 8-18　用户名设置界面

⑯ 创建账号后需要为账号设置一个密码，如图 8-19 所示。需要注意的是，如果设置了密码，那么密码提示也必须设置。如果觉得麻烦，也可以直接单击“下一步”，这样密码即为空。

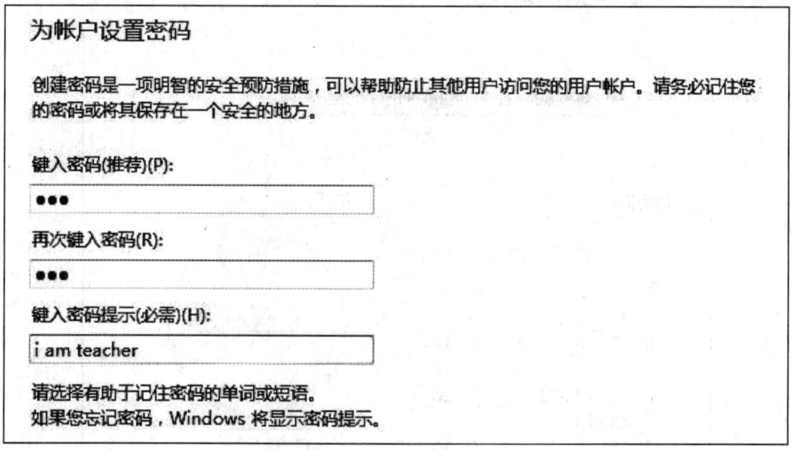

图 8-19　账户密码设置界面

⑰ 输入 Windows 7 的产品密钥，单击“下一步”，如图 8-20 所示。

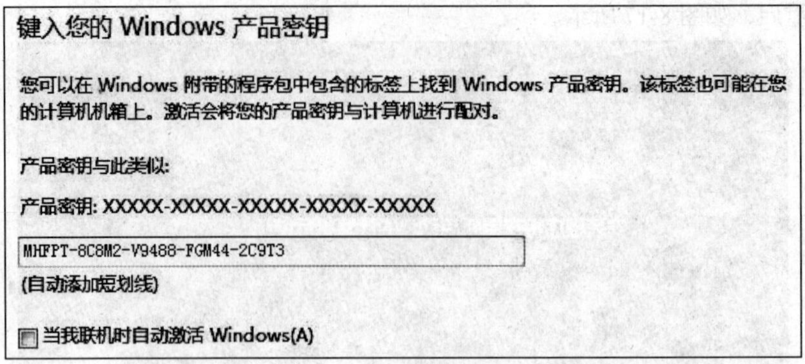

图 8-20　输入产品密钥

⑱ 接下来选择 Windows 自动更新的方式，系统更新是为系统安装补丁程序，这部分内容将在后面介绍，这里选择“使用推荐设置”，如图 8-21 所示。

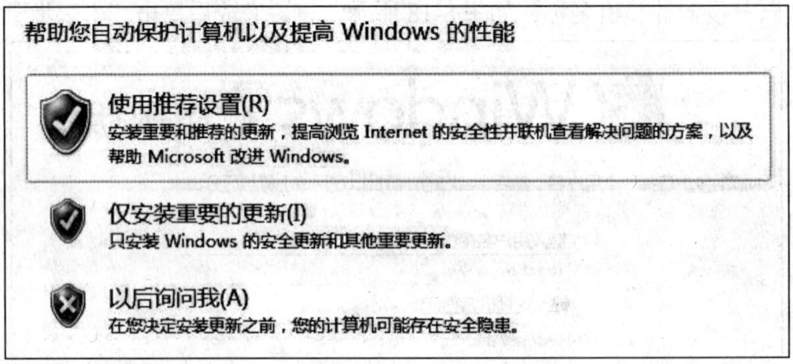

图 8-21　Windows　保护设置界面

⑲ 打开“查看日期和时间设置”对话框，如图 8-22 所示，时区就是我们所使用的北京时间，校对过时间和日期后，单击“下一步”继续。

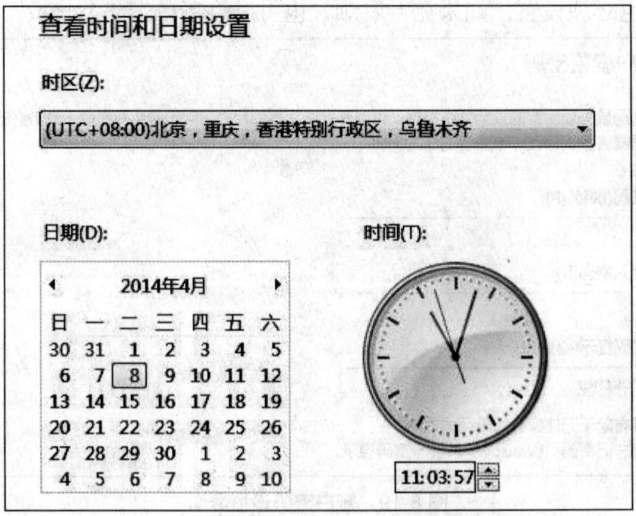

图 8-22　设置日期和时间界面

⑳ 如果计算机已经连接在网络上，最后需要我们设置的就是当前网络所处的位置，如图 8-23 所示，不同的位置会让 Windows 防火墙产生不同的配置。如果不确定，建议选择“公用网络”。

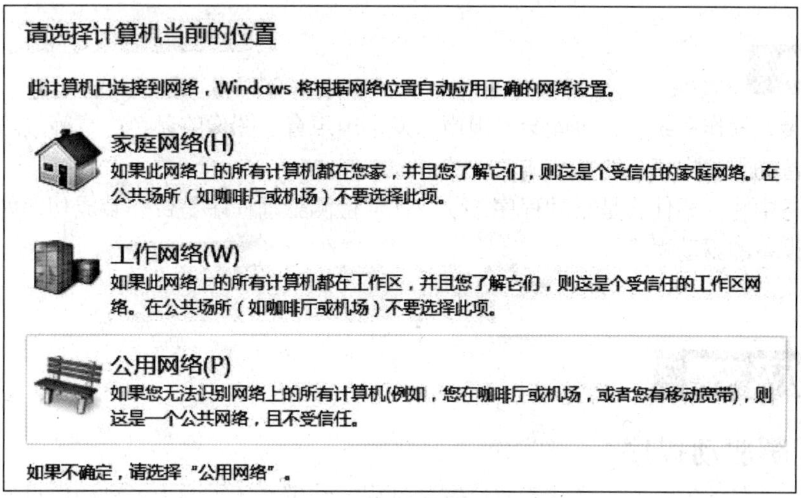

图 8-23　计算机位置选择界面

㉑ 系统开始完成设置，如图 8-24 所示。

图 8-24　完成设置界面

㉒ 系统完成所有设置工作后，将显示“正在准备桌面”信息，如图 8-25 所示。

图 8-25　准备桌面界面

㉓ 所有工作完成后，进入桌面环境，系统安装完成。

任务三 安装驱动程序

任务描述

用户安装完操作系统后，可能会发现声卡发不出声音、图像的颜色失真等故障，主要原因就是相应设备的驱动程序未能安装成功。

在本任务中将介绍什么是驱动程序，以及如何检测驱动程序是否安装成功，如何准确获得所需要安装设备的驱动程序等。

任务分析及实施

1. 了解驱动程序

完成操作系统的安装并不意味着整个安装过程的结束，还需要为各种硬件设备安装相应的驱动程序。安装驱动程序是在操作系统安装完成之后，安装应用软件之前必须要做的工作。只有为硬件安装了合适的、正确的驱动程序之后，才能确保硬件设备的正常工作，计算机才能发挥出真正的功效。

驱动程序是一种软件，它能使操作系统对计算机中安装的硬件进行控制和管理，相当于是硬件设备与操作系统之间的接口。如果某个硬件设备的驱动程序未能正确安装，便无法正常工作。从理论上讲，所有的硬件设备都需要安装相应的驱动程序才能正常工作。但在实际操作中，像 CPU、内存、硬盘、光驱、键盘、显示器等设备却并不需要安装驱动程序也可以正常工作，这是由于 CPU 等硬件对一台计算机来说是必需的，所以早期的设计人员将这些硬件列为 BIOS 能直接支持的硬件。换句话说，CPU 等硬件安装后就可以被 BIOS 和操作系统直接支持，不再需要安装驱动程序。但是显卡、声卡等硬件，则必须安装驱动程序。

另外，在 Windows 系统中也已经集成有大量的驱动程序，在安装系统的同时，会自动为显卡、声卡这类硬件设备安装基本驱动程序，但这些操作系统中自带的驱动程序并非为某个型号的硬件设备量身定做，因而只能提供一些最基本的功能。并且驱动程序会不断更新，系统中自带的驱动程序在性能上也会比新版本的专门驱动程序差不少，因而对于一些比较重要或容易出问题的硬件设备，其驱动程序最好能单独安装。

为保证系统的稳定性，驱动程序最好是按照一定的顺序安装，即主板芯片组（Chipset）→显卡（VGA）→声卡（Audio）→网卡（LAN）→无线网卡（Wireless LAN）→触控板（Touchpad）→摄像头（Camera）→其他设备（打印机等）。

对于采用 Ghost 还原方式安装的操作系统，在安装系统的过程中，由于已经自动检测并安装了相应版本的驱动程序，因而大多数情况下无需另外安装驱动程序，系统也能很好地运行。但是为了系统运行更加稳定，同时发挥硬件的最大性能，建议最好还是要安装在随机附带的驱动程序光盘里的或是从电脑官方网站上下载的专门驱动。

2. 检查驱动程序安装情况

【设备管理器】是 Windows 中最常使用的硬件管理工具，通过【设备管理器】可以更新硬件设备的驱动程序或者是查看驱动程序的安装情况。

Win7 系统中，在【计算机】上单击右键，在右键菜单中可以选择打开【设备管理器】。在【设备管理器】中可以通过颜色和图标来判断硬件设备是否正常工作，如果在【设备管理器】窗口中没有打问号和感叹号的标示，而且显示正常，表明该计算机已经安装了所有的驱动程序，如图 8-26 所示。

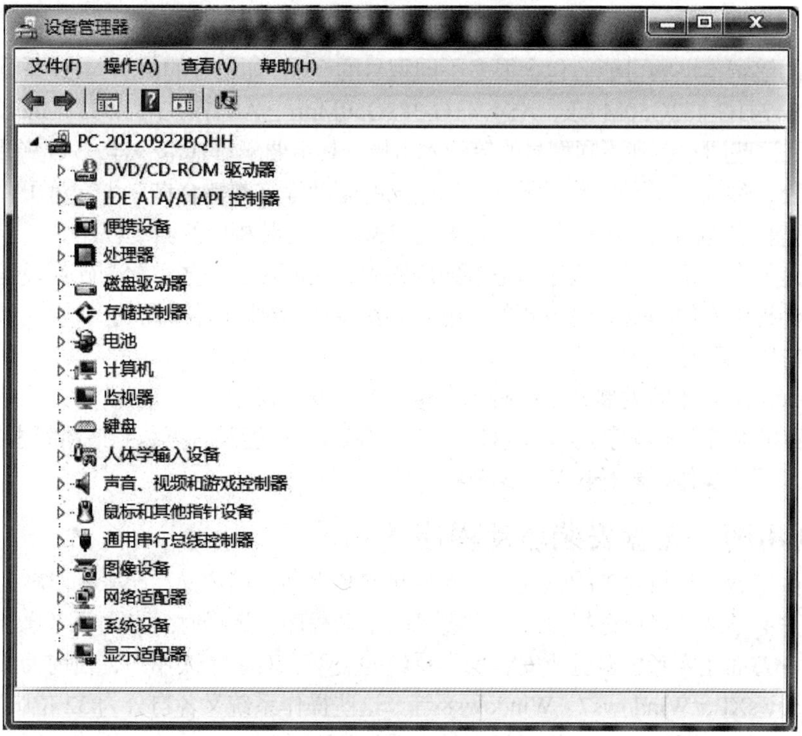

图 8-26 已正确安装了所有驱动程序

如果在【设备管理器】中发现一些带有黄色标识的设备，则表示这些设备没有安装或者是未能正确安装驱动程序，如图 8-27 所示。

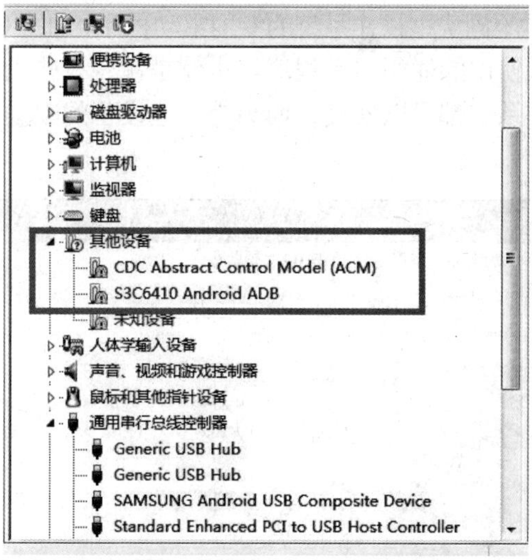

图 8-27 未能正确安装驱动的设备

3. 获取驱动程序的途径

一般情况下，可以通过以下两种途径获取驱动程序。

（1）随机附带的驱动程序光盘

在购买计算机时，卖家一般会提供一些附带的光盘，这些光盘里面存放的主要就是设备驱动程序。

对于笔记本电脑，随机光盘里包括了电脑中所有硬件设备的驱动程序。不过由于每个厂家同一个系列的笔记本电脑可能会包含很多不同型号的产品，如宏碁的 AS4741G 系列笔记本电脑便包括了 AS4741G-482G50Mnck、AS4741G-382G50Mnrr、AS4741G-332G32Mnck 等多款不同型号的产品，这些同一系列不同型号的笔记本电脑，其主要配置基本一样，只是个别硬件不同。厂家为了方便，往往会将同一系列所有型号电脑的驱动程序都整合在一张光盘里，所以用户首先需要搞清楚自己电脑的详细配置，然后才能有选择地安装相应的驱动程序。

对于组装的台式机，每个硬件都是单独购买的，因而对于一些主要的硬件设备（如主板、显卡等）都会提供专门的驱动程序光盘，用户在安装时相对比较简单。

（2）官方网站下载

随着 Internet 的不断发展，已经有越来越多的厂商建议用户到自己的官方网站下载驱动程序，而不再随机附带驱动程序光盘。这种方式可以确保用户能及时下载到最新版本的驱动程序，而且还简化了用户操作，同时也为厂家节省了成本。

4. 利用随机光盘安装驱动程序

利用购买电脑时随机附带的驱动程序光盘来安装驱动，用户操作起来相对较为麻烦，主要原因在于用户必须从光盘里选择符合自己需求的驱动程序。选择时一方面要考虑自己电脑的硬件配置，另一方面还要考虑自己所安装操作系统的类型。对于个人用户，目前使用最多的操作系统有 WindowsXP、Windows7、Windows8 等，这些操作系统又各自分为 32 位版和 64 位版两种不同类型的版本，不同类型、不同版本操作系统的驱动程序都是不一样的，所以在安装驱动程序之前用户还必须要先搞清楚所使用的操作系统的版本。

下面就以宏碁 AS4741G 系列笔记本电脑的驱动程序光盘为例来进行说明。

打开光盘以后，可以看到如图 8-28 所示的界面。其中“VISTA”、“WIN7”、“XP”3 个文件夹分别对应了 3 种不同类型操作系统的专门驱动程序，而“COMMON”文件夹中则包含了所有操作系统都可以使用的通用驱动程序。也就是说，有些设备的驱动程序是可以通用的，无论哪种类型的操作系统都可以安装，而另外一些设备的驱动程序则只能专用于某一种操作系统。

图 8-28 宏碁 4741G 笔记本计算机驱动程序光盘

打开“COMMON”文件夹，其中包括了可以被通用的设备驱动程序以及由厂商提供的一些应用软件，如图 8-29 所示。这些驱动程序和应用软件可以视情况选择安装，其中主板驱动程序一般用“CHIPSET”表示，这是必须要安装的。另外，“WEBCAMERA”表示摄像头的驱动，可以在装完主板和各种板卡的驱动程序以后再安装。

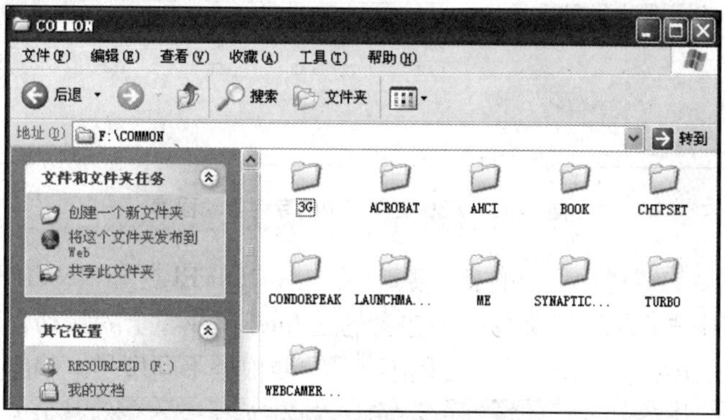

图 8-29　COMMON 文件夹中的通用驱动

通用驱动装完以后，还需要根据所安装的操作系统类型去安装专用驱动。下面以安装 Win7 系统的专用驱动为例说明安装过程。打开图 8-28 所示的“WIN7”文件夹，如图 8-30 所示，其中“X64”文件夹中包含的是 64 位版 Win7 系统的驱动程序，“X86”文件夹中包含的是 32 位版 Win7 系统的驱动程序，“COMMON”文件夹中包含的则是两种版本 Win7 系统通用的驱动程序。

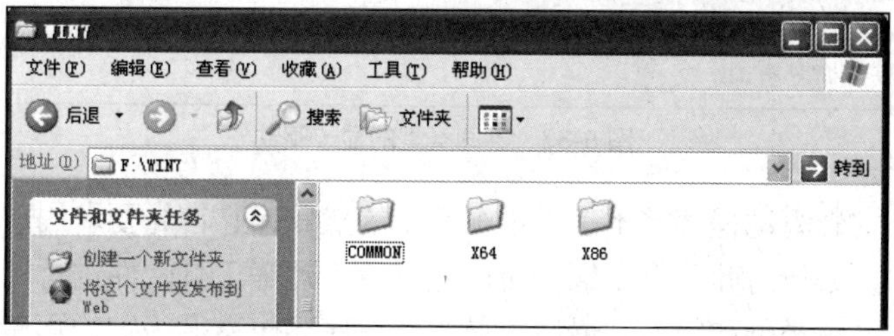

图 8-30　WIN7 文件夹中的专用驱动

打开“COMMON”文件夹，其中“AUDIO”一般表示声卡的驱动程序，“WLAN”表示无线网卡的驱动程序，它们可以在安装完显卡的驱动程序之后再行安装，如图 8-31 所示。

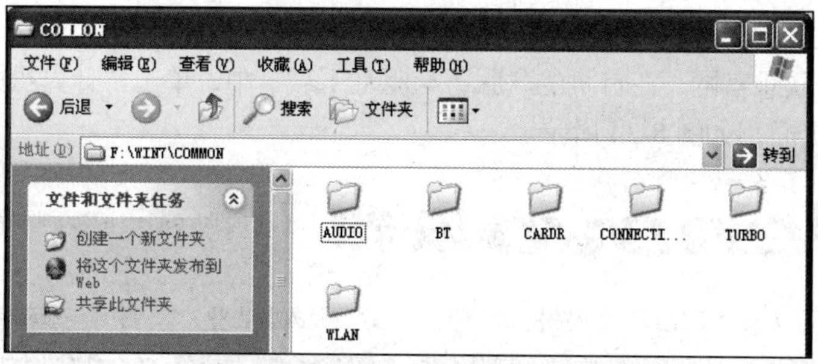

图 8-31　Windows 7 系统通用驱动程序

下面以 32 位操作系统为例进行说明。打开图 8-30 所示的“X86”文件夹，如图 8-32 所示。其中“VGA”表示显卡的驱动程序，“LAN”表示网卡的驱动程序，“TOUCHPAD”表示触摸板的驱动程序，这些设备的驱动程序可以按顺序依次安装。

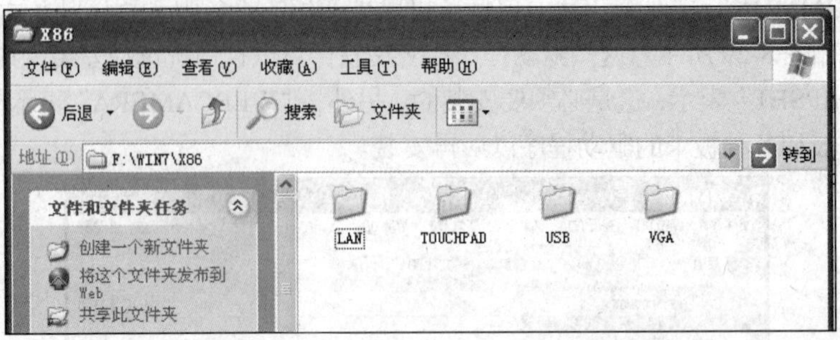

图 8-32 X86 文件夹中的专用驱动程序

打开图 8-32 所示的“VGA”文件夹，其中又包括“INTEL”和“NVIDIA”两个子文件夹，如图 8-33 所示。其中“INTEL”文件夹中包含的是 Intel 集成显卡的驱动程序，“NVIDIA”文件夹中包含的是 nVIDIA 独立显卡的驱动程序，用户要根据不同型号电脑的显卡类型选择安装。

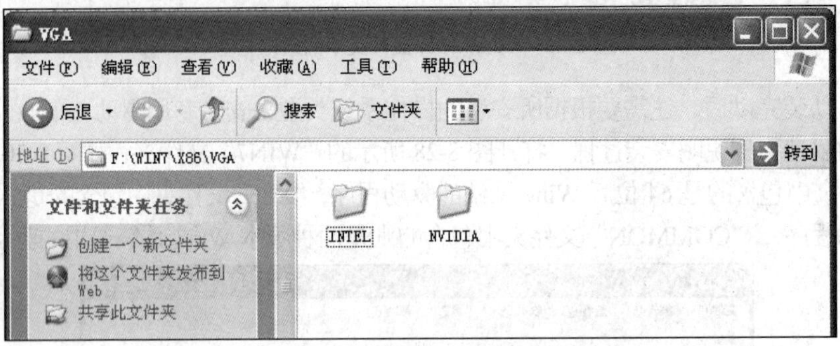

图 8-33 不同类型的显卡驱动

从上述可见，安装驱动程序并不是一项很简单的操作，它首先要求用户必须要熟识每个硬件设备的具体型号，如果对此不很了解，可以通过鲁大师等工具软件进行检测，然后还要分清用户所安装的操作系统类型和版本，最后安装驱动程序还应遵循一定的顺序，以保证系统的稳定性。

5. 从官方网站下载安装驱动程序

从计算机厂家的官方网站下载安装驱动程序，相对要简便得多。下面以联想笔记本电脑为例，说明操作过程。

① 首先打开联想官网，在首页的“服务与驱动下载”中，单击“计算机服务与支持”，进入驱动程序下载页面，如图 8-34 所示。

图 8-34 进入驱动下载页面

② 输入电脑的主机编号，单击“搜索”，会从网站中自动查找相应型号电脑的驱动程序，如图 8-35 所示。

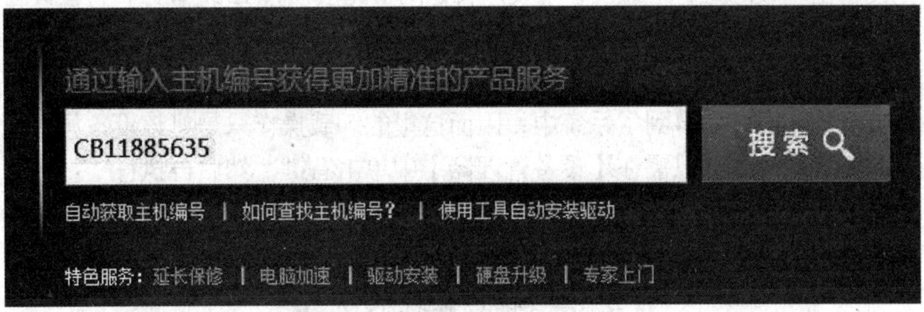

图 8-35 输入主机编号搜索驱动

③ 系统会根据计算机当前所安装的操作系统自动选择系统类型，并进入相应的驱动程序下载页面，如图 8-36 所示。

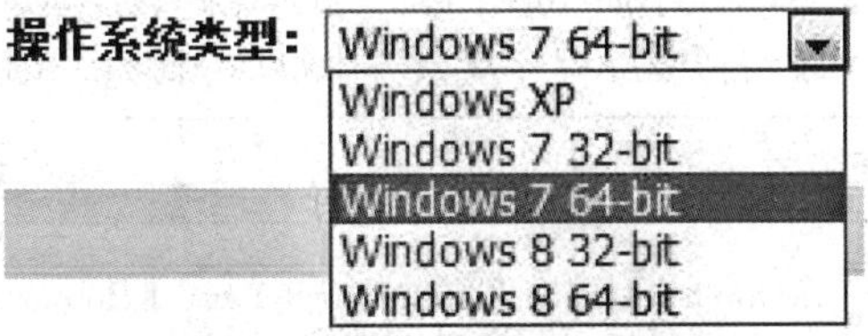

图 8-36 选择系统类型

④ 网站中一般都会提供驱动的安装说明，在下载驱动程序之前最好能先仔细阅读，并按照说明书中要求的顺序进行安装，如图 8-37 所示。

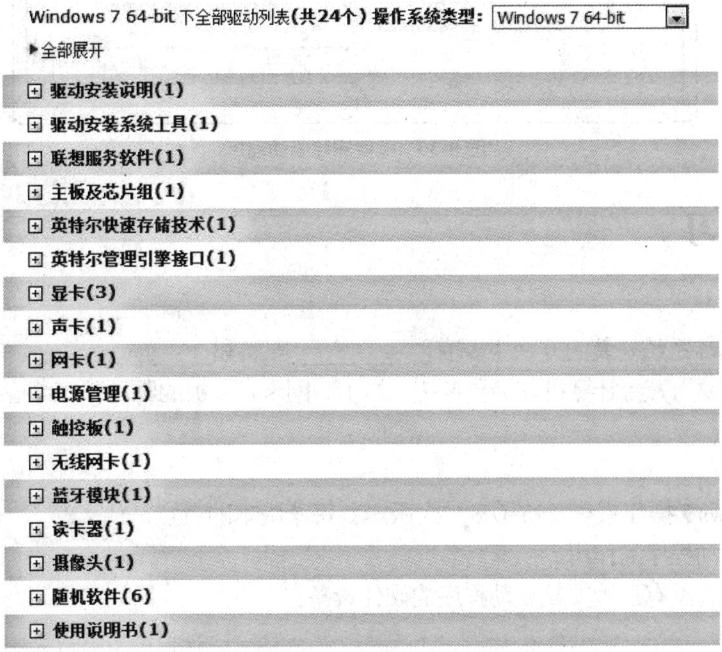

图 8-37 下载驱动程序

6．删除已安装的驱动程序

当某些设备出现故障时，比如声卡不发声音、网卡无法设置 IP 地址等，将该设备的驱动程序删除，然后再重新安装，往往就能解决问题。

删除驱动也是在【设备管理器】中进行，在相应的设备上右击，执行“卸载”即可。

设备的驱动程序已经安装到了系统中，因而这里的卸载操作只是将该设备从系统中临时卸载，如果要重新安装设备，只需在【设备管理器】中单击右键，然后再执行“扫描检测硬件改动”即可，如图 8-38 所示。

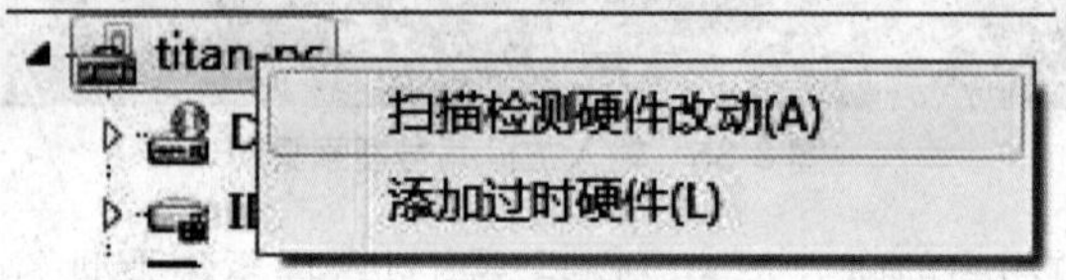

图 8-38　重新安装设备

如果某些故障就是由于驱动程序损坏造成的，那么在卸载设备时可以勾选“删除此设备的驱动程序软件”，这样就可以将该驱动程序从系统中彻底删除了，如图 8-39 所示。

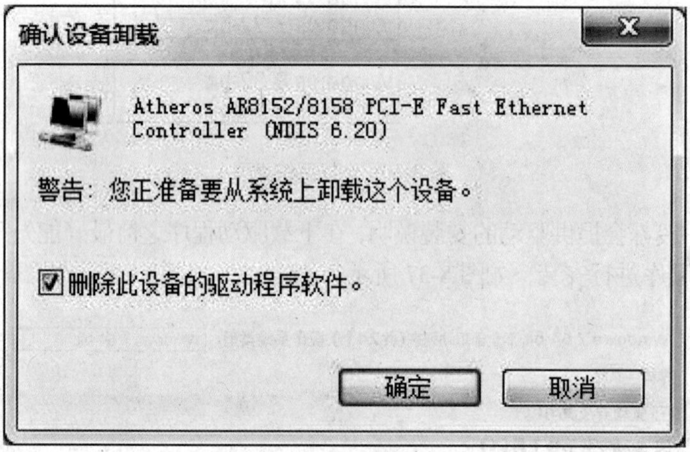

图 8-39　彻底删除驱动程序

思考与练习

填空题

1. Windows 系统安装的方法主要有__________安装和__________安装两种。
2. 现在需要为一台计算机安装摄像头、显卡、网卡、主板的驱动程序，请指出正确的驱动程序安装顺序__________。

简答题

1. Windows 7 操作系统发布了多少个版本？每个版本的特点是什么？
2. 简述驱动程序的作用。
3. 如何查看没有正确安装驱动程序的硬件设备？

综合项目实训

实训目的

1. 能够熟练安装 Win7 操作系统。
2. 能够查找并安装各种硬件驱动程序。

实训步骤

1. 安装操作系统

（1）采用一键 Ghost 还原的方式安装 Win7 操作系统。

（2）采用常规安装方式安装 Win7 操作系统。

2. 查找并安装设备驱动程序

（1）利用鲁大师等软件检测硬件设备型号。

（2）从驱动程序光盘中查找并安装主板和显卡的驱动程序。

（3）从官方网站下载并安装声卡驱动程序。

PART 9 项目九 Windows 7 操作系统的基本应用

在本项目中将介绍 Win7 系统中的一些常规应用，通过掌握这些应用，用户可以熟练地操作配置 Win7 系统，进一步加深对 Win7 系统的了解。

学习目标

通过本项目的学习，读者将能够：

- 掌握如何在 Win7 系统中安装或卸载软件；
- 掌握如何利用杀毒软件和安全工具保证系统安全；
- 掌握 IE 浏览器的安全设置；
- 掌握安全模式的使用方法；
- 掌握注册表和组策略的使用方法。

任务一　常用软件的安装与卸载

任务描述

张建同学新买的计算机已经成功安装完了操作系统和驱动程序，现希望对该计算机进行常用工具软件的安装，另外对于一些不再需要的软件，也希望通过可靠方式将其卸载。

在本任务中将介绍常用的软件安装与卸载的方法。

任务分析及实施

安装完操作系统和驱动程序之后，接下来就应该根据自身需要安装各种应用软件了。每个人需求不同，所要安装的应用软件也不一样，但有一些应用软件是绝大多数用户都需要用到的，这些软件可以称之为装机必备软件。

表 9-1 所示就是目前经常用到的一些装机必备软件。

表 9-1　装机必备软件

软件分类	软件 1	软件 2	软件分类	软件 1	软件 2
杀毒软件	金山毒霸	360 杀毒	安全工具	360 安全卫士	QQ 电脑管家
办公软件	Office	WPS	电子阅读	Adobe Reader	
中文输入	搜狗拼音	极品五笔	压缩工具	WINRAR	好压
下载工具	迅雷	网际快车	媒体播放	暴风影音	迅雷看看
MP3 播放	千千静听	酷狗	联络聊天	腾讯 QQ	淘宝旺旺
光盘刻录	Nero	Alcohol	电脑检测	鲁大师	AIDA64

1. 安装简单应用软件

在上述装机必备软件中，最重要的是杀毒软件和安全工具，它们也应该是在装完操作系统和驱动程序之后马上就安装的一类软件，下面就以 360 安全卫士为例介绍这类常规软件的安装方法。

从网上下载 360 安全卫士的安装文件之后，运行安装程序，在安装界面中勾选“已阅读并同意许可协议”。然后单击右侧的“自定义”按钮，可对安装过程中的一些选项进行设置。最后，单击“立即安装”按钮进行安装，如图 9-1 所示。

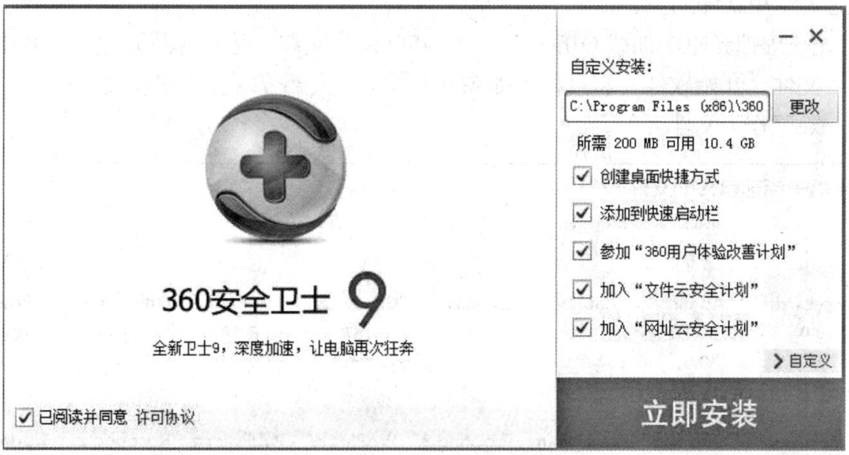

图 9-1　360 安全卫士安装界面

在安装选项中，最重要的是定义软件的安装位置。默认情况下，Windows 系统中的软件都安装在“C:\Program Files”目录中，对于那些与系统应用结合比较紧密的软件（如杀毒软件、安全防护软件、输入法等），可以安装在默认目录中，而对于除此之外的大多数软件（如游戏或 PhotoShop 等专业应用软件）都建议安装在 C 盘以外的其他分区中，并且最好要分门别类进行存放。

对于其他安装选项，用户可以根据需要进行选择。但是需要注意，出于广告宣传的需要，在很多软件中都捆绑了一些插件，胡乱安装了过多的插件之后可能会引起系统出现各种问题，所以在安装软件时一定要明确所勾选项目的意义。

比如在安装“迅雷”时，其中就捆绑了“百度工具栏”插件，如图 9-2 所示，建议在安装过程中最好去掉这些插件的勾选。

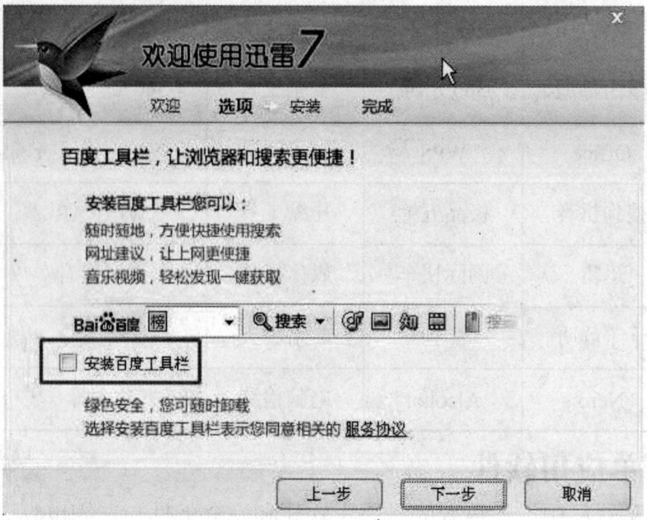

图 9-2　注意不要安装无关插件

2. 安装复杂专用软件

与简单应用软件相比，大多数专用软件如 Office、Photoshop、Visual Studio、VMware 的安装就要复杂得多了。之前已经介绍过 VMware 的安装方法，下面继续以 Microsoft Office 2010 为例介绍这类专用软件的安装过程。

① 首先在虚拟光驱中加载 Office 2010 的 ISO 镜像文件，然后打开光盘，在其中找到并运行“setup”文件，开始软件安装过程，如图 9-3 所示（大部分软件的安装文件都以“setup.exe”或“install.exe”作为文件名）。

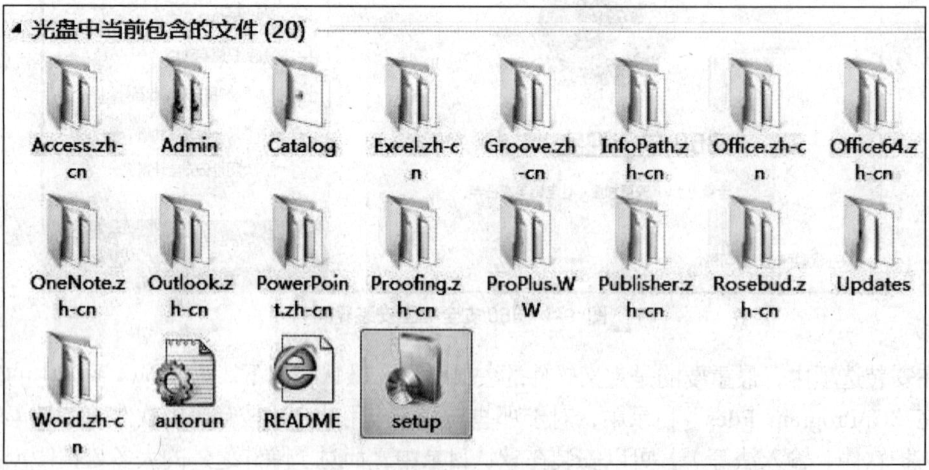

图 9-3　运行 setup 文件开始软件安装

② 接受许可协议之后，选择“自定义”安装模式，以对软件安装过程中的选项进行设置，如图 9-4 所示。

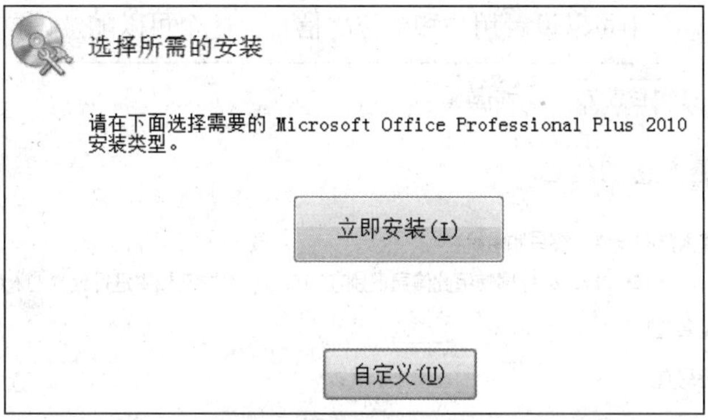

图 9-4 选择自定义安装模式

③ 接下来，在“安装选项”中选择要安装的 Office 组件。Office 2010 中提供了很多组件，从中只选择我们需要的组件安装即可，如图 9-5 所示。

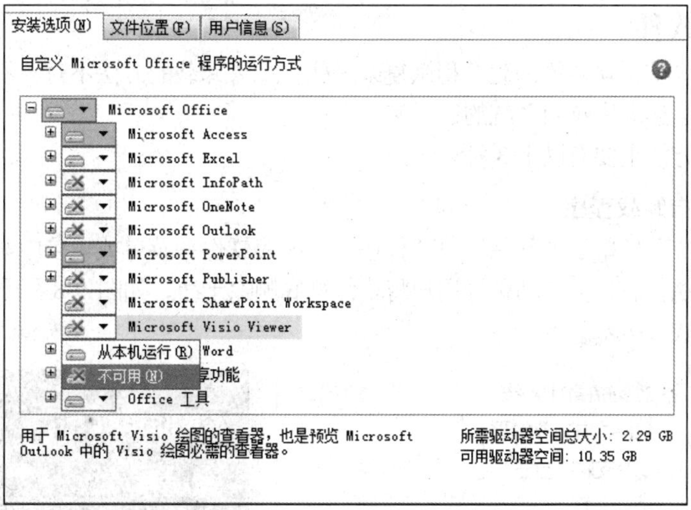

图 9-5 选择要安装的组件

④ 在“文件位置”中设置软件的安装目录，像这类专用软件建议不要安装在默认的“C:\Program Files”目录中，最好安装在 C 盘以外的分区，这里将它安装在“D:\office2010”文件夹中，如图 9-6 所示。

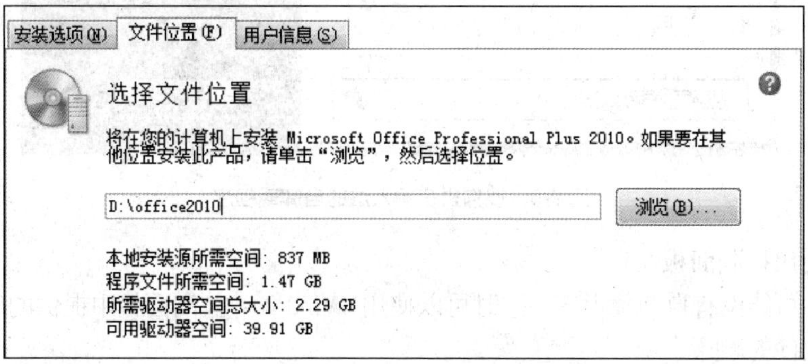

图 9-6 设置软件安装位置

⑤ 在“用户信息”中可以设置用户和单位的信息，这个可以随意设置，如图 9-7 所示。

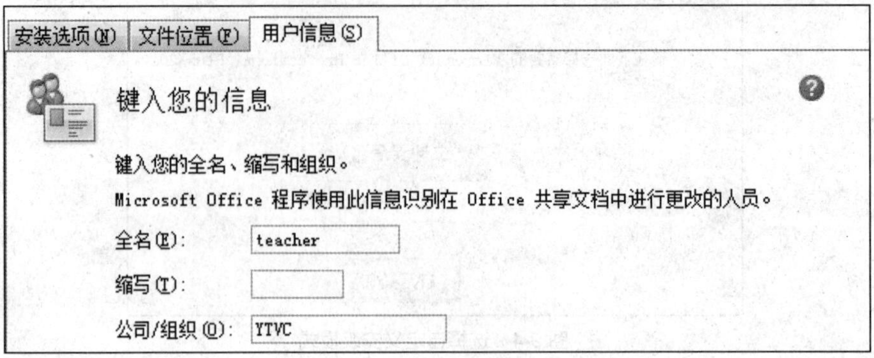

图 9-7　设置用户信息

⑥ 全部设置完成后，就可以单击“立即安装”按钮，开始安装软件。

3. 卸载软件

相对于软件安装，软件的卸载要稍微复杂一些，如果卸载的方法不对，不但软件删除不干净，而且久而久之还会影响到系统的运行速度。

卸载软件的方法主要有以下 3 种。

3.1　使用自卸载程序

软件安装完成后，单击“开始”→“程序”，相应软件在菜单或目录中一般会有一个自卸载程序，该程序执行后，会自动引导用户将软件彻底删除干净，如图 9-8 所示。这是一种最可靠的软件卸载方式。

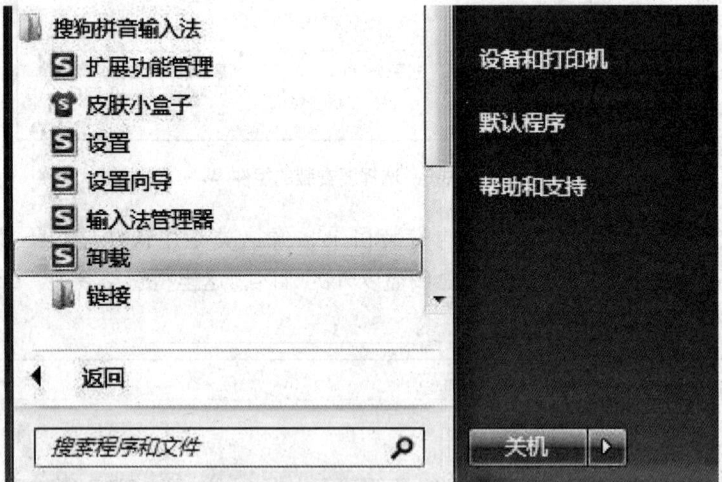

图 9-8　搜狗拼音输入法的自卸载程序

3.2　使用控制面板

有些软件可能没有自卸载程序，这时可以使用 Windows 控制面板中提供的【添加/删除程序】来完成软件的删除。

在“开始”菜单中打开【控制面板】，单击“程序”中的“卸载程序”，如图 9-9 所示。

图 9-9　卸载程序

在要卸载的软件上单击右键，执行“卸载”即可，如图 9-10 所示。

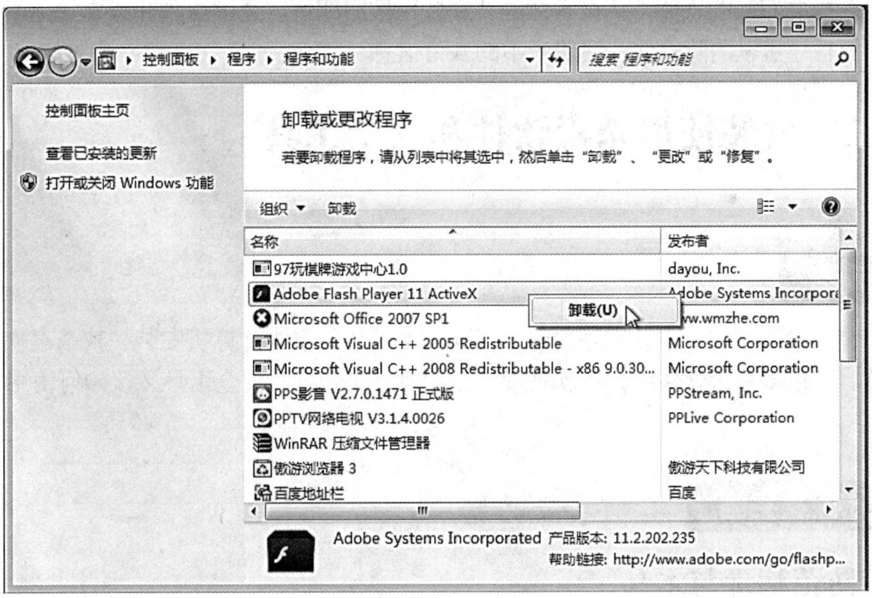

图 9-10　卸载指定的软件

3.3　使用辅助工具

上面两种方法是卸载软件的常用方法，如果有些顽固软件仍然无法完全卸载的话，那么可以通过一些辅助工具来完成。比如“360 安全卫士”中的“软件管家”就提供了很好的软件卸载功能，如图 9-11 所示。

图 9-11　360 安全卫士中的软件管家

在“360 安全卫士”中打开“软件管家”之后，单击上方的“软件卸载”菜单，然后从软件列表中选择要卸载的软件，单击右侧的“卸载”按钮即可。通过这种卸载方式，不仅可以卸载软件，而且还可以清除软件在注册表中的残留信息。

任务二　安装使用杀毒软件和安全工具

任务描述

在安装完操作系统和驱动程序之后，张建同学应该马上为计算机安装一款杀毒软件和一个安全工具。在诸多杀毒软件中，哪款杀毒软件的效果比较好？安全工具又该如何使用呢？

任务分析及实施

1. 防范病毒与木马

计算机病毒是一些能够对计算机系统造成破坏的恶意程序代码，木马与病毒类似，它们之间的区别是木马并不搞破坏，它的主要目的是窃取用户信息或是控制用户的计算机，因而木马的危害丝毫不亚于病毒。

为了尽量避免感染病毒或木马，用户在使用计算机时应注意做好以下防范措施。

（1）及时修补系统漏洞

系统漏洞是指操作系统在设计上的缺陷或在编写时产生的错误。系统漏洞不可避免，尤其我们目前广泛使用的 Windows 操作系统，虽然系统版本不断升级，其稳定性和安全性也得到了较大提高，但依然存在这样或那样的安全漏洞，这就为病毒或木马的入侵提供了方便。

当发现新的系统漏洞之后，微软公司一般都会及时推出相应的补丁程序。这些补丁程序一定要及时安装，否则操作系统将面临严重的安全风险。

（2）安装杀毒软件和安全工具

杀毒软件能够查杀或阻止病毒和木马，安全工具则可以对系统进行全方位的防护，并解决系统中存在的很多问题。因而必须要在系统中安装杀毒软件和安全工具，并且要保证这些软件能够正常升级。

（3）养成良好的上网习惯

首先不要浏览不良网站，因为这类网站上通常都带有病毒、木马程序。其次不要在互联网上随意下载软件，一些来路不明的软件很可能就携带有病毒、木马，平时应尽量从一些大型或专业网站下载软件。另外就是对来路不明的邮件及其附件不要随意打开，如果有必要，那也最好先将附件保存到本地磁盘上，用病毒、木马专杀工具扫描确认后再打开。

2. 安装使用杀毒软件

为了防范病毒或木马，在安装完操作系统之后，首先就应为计算机安装一款杀毒软件，以提供安全防护功能。但需要注意的是，计算机中最多只能安装一款杀毒软件。如果同时安装多个杀毒软件，则将造成彼此冲突，不仅不能进一步提高系统安全性，反而会引起很多问题。

目前的杀毒软件可选择的余地比较多，常见的国产杀毒软件有 360 杀毒、金山毒霸、瑞星和台湾产的趋势等，国外常用的杀毒软件有诺顿、McAfee、NOD32、卡巴斯基等。由于现在大部分国产杀毒软件已经免费，并且对国内部分特殊病毒有比较好的防御效果，所以对于个人用户优先推荐使用国产杀毒软件。在国产杀毒软件中，经过杀毒效果、软件易用性等各个方面的对比，推荐使用金山毒霸或 360 杀毒。

下面就以金山毒霸 2013 为例介绍软件的安装使用过程。

从网上下载金山毒霸的安装程序之后，运行程序打开安装界面，如图 9-12 所示，单击“立即安装”按钮。

图 9-12 金山毒霸安装界面

金山毒霸采用了快速安装技术，整个安装过程非常迅速，如图 9-13 所示。

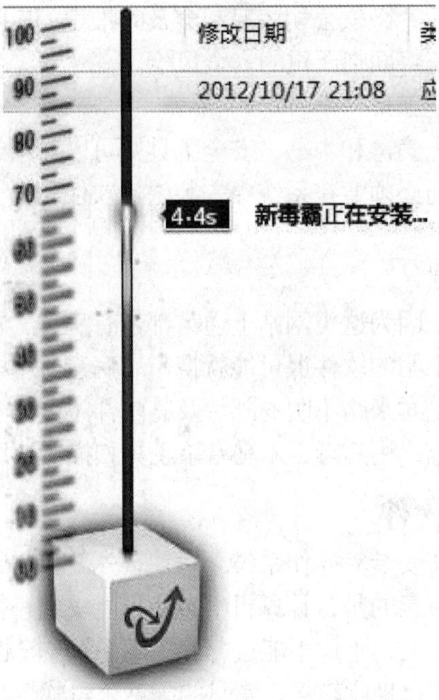

图 9-13　金山毒霸的快速安装模式

软件安装完之后，将会自动升级病毒库。在使用杀毒软件时需要注意，杀毒软件必须及时更新病毒库，否则无法查杀最新的病毒。只要计算机接入了 Internet，金山毒霸将会自动升级，无需用户干预。

图 9-14　金山毒霸程序主界面

病毒库升级完成之后，建议在程序主界面中单击“一键云查杀”，如图 9-14 所示，对计算机全面扫描，以发现计算机中可能存在的安全问题，如图 9-15 所示。

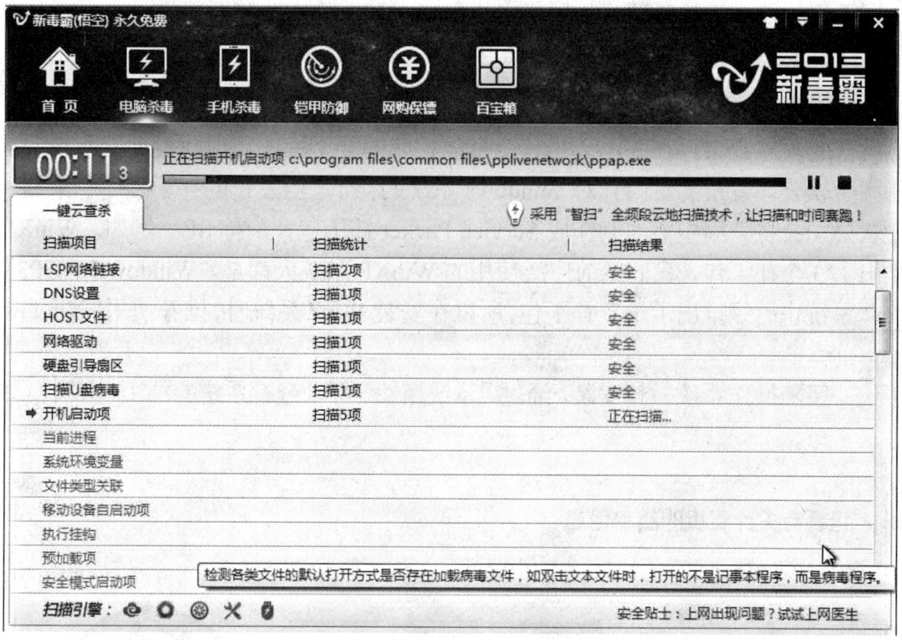

图 9-15 对计算机进行全面扫描

针对扫描的结果，可以单击“立即处理”，金山毒霸将会自动处理这些安全威胁，如图 9-16 所示。

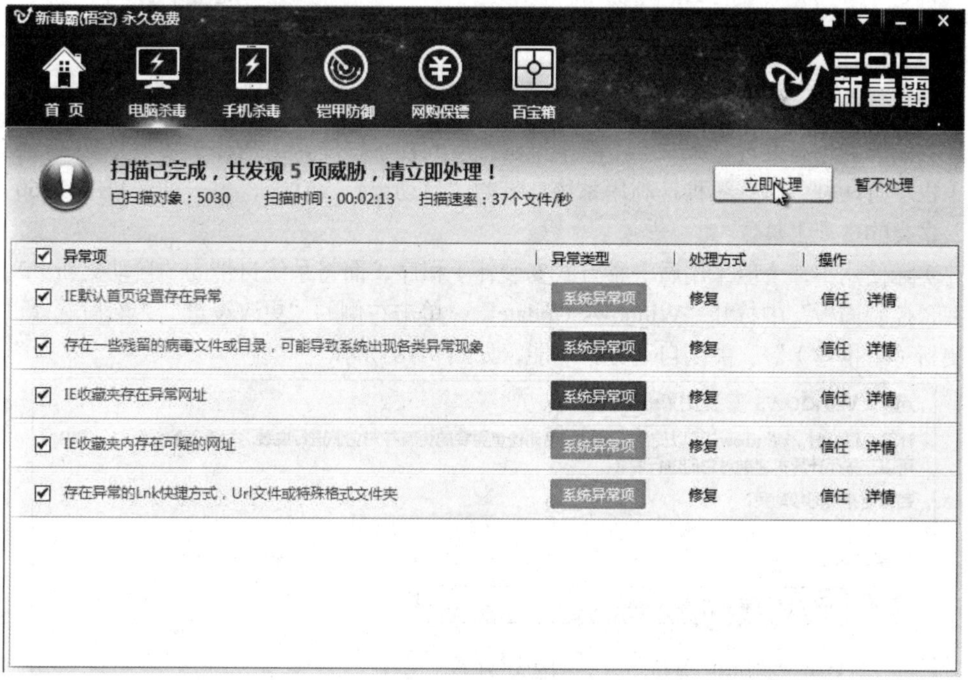

图 9-16 处理发现的安全威胁

3. 安装使用安全工具

除杀毒软件外，计算机中还必须安装一款安全辅助工具，如 360 安全卫士、金山卫士、QQ

管家等。同杀毒软件一样的道理，计算机中也只能安装一款安全辅助工具。

下面以 360 安全卫士为例介绍其常用功能。

3.1 打补丁

虽然所有的软件都会存在漏洞，也都会推出相应的补丁程序，但我们通常所说的补丁程序主要是指由微软公司发布的专门针对 Windows 系统的补丁。当发布的补丁程序积累到一定数量之后，微软公司会将其集中整理制作成 Service Packet 补丁包，简称 SP。例如，WinXP 系统，前后共推出了 3 个补丁包，我们目前广泛使用的 WinXP 系统大都是“WindowsXP SP3”。截至目前，Win7 系统也已经推出了 1 个补丁包，所以在安装 Win7 系统时，推荐使用“Windows7 SP1”版本。

补丁包一般随操作系统一起安装。通过“系统属性”可以查看系统的补丁包版本，如图 9-17 所示。

图 9-17　在 Windows 7 系统中查看到的系统补丁包版本

随着漏洞的不断发现，微软会不断地推出相应的补丁程序，这些补丁必须要及时安装。安装补丁程序有两种方法：一种是利用系统自带的“自动更新”功能，另一种是利用“360 安全卫士”之类的安全工具。

在实际使用中，一般采用后一种方式安装补丁程序，而将系统自带的“自动更新”功能关闭。在“控制面板”中打开“Windows Update”，单击右侧的“更改设置”，然后选择“从不检查更新（不推荐）”，关闭自动更新功能，如图 9-18 所示。

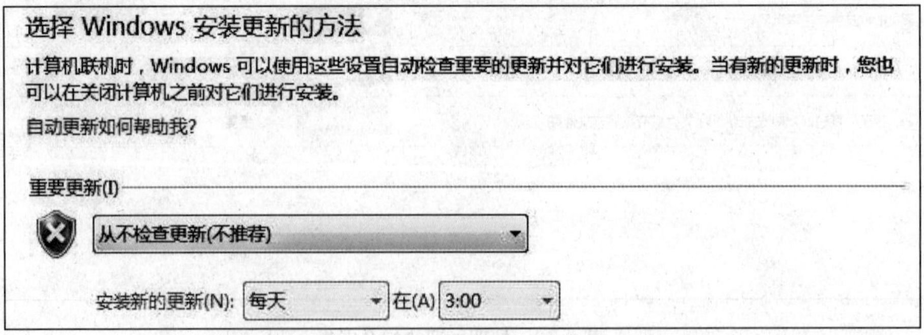

图 9-18　在 Windows7 系统中被关闭的自动更新功能

之所以要关闭系统自带的自动更新功能，而利用安全工具打补丁，这是由于安全工具不仅可以将部分用处不大的补丁过滤掉，而且除了系统补丁之外，还可以自动安装应用程序补丁。

在“360 安全卫士”安装完首次运行时，软件就将对系统进行体检，以发现安全漏洞以及其他的一些安全隐患，如图 9-19 所示。体检结束之后，单击“修复”按钮，将会自动从网上下载补丁程序，修补系统漏洞。

图 9-19　体检结果

3.2　安全工具的其他功能

除了打补丁之外，“360 安全卫士”还具有其他诸多实用功能。

在“木马查杀”菜单中，可以对计算机进行全盘扫描，以发现计算机中可能潜在的木马程序，如图 9-20 所示。

图 9-20　木马查杀界面

在“优化加速”界面中可以将某些无需开机自动运行的软件停止掉，以优化计算机的性能，加快计算机开机速度。360 安全卫士会自动给出可以优化的选项，普通用户选择“立即优化”即可，如图 9-21 所示。

图 9-21 优化加速界面

在“功能大全”界面中集中了 360 安全卫士提供的各种功能，用户可以根据需求选择，如图 9-22 所示。

图 9-22 功能大全界面

任务三 IE 浏览器的安全设置

任务描述

浏览器是我们上网必备的工具，虽然目前的浏览器种类繁多，但用户使用最多的还是 Windows 系统中内置的 IE 浏览器。在本任务中将介绍与 IE 浏览器相关的一些安全设置。

任务分析及实施

1. 设置安全选项

1.1 安全级别与安全选项

在 IE 浏览器中打开“Internet 选项”，通过“安全”选项卡中的“安全级别”可以对 IE 浏览器的安全起到很好的控制作用，如图 9-23 所示。

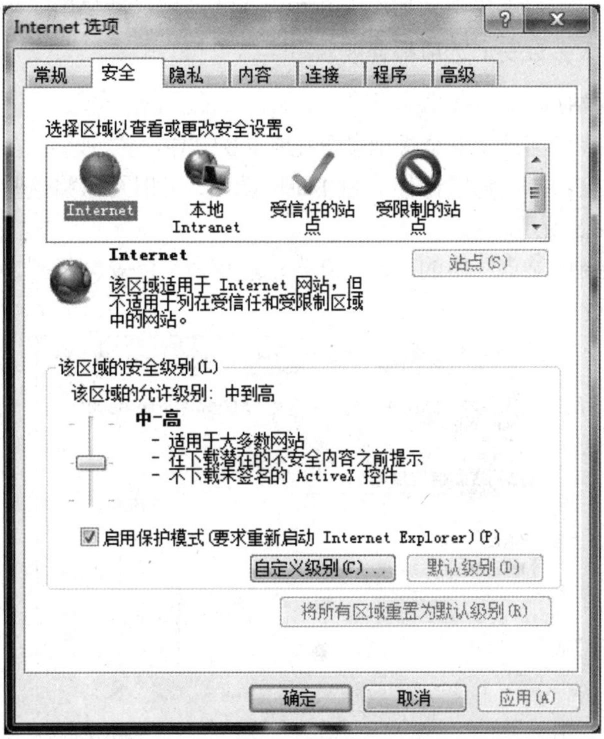

图 9-23 设置安全级别

改变安全级别其实就是对“自定义级别”中的安全选项进行调整。打开“自定义级别”，可以看到其中有各种各样与安全相关的设置选项。对这些选项我们可以根据需要进行调整，比如将“下载”中的“文件下载”选项设为“禁用”，那么便无法通过 IE 浏览器去下载软件了，下载时会出现安全警报“当前设置不允许下载该文件”，如图 9-24 所示。

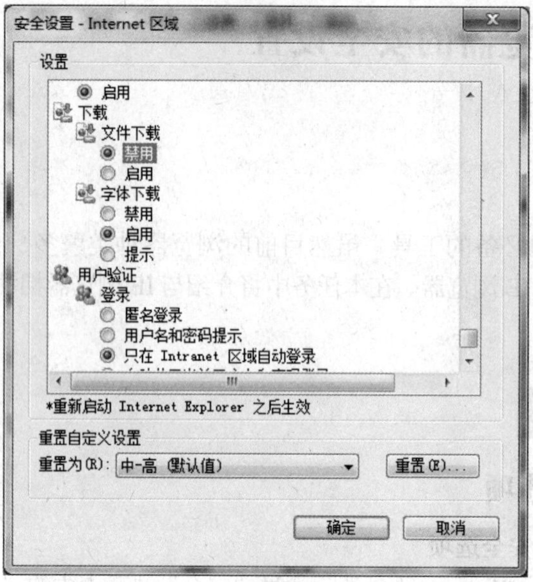

图 9-24　禁用文件下载

如果将安全设置设为最高级别，那么大多数安全选项都会被禁用。相反，如果将安全设置设为最低级别，那么大多数安全选项都会被启用。

1.2　受限制的站点

大多数情况下，我们都是将安全级别设置在默认的“中-高”级别。在访问某些网站时可能会有很多自动弹出的窗口或是随鼠标移动的 Flash 动画，此时可以将这些网站添加到“受限制的站点”中，如图 9-25 所示。

被添加到“受限制的站点”中的网站，会自动适用最高的安全级别，因而可以将弹出窗口和 Flash 动画全部屏蔽。

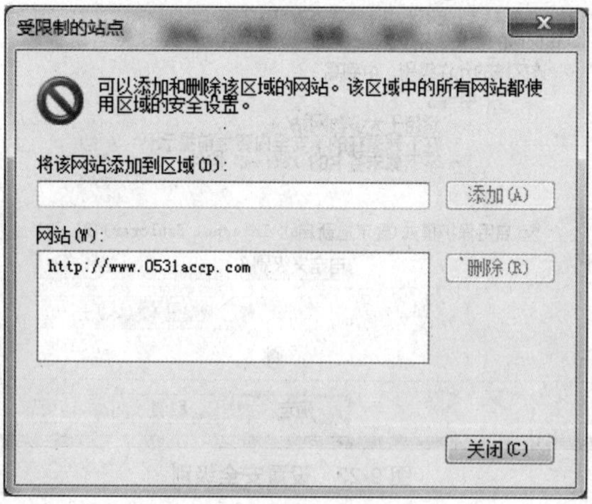

图 9-25　受限制的站点

1.3　受信任的站点

在某些情况下，我们可能需要将 IE 浏览器的安全级别设得比较高，这在增强安全性的同时也会带来诸多不便。这时，我们可以将那些经常访问的并且是被我们所信任的网站添加到“受信任的站点”中，被添加到“受信任的站点”中的网站将自动适用中级安全级别，如图 9-26 所示。

需要注意的是，为了保证安全性，添加到“受信任的站点”中的网站一般都要求使用 https 协议。

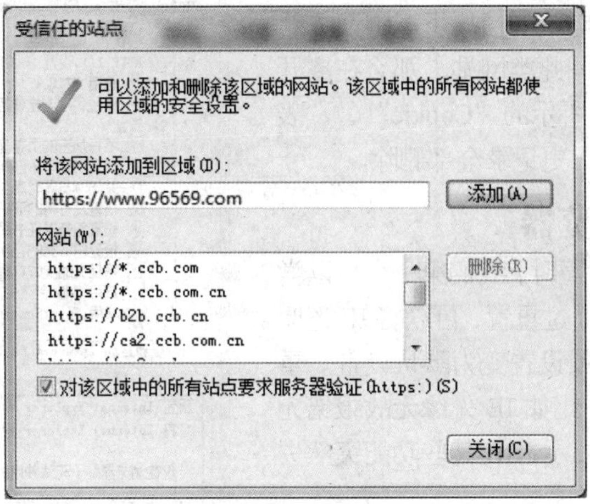

图 9-26　受信任的站点

2. 清除历史记录

在使用 IE 浏览器上网的过程中，会在浏览器中记录一些历史信息，及时清除这些历史信息也可以提高浏览器的安全性。

在“Internet 选项”的“常规”选项卡中，可以对历史记录进行设置。单击“浏览历史记录”项中的“删除”按钮，可以看到历史记录包括的数据类型，如图 9-27 所示。

下面重点介绍历史记录中的“Cookie”。我们在访问很多网站时会要求输入用户名和密码等身份验证信息，如图 9-28 所示。如果勾选了其中的“30 天内自动登录”选项，那么浏览器就会把这些登录信息保存在本地计算机的 Cookie 文件中。

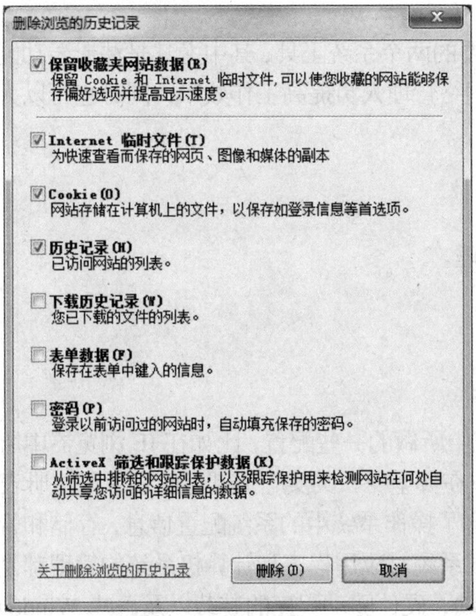

图 9-27　历史记录数据类型

图 9-28　保存登录信息到 Cookie 中

这种方式虽然为我们再次访问该网站提供了方便，但同时也带来了安全隐患，尤其是在上网所用的电脑是一些公共电脑的情况下。因而如果是在网吧等公共场所访问此类网站，那么在离开时一定要记得将图 9-27 所示的“Cookie”、“表单数据”、“密码”等历史记录全部删除。

3. 重置 IE 浏览器

当 IE 浏览器出现故障时，我们第一个可以尝试的办法就是重置 IE。通过重置，可以将 IE 还原为初始状态，把目前各项设置变为默认设置。重置 IE 能解决很多问题，比如 IE 无缘无故报错无法打开，某些网页无法显示，IE 某些功能突然失效等。

在“Internet 选项”的“高级”选项卡中，可以进行重置操作，如图 9-29 所示。

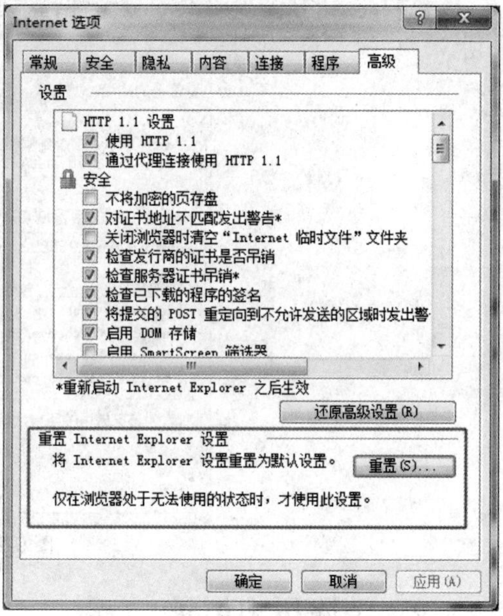

图 9-29 重置 IE

在重置时会提示是否删除主页、历史记录、Cookie 等“个性化设置”，用户可根据需要选择。

任务四　注册表和组策略的使用

任务描述

注册表和组策略是 Windows 系统中非常重要的两个系统工具，其中尤其是注册表功能非常强大。利用好这些工具，不仅可以帮助用户、网络管理人员提高工作效率，同时也可以大大加强 Windows 操作系统的安全性。

在本任务中要求掌握以下两个操作。

① 了解注册表和组策略。

② 能够利用注册表和组策略对系统进行管理。

任务分析及实施

大家可能会有这样的疑问，我们平时在系统中所做的一些配置，比如在 IE 浏览器中所设置的首页以及安全级别等，这些配置信息都是存放在哪里呢？其实它们都存储在系统注册表中。

注册表是 Windows 的核心数据库，其中包含了操作系统中的系统配置信息，存储和管理着整个操作系统、应用程序的关键数据，Windows 系统对应用程序和计算机系统的管理都是通过它来实现的。注册表直接控制着 Windows 的启动、硬件驱动程序的装载以及一些 Windows 应用程序的运行，对系统的运行起着至关重要的作用。

1. 注册表的基本结构

在管理 Windows 系统时，很多情况下是在间接修改注册表，例如，修改“控制面板”中的选项。如果要手动修改注册表，必须启动注册表编辑器，它是微软提供给用户的直观且容易操作的编辑工具。在“开始/运行”中输入执行“regedit”命令即可打开注册表编辑器，如图 9-30 所示。

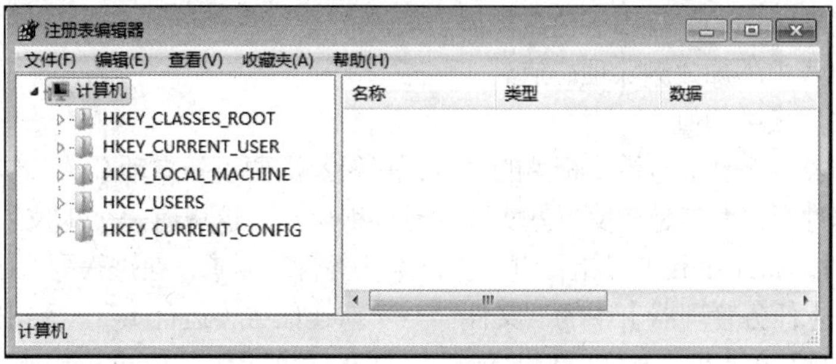

图 9-30 注册表编辑器

在注册表编辑器中首先可以看到注册表中的 5 个根键，根键是系统定义的配置单元，以"HKEY_"作为前缀开头。这 5 个根键中最常用的是 HKEY_LOCAL_MACHINE 和 HKEY_CURRENT_USER。HKEY_LOCAL_MACHINE 用于管理当前系统的硬件配置。HKEY_CURRENT_USER 用于管理系统当前的用户信息，如个人程序、桌面设置等。

注册表是按树状分层结构进行组织的，在根键下面包含了很多子键（也称为项），子键又分成很多级，在子键中包含了具体的键值。键值由名称、类型和数据 3 部分组成。键值的名称通常都是固定的，键值的类型主要有以下几种。

- REG_BINARY：二进制值，通常用于存储硬件信息，多数硬件信息都以二进制存储，以十六进制格式显示。
- REG_DWORD：DWORD 值，设备驱动程序和一些服务参数都是这种类型，DWORD 的内容可以用十进制或十六进制显示。
- REG_SZ：字符串值，存放的是长度固定的文本字符串。
- REG_MULTI_SZ：多字符串值，可以包含多个字符串。
- REG_EXPAND_SZ：可扩充字符串值，长度可变的数据字符串。

在注册表编辑器右侧窗口空白处单击右键，选择“新建”，可以看到新建键值的这些类型，如图 9-31 所示。

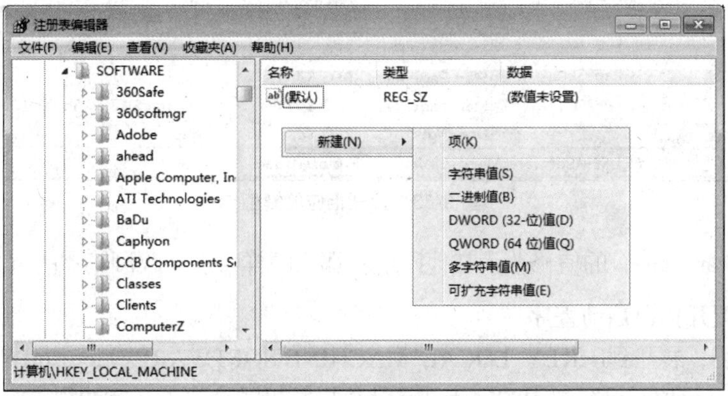

图 9-31 新建键值

键值的内容可以由用户指定，但是并不能任意指定，必须根据属性在一定的范围内进行设置。

2. 注册表编辑实例

对注册表的常见修改操作主要有以下几种。

- 查找注册表中的字符串、值或注册表项。
- 在注册表中添加或删除项、值。
- 更改注册表中的值。

如果在注册表中修改了与系统相关的内容，一般都需要重新启动系统来使设置生效，但这样会花费较长的时间，尤其是在反复做实验的时候很麻烦。这里有一个小技巧可以不重启系统就使设置生效。按 Ctrl+Shift+Esc 组合键，打开【任务管理器】，在进程列表中，结束 Explorer 进程。然后单击【任务管理器】中的“文件”→“新建任务（运行）”，弹出“创建新任务”对话框，在“打开”文本框中输入“Explorer”，回车后重新载入 Explorer 进程，同时修改的注册表也会一并生效。

2.1 设置浏览器首页

查找是在注册表编辑器中最常用到的操作。比如我们先将 IE 浏览器的首页设为 www.jiaodong.net，然后在注册表编辑器的“编辑”菜单中执行“查找”，在“查找目标”中输入所设置的首页，如图 9-32 所示。

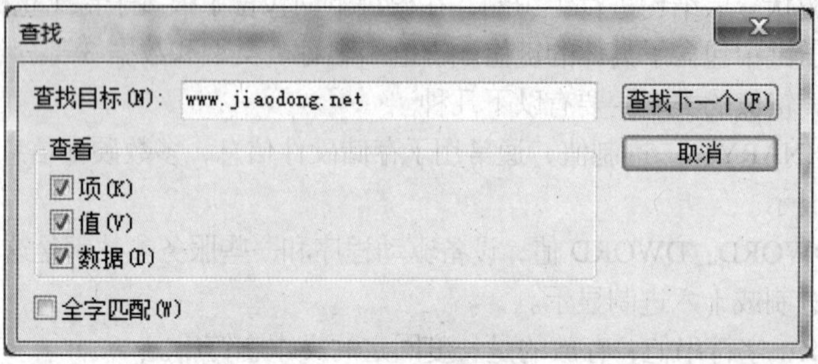

图 9-32 在注册表中查找

然后就可以查找到存放相应信息的键值“Start Page”，其所在的项为“HKEY_CURRENT_USER\Software\Microsoft\Internet Explorer\Main”，如图 9-33 所示。

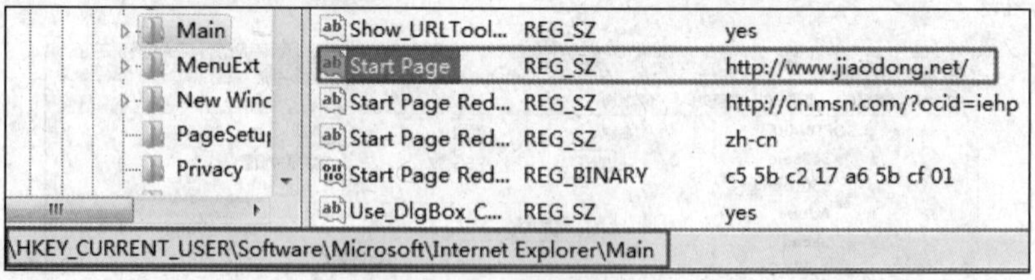

图 9-33 找到相应的键值

只要将“Start Page”的值修改为其他网址，那么同样可以修改浏览器的首页。

2.2 设置开机自启动程序

打开注册表，展开到[HKEY_LOCAL_MACHINE\SOFTWARE\Microsoft\Windows\CurrentVersion\Run]项，该项右侧窗口中的键值都是计算机开机时会自动运行的程序。例如，我们希望在计算机开机时自动打开记事本，可以新建一个字符串值类型的键值，为它随意起个名字如“notepad“，然后双击这个键值，将它的数据编辑为记事本的安装路径“c:\windows\notepad.exe”，如图 9-34 所示。

图 9-34 新建键值

注册表修改结束之后将系统注销，重新登录时会发现系统自动运行了记事本程序。

2.3 隐藏硬盘分区

展开[HKEY_CURRENT_USER\Software\Microsoft\Windows\CurrentVersion\Policies\Explorer]项，新建一个二进制型的键值，键值名称为“NoDrives”，键值数据为“04000000”，就可以将C盘隐藏掉。如果将数据改为“08000000”，则是隐藏D盘，“10000000”是隐藏E盘，“20000000”是隐藏F盘。

将注册表更新之后，在【计算机】或【资源管理器】中都无法发现被隐藏的分区，但是可以通过在资源管理器的地址栏或“开始\运行”中输入盘符的方式，访问被隐藏的分区。

3. 注册表的应用原则

注册表中的内容繁多，任何人都不可能将每一项所实现的功能一一记住。所以注册表的编辑方法通常都是先明确要实现的功能，然后上网查找该功能的实现方法，最后再对注册表进行相应修改。

读者可以自行上网搜索以下功能的实现方法，并进行验证。

（1）禁用任务管理器

在 [HKEY_CURRENT_USER\Software\Microsoft\Windows\CurrentVersion\Policies\System]中，新建一个DWORD值，键值名称为“DisableTaskmgr”，键值内容为0x00000001。重启后打开任务管理器，便会出现“任务管理器已被系统管理员停用”的提示。将键值内容修改为0x00000000，或者将该键值删掉，则可重新使用（在注册表中，一般键值为1表示确定，键值为0表示取消）。

（2）禁止系统显示隐藏文件的功能

展开[HKEY_LOCAL_MACHINE\SOFTWARE\Microsoft\Windows\CurrentVersion\Explorer\Advanced\Folder\Hidden\SHOWALL]，在右侧找到名为CheckedValue的键值，类型为DWORD，将其值改为0。

4. 注册表的导出和导入

在实际应用中，我们还可以通过先导出、再导入的方式，来更加灵活地修改注册表。

导出时的操作对象只能是注册表中的项，而不能是键值。以禁止显示隐藏文件功能为例，我们可以在“SHOWALL”项上单击右键，执行“导出”，将该项中的值导出成一个扩展名为.reg的注册表文件。

用记事本打开导出的注册表文件，文件中第一行的“Windows Registry Editor Version 5.00”以及第二行的注册表项都保持不动，将除“CheckedValue”以外的键值全部删除，如图 9-35 所示。

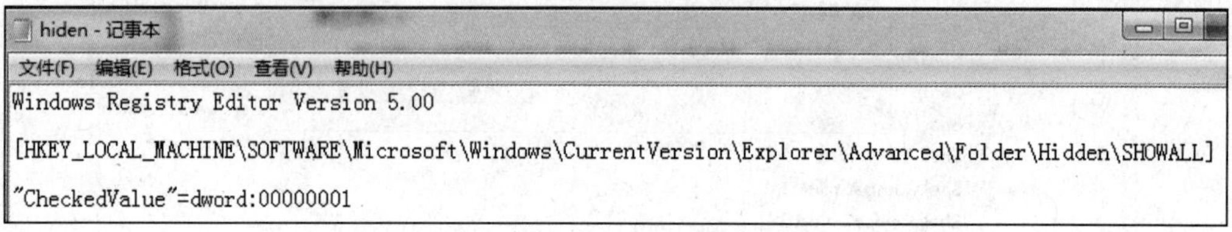

图 9-35 修改后的注册表文件

这样，只要在这个文件中将“CheckedValue”的值改为“0”，然后运行文件，就可以禁用隐藏功能，将值改为“1”后再运行文件，则可以启用隐藏功能。

5. 组策略的基本使用

组策略是 Windows 系统中提供的另外一种非常重要的管理工具，设置组策略其实就是在修改注册表中的配置。因为随着 Windows 系统的功能越来越丰富，注册表里的配置项目也越来越多，这些配置项目分布在注册表的各个角落，这给注册表的编辑修改带来了很大的不便。而组策略则将系统重要的配置功能汇集成各种配置模块，供用户直接使用，从而达到方便管理计算机的目的，所以组策略的设置要比修改注册表更加方便，灵活，但是其功能不如注册表强大。

在“开始/运行”中输入“gpedit.msc”即可打开组策略的编辑窗口。在编辑器窗口的“本地计算机”策略中有“计算机配置”和“用户配置”两大类策略。

- “计算机配置”是对整个计算机系统进行设置，它的修改结果会影响计算机中所有用户的运行环境。
- “用户配置”只是针对当前用户的系统配置进行设置，仅对当前用户起作用。

5.1 禁用指定的程序

在组策略编辑器中展开“用户配置”→“管理模板”→“系统”，在右侧窗口中找到并设置“不要运行指定的 Windows 应用程序”。在打开的设置界面中选择“已启用”，激活该项设置，然后单击“显示”按钮，添加要禁用的程序，如图 9-36 所示。

在“显示内容”界面中添加要禁止运行的程序，如“notepad.exe”，如图 9-37 所示。单击“确定”之后，系统就将无法运行记事本。

图 9-36 设置“不要运行指定的 Windows 应用程序”

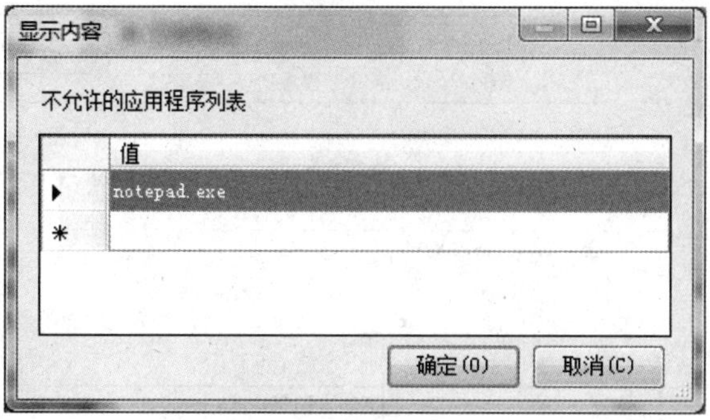

图 9-37 添加要禁用的程序

5.2 禁用注册表编辑器

在组策略控制台中展开“用户配置”→“管理模板”→“系统”，将右侧的“阻止访问注册表编辑工具”策略设置为“已启用”状态，这样再运行 regedit 时便会出现错误提示，如图 9-38 所示。

同样，如果系统因受到病毒破坏而无法打开注册表，也可以通过将“阻止访问注册表编辑工具”设置为“已禁用”，从而进行修复。

图 9-38 启用“阻止访问注册表编辑工具”

5.3 关闭 Windows 自动播放功能

自动播放功能可以让光盘、U 盘插入到计算机后自动运行，但这同时也会带来安全隐患，Autorun 类型病毒就是利用这种机理进行传播的，所以可以关闭该功能以增强系统安全性。

在【组策略编辑器】中打开“计算机配置”→“管理模板”→“Windows 组件”→“自动播放策略”，将右侧窗口中的“关闭自动播放”策略设为“已启用”，并在“关闭自动播放”选项中选择“所有驱动器”，如图 9-39 所示。

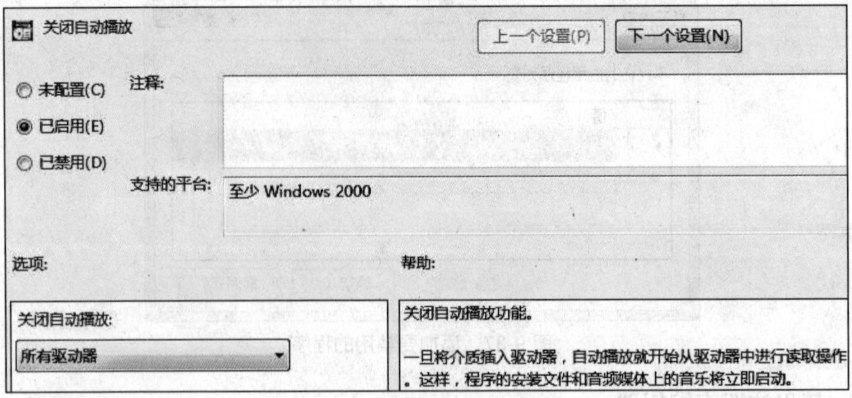

图 9-39　关闭自动播放策略

任务五　安全模式和启动选项的使用

任务描述

安全模式和启动选项是 Windows 系统自带的系统修复功能，灵活使用它们，将能够解决很多系统问题。

在本任务中将介绍安全模式和启动选项的特点以及使用方法。

任务分析及实施

1. 安全模式的使用

安全模式（Safe Mode）是 Windows 操作系统中的一种特殊模式，在安全模式下用户可以轻松地修复系统的一些错误，起到事半功倍的效果。

安全模式以最小的设备驱动程序和服务集来启动 Windows。在安全模式下，不加载外围设备的驱动程序，也不运行非微软的服务（服务是系统启动时自动在系统后台运行的程序）。

Windows 系统在正常启动时，要加载主板、显卡、USB、摄像头等电脑中安装的所有硬件设备的驱动程序，如果其中某个设备出现了故障，驱动程序无法正常加载，就可能导致系统启动失败。这时就可以进入安全模式进行修复，因为在安全模式下，系统只加载最基本的硬件驱动程序，如主板、键盘、鼠标等，而外围设备（如显卡、网卡、摄像头等）的驱动则一律不加载，从而可以绕过出现故障的设备驱动，使系统正常启动。

在安全模式下也不会运行非微软官方的服务，有些软件尤其是病毒或木马程序，喜欢以服务的形式安装到系统中，这些程序在系统正常运行时可能会无法彻底清除，此时也可以进入安全模式，进行彻底查杀。

进入安全模式的方法是在系统启动时按 F8 键，此时会出现“高级启动选项”，如图 9-40 所示，在其中可以选择进入“安全模式”。

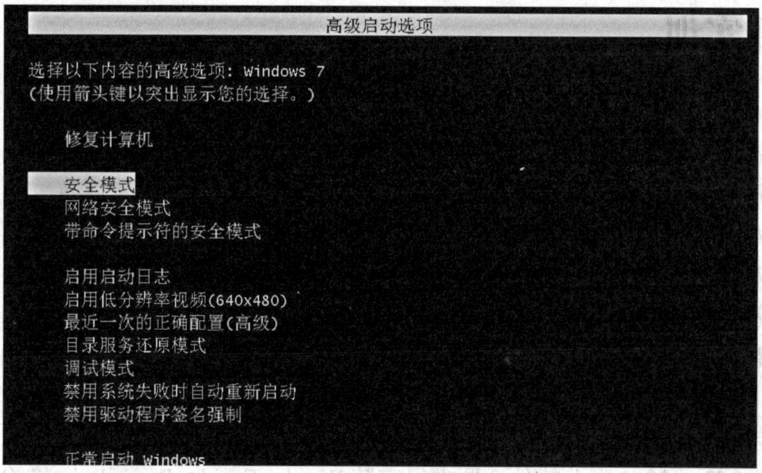

图 9-40　高级启动选项

另外在电脑出现故障时，系统只要能够进入安全模式，也就证明系统内核没有问题，从而可以将故障的范围缩小。

2．使用“最近一次的正确配置”

在“高级启动选项”中的“最近一次的正确配置”在实践中也经常被用到。Windows 系统在正常关机时会将注册表进行备份，当系统出现问题时，选择“最近一次的正确配置”就可以将注册表恢复到上一次正常关机时的状态，从而修复很多问题。

例如，某台笔记本电脑启动进入系统之后，键盘没有任何反应，而在进入系统之前，如进行 BIOS 设置时，键盘却一切正常。这证明键盘本身没有问题，而是由于系统原因导致的故障，故障的原因很可能是在安装或配置某些软件时，错误地修改了注册表，导致键盘无法使用。此时就可以选择“最近一次的正确配置”，将注册表还原到之前的正常状态，再次进入系统之后，键盘就可以正常使用了。

思考与练习

填空题

1. 大部分软件在 Windows 系统中的默认安装路径是__________，建议在安装软件时对安装路径进行修改。

2. Windows 系统中不可避免的会存在各种漏洞，修补系统漏洞的有效方法是__________?

3. 打开注册表编辑器的命令是，打开组策略编辑器的命令是__________。

4. 在开机时按__________键可以进行安全模式。

简答题

1. 某个 Win7 操作系统的版本是“Windows 7 SP1”，请解释“SP1”的含义。
2. 请指出 IE 浏览器安全设置中“受限制的站点”和“受信任的站点”之间的区别。
3. 请指出 Windows 系统“安全模式”的含义。

综合项目实训

实训目的

1. 能够熟练安装卸载各种应用软件。
2. 能够熟练使用杀毒软件和安全工具。
3. 能够对 IE 浏览器进行安全设置。
4. 能够对注册表和组策略进行基本设置。
5. 能够熟练使用安全模式。

实训步骤

1. 安装/卸载常用软件

（1）安装下载工具迅雷，要求将软件安装到 D:\toos\thunder 文件夹中。

（2）安装 Office 2003 办公软件，要求只安装 Word、Excel、PowerPoint 3 个组件，并将软件安装到 D:\Office 文件夹中。

（3）利用自卸载程序卸载迅雷。

（4）利用控制面板里“卸载程序”组件卸载 Office 2003。

2. 使用杀毒软件和安全工具

（1）安装 360 杀毒软件，将病毒库升级到最新，熟悉其设置，并对系统进行杀毒。

（2）安装 360 安全卫士，对计算机进行体检，并修复体检中发现的各种问题。

3. 设置 IE 浏览器

在访问网站 www.pianyixue.cn 时，总是会到处出现随鼠标移动的 flash 窗口，通过对 IE 浏览器进行安全设置，将该网站中的 Flash 窗口禁用。

4. 设置注册表

某台计算机感染了病毒，只要插入 U 盘，病毒便会自动写入 U 盘进行感染。因条件限制，无法清除计算机中的病毒。现在既要从 U 盘向计算机中复制数据，同时还要避免病毒感染 U 盘，该如何实现？

5. 使用安全模式

进入系统安全模式，找出安全模式与正常启动模式的区别。

模块三 系统维护与故障排除

学习目标

- ◆ 能够制作系统工具盘
- ◆ 能够设置并清除系统密码
- ◆ 能够进行简单的数据恢复
- ◆ 能够使用备份软件进行系统备份和还原
- ◆ 了解计算机的日常维护和故障解决方法
- ◆ 能够排查计算机的常见故障

PART 10 项目十 Windows 系统维护

经过前面的操作设置，我们的计算机已经可以正常使用了，但是在使用计算机的过程中，不可避免地会遇到各种问题，绝大多数计算机故障都是由应用软件或是操作系统引起的，真正由于硬件损坏而导致的故障很少。

在本项目中将介绍一些常用的针对操作系统的维护和故障排除方法。

学习目标

通过本项目的学习，读者将能够：

- 掌握如何制作系统工具 U 盘，并利用 U 盘安装操作系统；
- 掌握如何设置并清除系统密码；
- 利用工具软件恢复误删除的数据；
- 利用软件 Ghost 对系统进行备份；
- 掌握典型软件故障的排除方法。

任务一　制作系统工具 U 盘并安装系统

任务描述

工欲善其事，必先利其器。要进行系统维护，必须得具有相应的工具，系统工具盘就是最重要的一种系统维护工具。U 盘携带方便，使用灵活，因而是目前首选的系统工具盘类型。利用系统工具 U 盘来安装操作系统，可以解决绝大多数的软件故障。

在本任务中要求掌握以下两个操作。

① 制作系统工具 U 盘。

② 利用制作好的 U 盘启动并安装系统。

任务分析及实施

维护操作系统离不开各种系统工具盘，系统工具盘的来源主要是从网络上下载的各种 ISO 光盘镜像，这些光盘镜像在本机上可以通过虚拟光驱或虚拟机直接使用，如果要用于系统维护，则需要将其制作成物理系统工具盘。

物理系统工具盘可以制作成光盘的形式，也可以制作成 U 盘的形式。要制作系统工具光盘，只需将系统 ISO 镜像刻录到光盘上即可。关于如何刻录光盘在之前已经介绍过了，因而这里只介绍如何制作工具 U 盘。由于光盘携带不便，以及很多笔记本电脑已经不再配备光驱，所以将 U 盘制作成系统工具盘是一种更为常用，也是本书中所极力推荐采用的方式。

1. 制作系统工具 U 盘

1.1 制作可启动 U 盘

作为系统工具 U 盘，必须要能够引导计算机启动，而我们所购买的绝大多数普通 U 盘都不具备引导功能，因而首先必须要将 U 盘制作成能够引导系统的可启动 U 盘。能够制作可启动 U 盘的工具软件很多，这里推荐使用“大白菜超级 U 盘启动制作工具”。

安装并启动软件之后插入 U 盘，注意大白菜 U 盘工具会将 U 盘格式化，并在 U 盘中产生一个 550MB 左右的隐藏分区，所以如果 U 盘中存有数据需要先行备份。

在软件中先选择需要制作的 U 盘，模式一般选择“HDD-FAT32”，也就是将 U 盘视作 USB 接口的硬盘设备。这样在 BIOS 中设置开机引导顺序时，就应该将“First Boot Device”项设置为“USB-HDD”。

设置完成单击“一键制作 USB 启动盘”按钮，如图 10-1 所示。

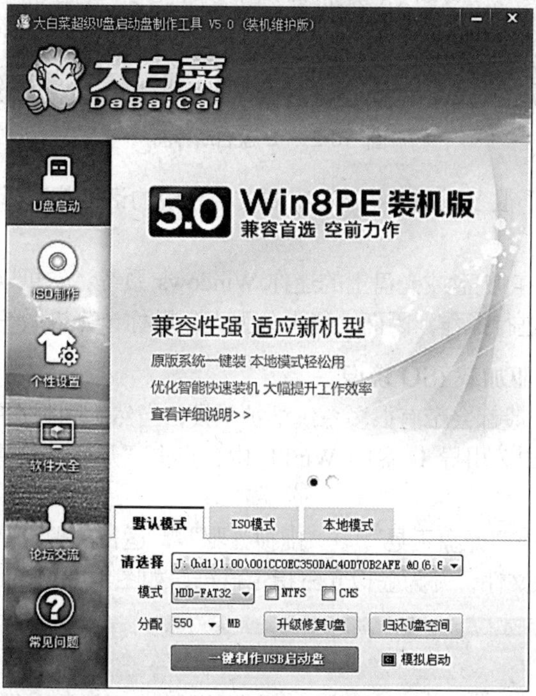

图 10-1 制作可启动 U 盘

制作完成后，“大白菜”会将 U 盘分为两个分区，第一个分区为隐藏状态，里面存放的就是启动系统必需的文件，而第二个分区则可以像正常情况下的 U 盘一样使用。

1.2 向 U 盘中复制系统镜像文件

启动 U 盘制作好之后，仅仅只能用来引导计算机启动，如果要用 U 盘安装操作系统，还必须要将系统 ISO 镜像文件复制到 U 盘中。

如果U盘中的空间足够大，可以复制多个不同版本或不同安装方法的系统镜像文件，比如标准版的Windows 7、Windows 8镜像，Ghost版的Windows XP镜像等。这样利用这一个U盘就可以安装多种不同版本、不同方法的操作系统了。

2. 用U盘启动并安装系统

2.1 用U盘启动系统

将U盘插入到需要维护的计算机上，进入BIOS将U盘设置为第一启动项，重启计算机之后，就会进入“大白菜”的U盘启动界面，如图10-2所示。

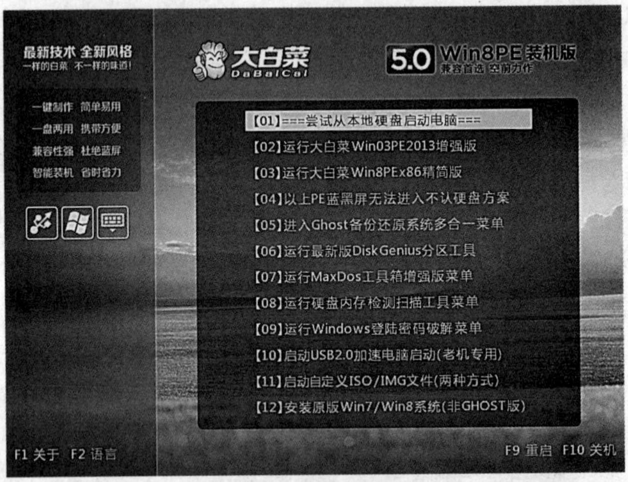

图 10-2 U盘启动界面

在启动界面中集成了很多系统维护工具，要安装系统的话推荐选择第二项，进入WinPE环境进行系统安装。

WinPE是一个运行在U盘或光盘上的迷你Windows系统，它可以绕过硬盘上安装的系统而直接对硬盘中的数据进行操作，因而功能十分强大，堪称计算机系统维护的“神器”。

2.2 利用虚拟光驱加载ISO镜像

在WinPE系统中一般都会带有很多系统维护工具，当然不同版本的WinPE系统中所带有的工具也不一样。在大白菜引导U盘的WinPE中，点击“开始”菜单，就可以看到其中所自带的所有工具软件。

下面执行“程序”→“光盘工具”→“虚拟光驱”，运行虚拟光驱软件，然后加载之前复制到U盘中的ISO镜像文件，并为虚拟光驱指定盘符，如图10-3所示。

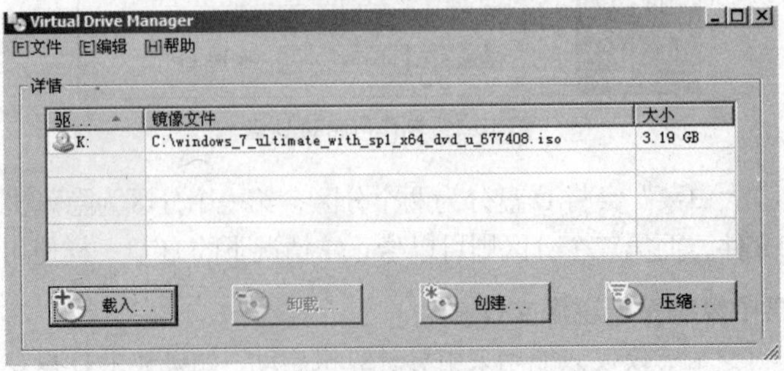

图 10-3 利用虚拟光驱加载ISO镜像

成功加载 ISO 镜像文件之后，接下来我们才可以利用其中的系统文件来安装操作系统。

2.3 安装标准版系统

首先我们在虚拟光驱中加载一个标准版的系统 ISO 镜像，然后运行 WinPE 桌面上的“Windows 安装”工具。

软件运行之后的界面如图 10-4 所示。首先在最上方的选项卡中选择要安装的系统类别，这里以安装 Windows 7 系统为例进行介绍。

选好系统类别之后，接下来要指定“install.wim”文件的位置。install.wim 是 Windows 7 系统的安装文件，它位于我们之前所加载的虚拟光驱 K 盘中。

接下来要依次指定引导磁盘和安装磁盘的位置，这两项都应设置为物理磁盘的 C 盘。但是由于在 WinPE 系统中加载了很多虚拟磁盘，因而盘符可能会发生错乱，这里应注意辨别。

图 10-4 标准版系统安装设置

全部设置好之后，点击“开始安装”按钮，接下来的系统安装过程与之前在项目八中所介绍的过程一致。

2.4 一键还原安装 Ghost 版系统

接下来介绍如何安装 Ghost 版系统，这里先介绍如何采用一键还原的方法进行安装，这种方法操作较为简便。

首先仍是需要在虚拟光驱中加载 Ghost 版系统 ISO 镜像，并为虚拟光驱指定盘符，这里假设仍为 K 盘。

然后运行 WinPE 桌面上的“大白菜 PE 一键装机”软件，软件运行界面如图 10-5 所示。

首先在软件最上方选择要进行的操作类型，由于要采用 Ghost 还原的方式安装系统，因而选择“还原分区”。

接下来需要指定扩展名为“.gho”的系统备份文件的存放位置，这个文件也是位于所加载的虚拟光驱 K 盘中。

最后选择要还原到的目标分区，也就是物理磁盘中的 C 盘。在这里盘符同样可能会发生错乱，应注意辨别。

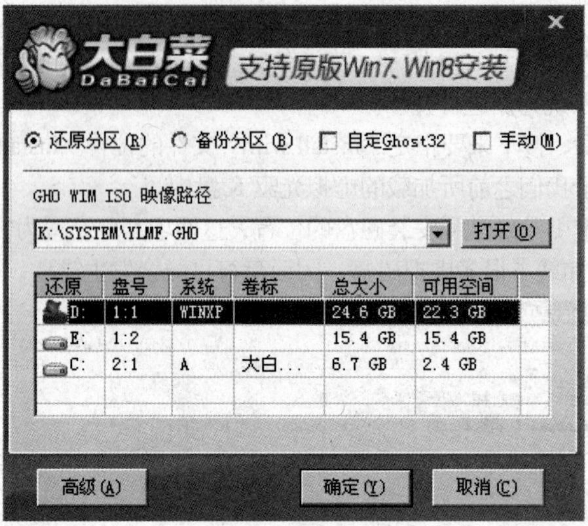

图 10-5　Ghost 版系统安装设置

全部设置好之后，单击“确定”按钮，接下来的整个系统安装过程不再需要人工干预。

2.5　手动安装 Ghost 版系统

除了一键还原的方法之外，我们还应掌握如何手动安装 Ghost 版系统，这种方法具有更强的灵活性和适用性，当然操作也要相对复杂。

首先仍是要保证已经在虚拟光驱中加载了 Ghost 版系统 ISO 镜像，并指定了盘符。然后运行 WinPE 桌面上的“Ghost 手动”软件，下面是主要操作步骤。

① 运行 Ghost 软件之后，单击“local”（本地）→“Partition”（分区）→“From Image”（从镜像），如图 10-6 所示。

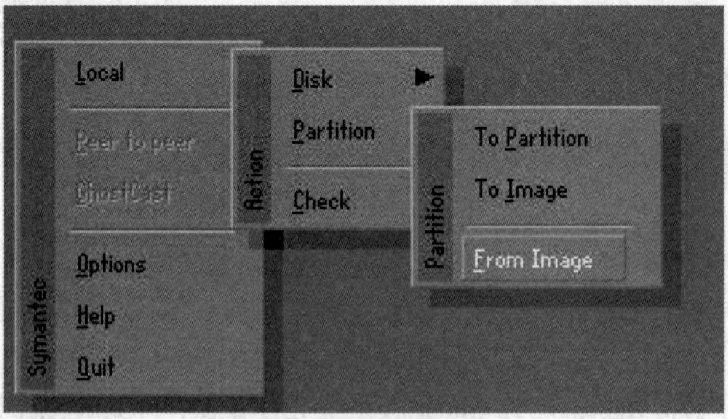

图 10-6　选择从镜像还原

② 从虚拟光驱 K 盘中找到扩展名为“.gho”的系统备份文件。

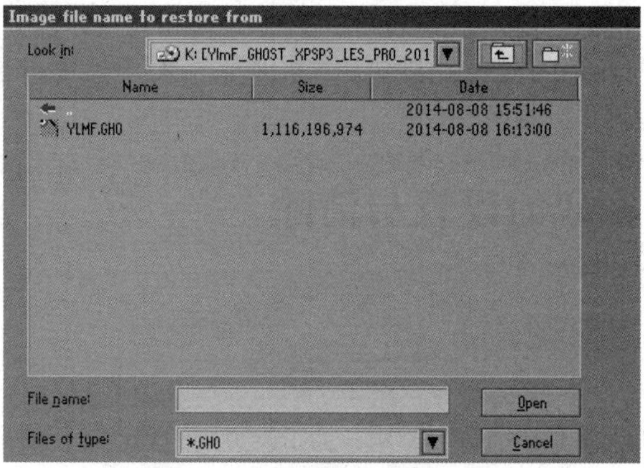

图 10-7　选择要还原的镜像文件

③ 选择系统备份文件所要还原到的目标硬盘。注意，如图 10-8 所示，下面那个容量小的是 U 盘，上面那个大容量的才是硬盘，在操作时要正确选择。

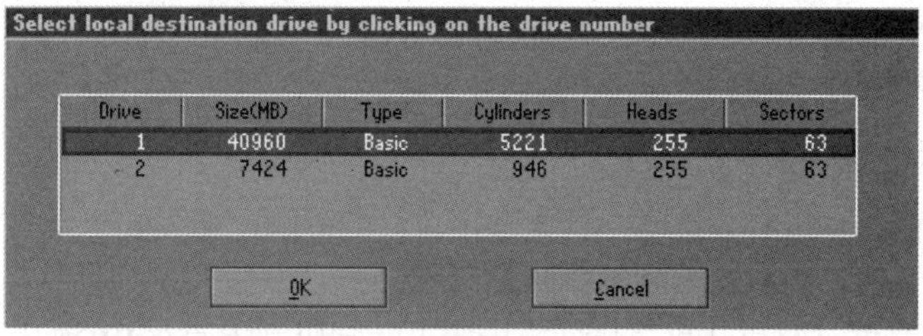

图 10-8　选择目标硬盘

④ 接下来要选择系统备份文件所要还原到的目标分区，也就是 C 盘。一般类型为“Primary”的分区也就是 C 盘了，如图 10-9 所示。

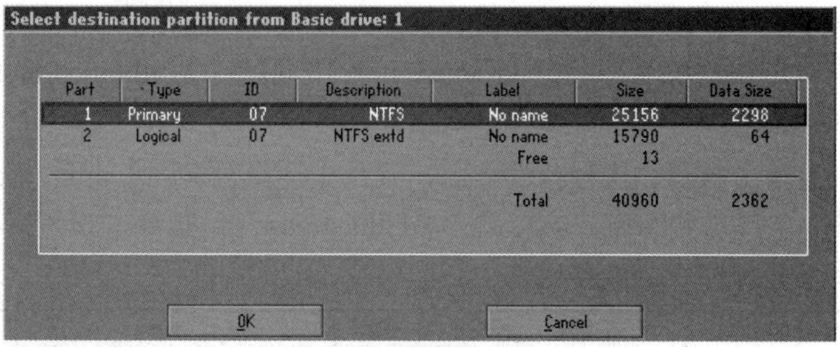

图 10-9　选择目标分区

⑤ 单击“Yes”按钮开始还原过程。

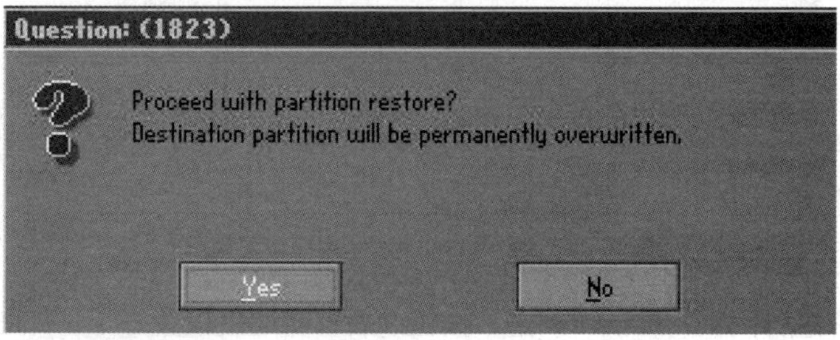

图 10-10　开始还原

⑥ 还原结束之后，需要将计算机重启。

⑦ 重启之后拔掉 U 盘，计算机会默认从本机硬盘启动，然后继续自动安装驱动程序和各种应用软件，整个过程不再需要用户干预。

任务二　系统密码的设置与清除

任务描述

张建同学的计算机大多是在宿舍中使用，为了避免别的同学随便使用，张建希望能为计算机设置密码，同时为避免因为遗忘密码而无法使用，还想掌握特殊情况下清除密码的方法。

在本任务中将介绍如何为 Windows 系统设置密码，以及如何清除常用操作系统的密码。

任务分析及实施

1. 设置系统密码

为电脑设置密码，可以有效地防止别人乱用自己的电脑，增强安全性。

计算机密码分为开机密码和系统密码两种。

- 开机密码是在计算机开机自检结束后输入的密码，需要在 BIOS 中设置。
- 系统密码是在计算机开机后进入操作系统时输入的密码，需要在操作系统中设置。

对于笔记本电脑用户不建议设置开机密码，因为密码一旦遗忘，将很难清除。下面主要介绍如何设置系统密码。

Windows 系统是一个多用户的操作系统，为系统设置密码就是为系统中的用户设置密码。Windows 系统的默认用户是管理员用户 administrator，下面就以为 administrator 用户设置密码为例，介绍如何设置系统密码。

在“计算机”上单击右键，执行“管理”，打开【计算机管理】工具。依次展开“本地用户和组”→“用户”，在右侧的窗口中右击“Administrator”，选择“设置密码”，如图 10-11 所示。

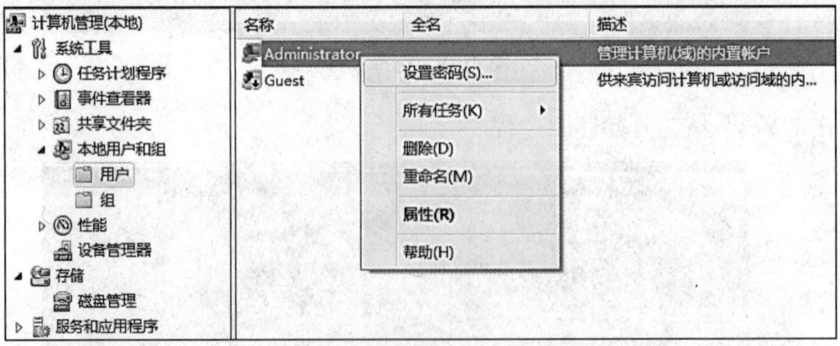

图 10-11　为 Administrator 用户设置密码

输入密码，并进行确认，单击“确定”按钮之后，密码就设置好了，如图 10-12 所示。

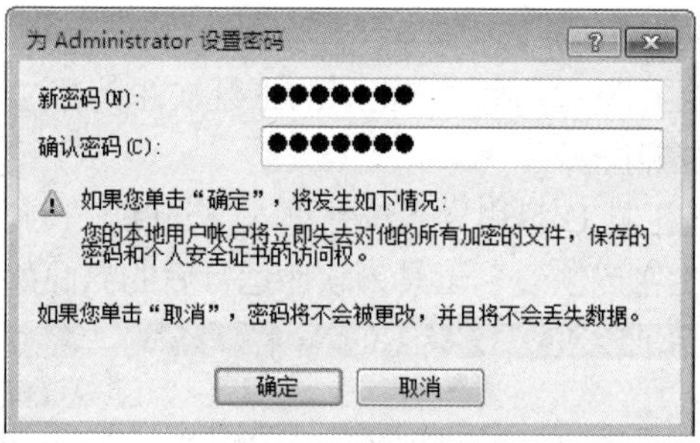

图 10-12 输入密码

这样当再次进入系统时，系统就会提示用户输入密码，如图 10-13 所示。

图 10-13 进入系统时需要输入密码

2. 清除系统密码

2.1 SAM 文件

为用户设置密码之后，如果需要清除密码，正常情况下只需在如图 10-12 所示对话框中输入空白密码即可。如果不慎将密码遗忘，导致无法进入系统，利用一些特殊的方法也可以将密码清除掉。

Windows 系统中所有的用户和密码信息都存放在“C:\Windows\System32\config\SAM”文件中，如图 10-14 所示该文件是系统的核心文件，如果损坏或被强制删除，那么系统也将崩溃。该文件也无法被直接修改，但我们可以通过一些工具软件对其进行调整。

图 10-14 用户和密码信息都存放在 SAM 文件中

2.2 利用工具软件清除密码

在很多系统工具盘中都附带了清除用户密码的工具软件，通过这类软件可以方便地将存储在 SAM 文件里的用户密码清除掉。

利用之前制作好的系统工具 U 盘引导系统并进入 WinPE，找到并运行“开始”→“程序”→“密码管理”→“WinNT 密码恢复”工具，软件运行后的界面如图 10-15 所示。

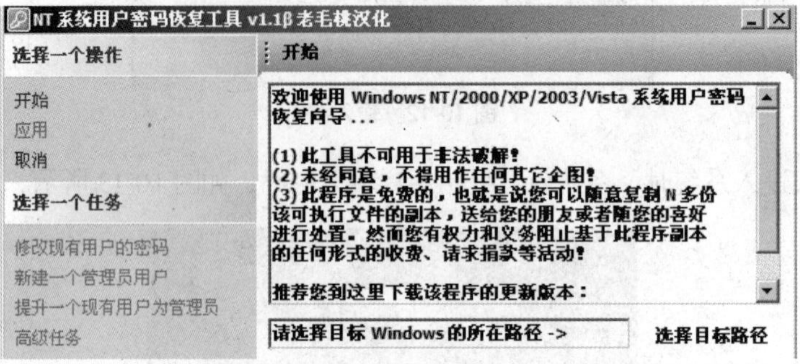

图 10-15　密码恢复工具

以下是主要操作步骤。

① 首先在“选择目标路径”栏中输入 Windows 系统的安装路径“C:\Windows”，然后在左侧的“选择一个任务”项目列表中选择“修改现有用户的密码”，如图 10-16 所示。

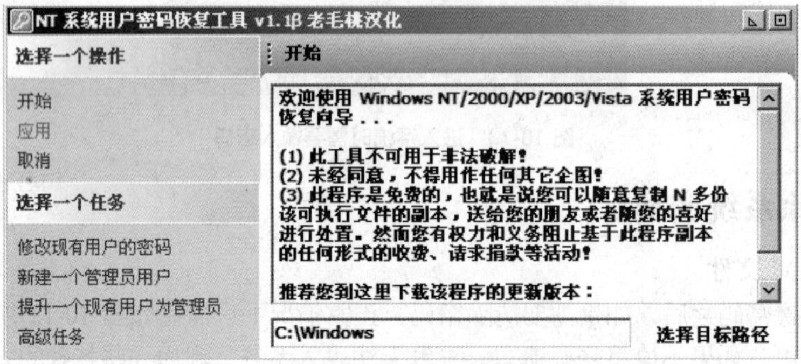

图 10-16　选择目标路径

② 为管理员用户“administrator”重新设置一个密码，并在左侧的“选择一个操作”项目列表中选择“应用”，如图 10-17 所示。

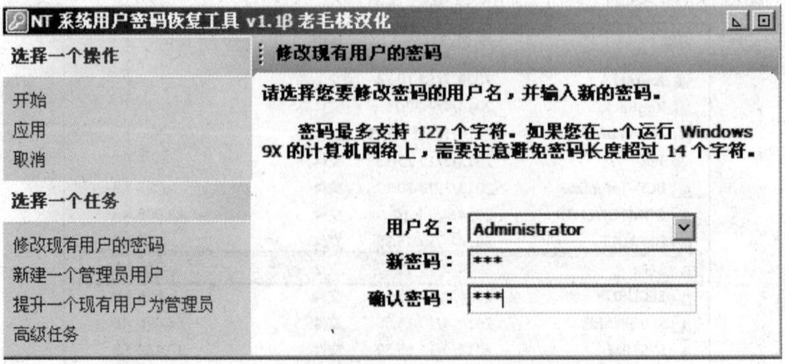

图 10-17　重新设置 Administrator 用户密码

③ 提示密码已经成功更新，单击“确定”按钮之后，重启系统，发现管理员用户密码已被更改，如图 10-18 所示。

图 10-18　提示密码成功更新

④ 如果刚才的操作无法成功清除 Administrator 用户的密码，那么也可以在如图 10-19 所示的界面中选择执行“新建一个管理员用户”任务，在系统中再添加一个管理员账户，如“admin”，并为之设置密码。然后用新添加的“admin”账户登录系统，再修改 Administrator 用户的密码即可。

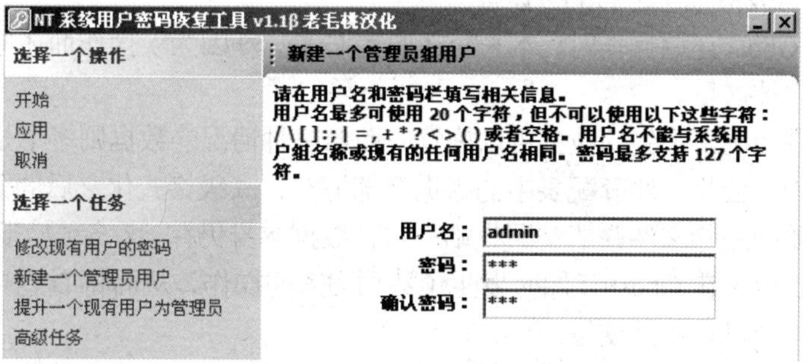

图 10-19　添加管理员账号

任务三　简单数据恢复

任务描述

在日常使用电脑的过程中，可能会因为误操作或其他各种原因而导致文件被误删除，这些不小心被删除的文件虽然通过常规方法已无法再读取，但仍然可能通过一些特殊的手段将其恢复出来，这就是所谓的数据恢复。数据恢复是在进行系统维护时的一项常用操作。

在本任务中将介绍数据恢复的原理，以及如何利用软件 DiskGenius 恢复被误删除的文件，找回丢失的硬盘分区。

任务分析及实施

1. 数据恢复的基本原理

在之前已经介绍过，在硬盘中存储数据首先要在盘片上划分磁道和扇区，也就是要对硬盘进行低级格式化。扇区是硬盘的最小物理存储单元，每个扇区的存储空间为 512B。另外为了提高数据读写效率，在 Windows 系统中引入了簇的概念，将多个相邻的扇区组合在一起进行管理。

簇是 Windows 系统中数据存储的基本单元，每个簇都有一个编号。在每个磁盘分区中都会存在一个文件分配表，文件分配表中记录了这个分区中的每个文件都存放在哪几个编号的簇中。

例如，一个名为“a.txt”的文件存储在编号为 01、02 的两个簇中，则在文件分配表中会记录：

a.txt → 01、02

当系统要读取文件时，首先就要查找文件分配表，从中获得文件的具体存放位置，然后才能找到相应的文件。

当将一个文件删除时，其实只是将这个文件在文件分配表中的文件存放记录删掉了，并将文件所占用的簇标记为空闲，而文件本身仍存放在原先的簇中。这样通过正常的方法，我们无法从文件分配表中找到这个被删除的文件，所以就认为文件消失了，而通过一些特殊的软件可以将仍存放在簇中的文件读取出来，这就是数据恢复的最基本原理。

在明白了数据恢复的原理之后，我们可以考虑以下几种情况下丢失的数据能否被恢复。

- 一个被删除的文件，而且回收站已经被清空。
- 一个被高级格式化之后的分区。
- 在进行 Ghost 还原操作时，本来应还原到 C 盘，却因为误操作而还原到了 D 盘。D 盘中的原有数据能否被恢复。

答案是前两种情况下丢失的数据可以恢复，而第三种情况的数据则多半是无法恢复了。

高级格式化操作会将文件分配表中的数据全部清空，高级格式化之后的分区将成为一个空白分区，但其实质同删除文件并清空回收站一样，数据本身仍存放在簇中，因而可以恢复。而对于第三种情况，由于在 Ghost 还原时发生了数据写入的操作，从而将 D 盘中原有的数据进行了覆盖，此时就很难进行数据恢复。

当然，前两种情况下数据能够被恢复的前提，一定不要向被删除文件所在的分区或被格式化后的分区写入任何新的数据，否则都有可能导致覆盖原有数据而无法恢复。

2. 利用 DiskGenius 进行数据恢复

数据恢复操作主要得依靠各种数据恢复软件进行，常用的数据恢复软件有 EasyRecovery、FinalData、DiskGenius 等，其中 DiskGenius 作为一款优秀的国产硬盘工具软件，不仅具备强大的硬盘分区功能，而且在数据恢复方面也有着很不错的效果。对于数据恢复软件，建议最好使用绿色版软件，并放在 U 盘等移动设备上，以避免向硬盘中写入数据。

下面就以 DiskGenius3.8 为例介绍数据恢复的过程。

① 首先在系统的 E 盘中放入一个 word 文档和一个图片文件作为测试之用，如图 10-20 所示然后将两个测试文件全部彻底删除。

图 10-20 测试文件

② 运行 DiskGenius，选中被删除文件所在的分区 E 盘，然后单击工具栏上的“恢复文件”按钮，打开文件恢复对话框。在对话框中，选择“恢复误删除的文件”，如图 10-21 所示。

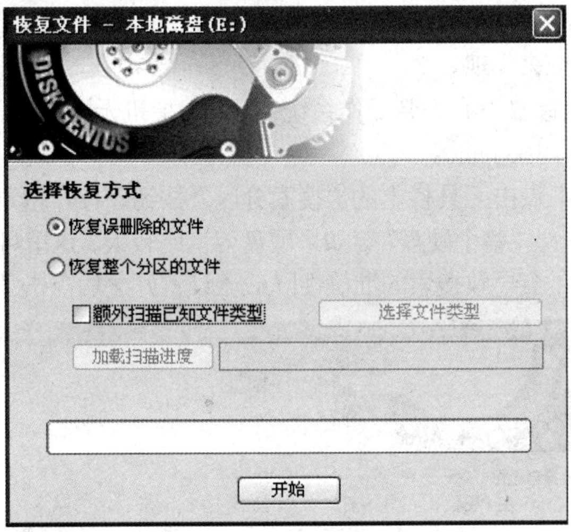

图 10-21 选择恢复方式

如果文件被删除之后，文件所在的分区有写入操作，那么最好同时勾选“额外扫描已知文件类型”选项，并单击“选择文件类型”按钮，设置要恢复的文件类型。勾选这个选项后，DiskGenius 会扫描分区中的所有空闲空间，如果发现了所要搜索类型的文件，软件会将这些类型的文件在扫描结果的“所有类型”文件夹中列出。这样如果在正常目录下找不到被删除的文件，就可以根据文件扩展名在“所有类型”里面找一下。

由于扫描文件类型时速度较慢，因而建议先不要勾选这个选项，而是用普通的方式搜索一次。如果找不到要恢复的文件，再用这种方式重新扫描。

这里先不勾选“额外扫描已知文件类型”，单击“开始”按钮开始搜索过程。搜索完成之后，会发现已经找到了被删除的两个文件，如图 10-22 所示。

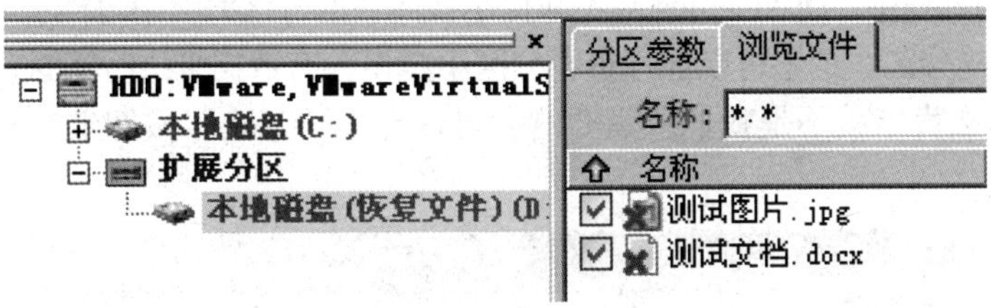

图 10-22 搜索结果

③ 选中这两个文件，然后在文件列表中单击鼠标右键，选择“复制到”菜单项。接下来选择存放恢复后文件的文件夹。为防止复制操作对正在恢复的分区造成二次破坏，DiskGenius 不允许将文件恢复到原分区。这里选择将文件恢复到 C 盘。

④ 到 C 盘打开恢复回来的两个文件，发现所有数据都完好无损。

至此，数据恢复操作顺利完成。

3. 利用 DiskGenius 找回丢失的分区

除了恢复数据之外，利用 DiskGenius 还可以找回丢失的分区。比如系统中原先有 C、D 两个分区，由于误操作而不小心将硬盘重新分成了 C、D、E、F 四个分区，此时硬盘中原有的数据就全部丢失了。利用 DiskGenius 可以将原有的分区以及其中的数据恢复回来。

下面在虚拟机中演示操作过程。

① 首先模拟误操作的过程，将虚拟机硬盘分成 4 个分区。这里可以利用系统工具盘中的“将硬盘快速分为四区”功能来实现。

② 重新分区之后的硬盘没有安装操作系统，因而虚拟机无法启动。利用系统工具盘启动并进入 WinPE，然后运行 DiskGenius。

③ 在 DiskGenius 中点击工具栏上的“搜索分区”按钮，打开搜索丢失分区对话框，如图 10-23 所示。搜索范围选择“整个硬盘”，如果硬盘容量比较大，这里可以勾选“按柱面搜索”，可以加快搜索速度，但是会导致搜索的准确性降低。设置好之后点击“开始搜索”。

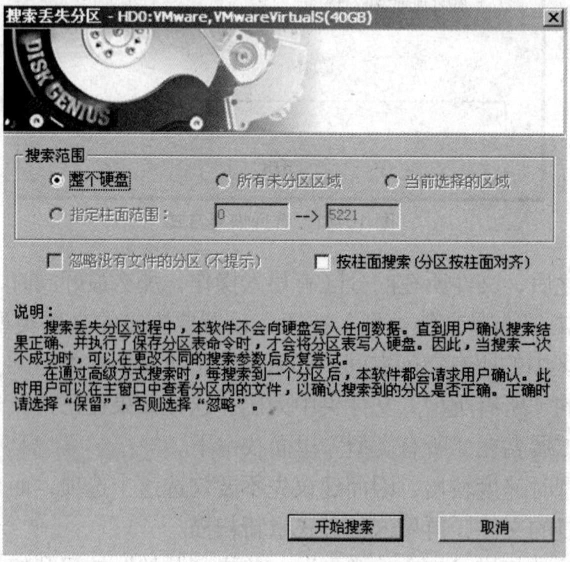

图 10-23　设置搜索范围

④ 在搜索的过程中，DiskGenius 会不断提示找到新的分区，其中可能会有误报，即所找到的并非我们想要的分区。这里可以通过查看分区中是否存有数据来进行确认，如果找到的是一个空白分区，那么肯定就不是我们所需要的，可以点击“忽略”按钮继续搜索，如图 10-24 所示。

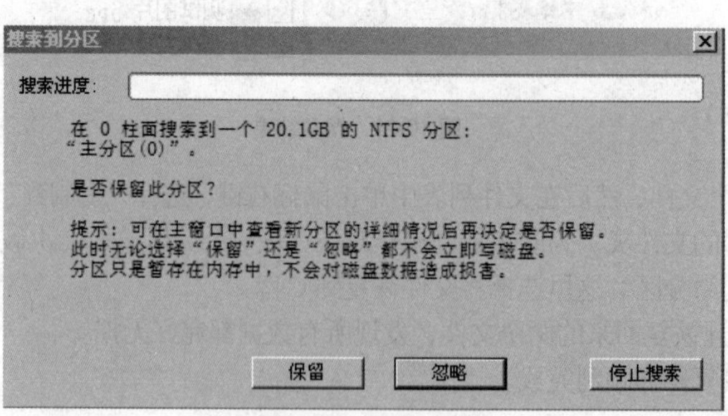

图 10-24　搜索到分区

⑤ 如果找到的分区中存有数据，那么就点击“保留”按钮将分区保存下来。

⑥ 继续搜索过程，一直到将原有的 2 个分区全部找回，如图 10-25 所示。最后点击工具栏

上的“保存更改”按钮，将分区信息重新写回主引导扇区 MBR 的硬盘分区表中。

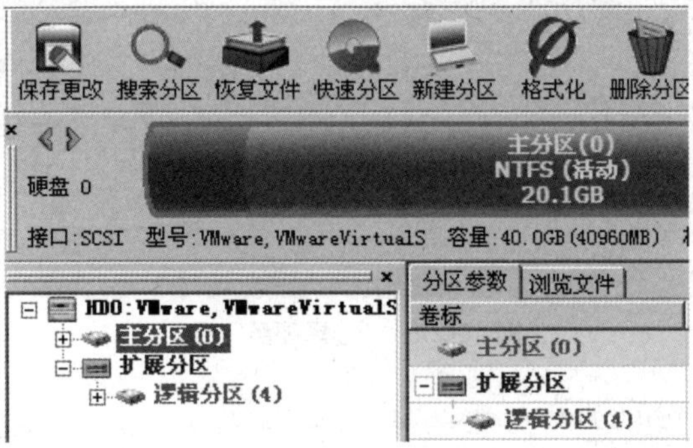

图 10-25 找回原有的分区

至此，原有的硬盘分区以及其中的数据便被全部恢复回来了。

任务四 利用 Ghost 进行系统备份

任务描述

尽管我们已经对系统做好了各种防护措施，但仍然可能会遇到各种故障，如果每次故障时都要重装操作系统、驱动程序以及各种软件，那将费时费力，而且一旦重要的数据丢失，损失将更为严重，因而在使用计算机时还应养成及时备份的好习惯。

在本任务中将介绍如何利用 Ghost 软件对系统进行备份操作。

任务分析及实施

虽然在 Windows 系统中已经自带了“系统还原”功能，可以对系统进行备份和还原，但在实际使用中，我们更多地还是利用 Ghost 软件进行系统备份和还原的操作。

Ghost 是赛门铁克公司推出的一个用于系统、数据备份与还原的工具软件，之前已经介绍过如何利用 Ghost 还原的方式安装操作系统，这里继续介绍如何利用 Ghost 进行系统备份。

① 利用系统工具盘启动系统并运行 Ghost，在 Ghost 的主菜单中选择“local”（本地）→“Partition”（分区）→“To Image”（到镜像），如图 10-26 所示。

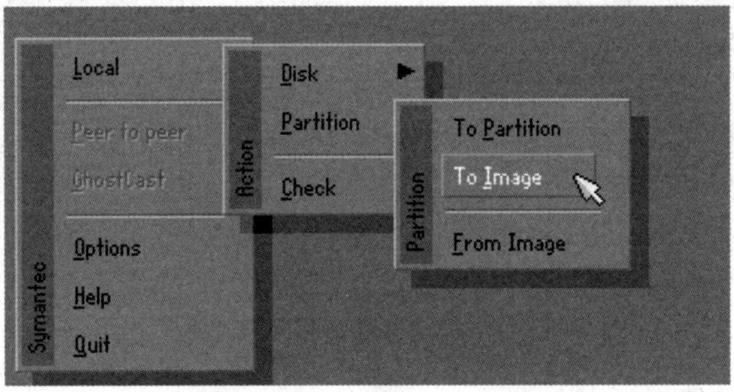

图 10-26 分区操作”界面

② 然后选择所要操作的硬盘，如图 10-27 所示。

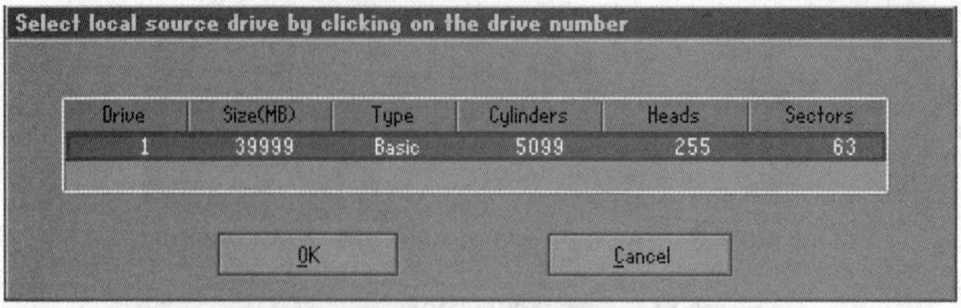

图 10-27 “选择硬盘”界面

③ 继续选择所要备份的分区。一般分区 1 为计算机上的主分区，即 Primary 分区，操作系统通常安装在此分区中。这里选择类型为“Primary”的主分区，也就是 C 盘，如图 10-28 所示。

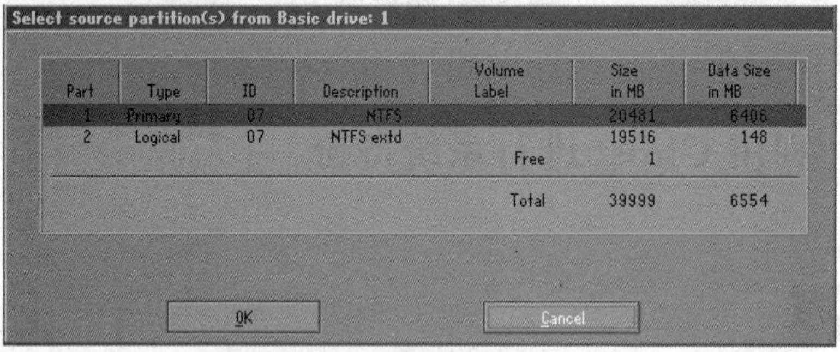

图 10-28 选择要备份的分区

④ 选择备份文件名和存放位置，要注意查看存放备份文件的磁盘空间是否够用。这里将备份文件存放于 D 盘，备份名“bak”，后缀名默认为.GHO，如图 10-29 所示。

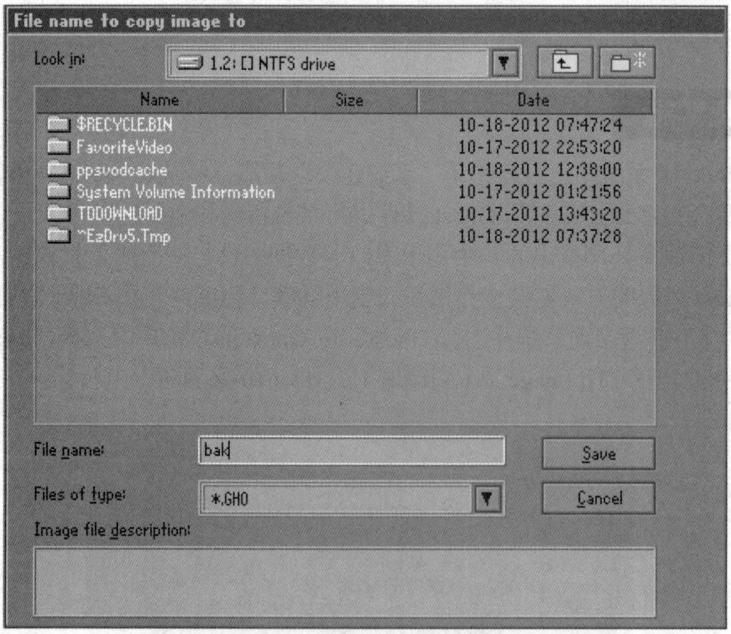

图 10-29 “镜像文件名和存放位置”界面

⑤ 接下来，程序询问是否压缩备份数据，并给出 3 个选择。

- “No”表示不压缩，此时创建的备份文件占用的磁盘空间最大；
- “Fast”表示快速压缩，此时创建的备份文件占用的磁盘空间较小；
- “High”表示最大压缩比，此时创建的备份文件占用的磁盘空间最小，但花费的时间较长。

这里推荐选择 Fast，如图 10-30 所示。

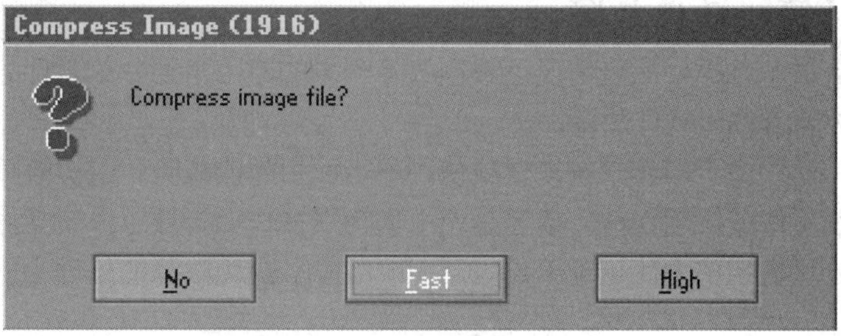

图 10-30　选择是否压缩备份文件

⑥ 然后就开始备份过程，整个过程一般需要五至十几分钟（时间长短与 C 盘数据多少、硬件速度等因素有关），完成后显示如图 10-31 所示。

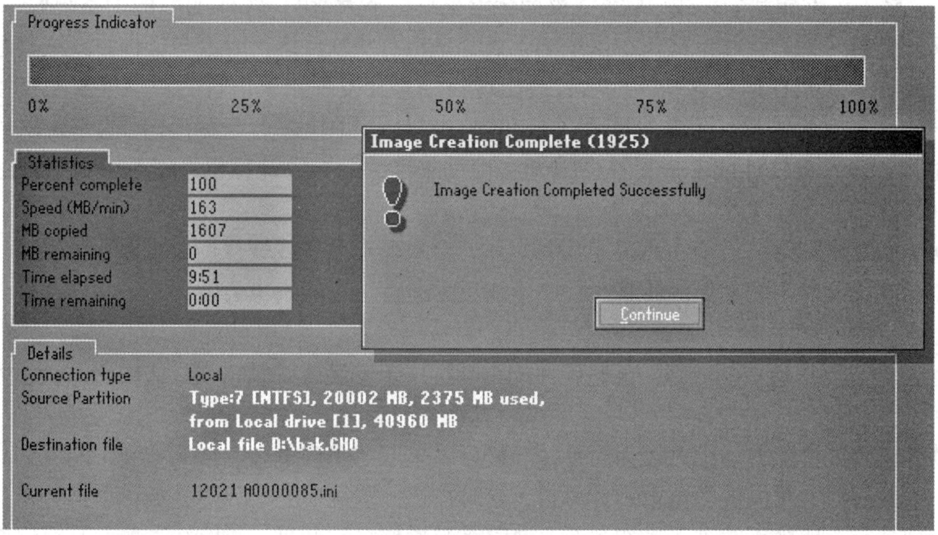

图 10-31　备份结束

备份了操作系统之后，如果操作系统出现不能正常运行的情况，就可以利用备份文件进行还原，具体操作在任务一中已经介绍。

任务五　软件故障的分析与处理

任务描述

计算机中的绝大多数故障都属于软件故障，按照“小病重启、大病重装”的原则，一般可以解决大部分的软件故障。当经验逐渐丰富之后，就可以针对不同的故障现象有针对性地予以解决。

在本任务中，将列举一些常见的典型计算机软件故障，并给出分析的思路和解决的方法。

任务分析及实施

1. 了解计算机软件故障

计算机故障有很多种类，一般情况下根据故障产生的原因主要分为软件故障和硬件故障，而且绝大多数的故障都属于软件故障。

软件故障通常是指由于操作系统设置或使用不当而引起的故障，这类故障或者是因为计算机病毒破坏了系统文件或应用软件，或者是由于人为误操作而损坏了系统文件，也可能是因为文件缺损而造成计算机系统无法正常工作等产生的故障。这类故障的处理一般不会涉及计算机硬件。

下面列举了一些常见的软件故障主要表现以及故障产生的原因。

- 人为误操作产生的故障。例如，误将有用的文件删除或者执行了格式化命令，使操作系统或软件无法正常运行。或者在卸载软件时不使用自卸载程序，而直接将软件所在的文件夹删除，这样不仅不能完全卸载该软件，反而会给系统留下大量的垃圾文件，成为系统故障隐患。
- 软件不兼容产生的故障。这里的不兼容是指有些软件运行时会与操作系统或其他软件发生冲突，计算机在运行这些软件后，会出现自动打开发现错误信息的对话框或是直接死机等状况。比较常见的软件不兼容的例子是在同一台计算机中安装了多个不同的杀毒软件或是安全工具，各杀毒软件或安全工具会因无法相互兼容，而导致计算机系统频繁死机或运行变慢的状况。
- 病毒的破坏。计算机感染了病毒之后，会对操作系统或软件造成难以预料的破坏，有的病毒会感染硬盘中的文件，使某些程序不能正常运行，有的病毒会破坏系统文件，造成系统不能正常启动。
- 驱动程序造成的故障。某些硬件的驱动程序未安装或安装错误，造成硬件设备无法正常使用。

软件故障的排除方法相对较为简单，一般可以采取“小病重启、大病重装”的原则。当计算机出现故障时，可以先尝试重启计算机，这时往往一些简单的小故障就被自动排除了。如果故障比较严重，比如无法进入操作系统，这时重装操作系统就是一种比较彻底而且行之有效的方法。

2. 软件故障典型处理案例

2.1 病毒无法清除

【故障现象】一台计算机中毒之后，用卡巴斯基和 360 安全卫士查杀病毒，一直无法完全杀灭，软件反复报毒。计算机里的数据很重要，应如何解决?

【分析处理】由于数据比较重要，建议首先用启动盘启动进入 WinPE 系统，把重要数据用 U 盘或者移动硬盘拷贝出来。然后进入安全模式查杀病毒，或许就有可能把病毒杀掉。如果病毒仍然存在，那就只能重装系统。在重装系统之前，建议先将 C 盘格式化，或是采用 Ghost 还原方式安装系统，直接将 C 盘中的原有数据全部覆盖。系统安装好之后，先不要打开任何分区，而是安装杀毒软件并升级到最新病毒库，然后对系统进行全面查杀。

2.2 网页中的视频和音频播放没有声音

【故障现象】一台计算机，最近播放网页中的视频没有声音，在浏览器中试听 MP3 也没有声音，但是将 MP3 下载到本地播放有声音。IE 浏览器 Internet 选项里的声音选项已经勾选，IE 浏览器也更新了，但故障仍然存在。

【分析处理】由于视频和音频在硬盘中播放正常，说明声卡、驱动、设置都是正常的。但为什么在线视频无法播放呢，其原因就在于注册表中的键值被删除了。

依次单击“开始”→“运行”，在弹出的运行窗口中输入“regedit”打开注册表，定位到[HKEY_LOCAL_MACHINE\SOFTWARE\Microsoft\Windows NT\CurrentVersion\Drivers32]项，新建一个字符串值，名为“wavemapper”，值为“msacm32.drv”，关闭退出即可。

2.3 桌面显示不全

【故障现象】一台计算机配置的三星 P2250 显示器，蓝宝石 HD4860 白金版显卡，将显示器分辨率设为 1920 像素×1080 像素，整个桌面显示就会超出显示器屏幕，即桌面显示不全，不过可以用鼠标上下左右移动来显示剩余的内容，重新安装了显卡自带的驱动程序也还是没用。

【分析处理】造成显示画面不完整的原因有两个。

一是显示器驱动没有安装或没有被正确安装。解决方法是在线更新驱动或重装完整版操作系统。显示器作为硬件，与板卡等硬件相同，都需要安装合适的驱动才能正常工作，理论上现在的 Windows 系统都支持显示器的即插即用，当显示器接入并成功进入系统之后，Windows 会自动为其加载并安装驱动。但从目前的情况来看，该用户很可能采用了剔除驱动安装文件的精简版 Windows 系统，也有可能是系统自带的驱动安装文件被破坏或丢失。

二是显卡被驱动错误识别。解决方法是根据显卡的品牌和型号寻找并安装相应的驱动程序。

思考与练习

填空题

1. 如果要设置从 U 盘引导系统，那么在 BIOS 中设置开机引导顺序时，应该将“First Boot Device”项设置为__________。
2. 如果要为 Windows 系统设置密码，那么通常情况下也就是要为管理员账号__________设置密码?
3. Windows 系统中所有的用户和密码信息都存放在文件__________中。
4. 在每个磁盘分区中都会存在__________，其中记录了这个分区中的每个文件都存放在哪些编号的簇中。

简答题

1. 请简要回答 WinPE 系统的特点和作用。
2. 请简要回答文件删除操作的实质。
3. 请简要回答在进行数据恢复时应注意避免的问题。

综合项目实训

实训目的

1. 能够制作工具 U 盘。

2. 能够利用 Ghost 手工还原方式安装系统。
3. 能够设置系统密码并进行破解。
4. 能够进行基本的数据恢复。
5. 能够对系统进行备份。

实训步骤

1. 制作系统工具 U 盘

（1）从网上查找并下载工具软件，将 U 盘制作成系统工具盘。

（2）向 U 盘中复制一个系统备份文件。

2. 利用 Ghost 手工还原方式安装系统

在虚拟机中练习利用 Ghost 手工还原方式安装操作系统。

3. 密码设置与清除

（1）为 Administrator 用户设置密码，将系统注销，验证需输入密码才能登录系统。

（2）利用系统工具盘清除 Administrator 用户密码。

4. 恢复误删除的文件

（1）在计算机 D 盘放置一些用来测试的文件，并将这些文件全部彻底删除。

（2）利用 DiskGenius 恢复这些被删除的文件。

（3）怎样操作才能使这些文件被删除后无法恢复？

5. 备份系统

（1）利用系统工具盘引导计算机并运行 Ghost 软件。

（2）对计算机 C 盘进行备份。

PART 11

项目十一
计算机维护与检修

虽然计算机中的绝大多数故障都是由软件引起的，但计算机硬件仍然可能会出现故障。计算机硬件一旦出现故障，一般都较为复杂，大都只能选择更换相应的硬件设备，我们需要掌握的就是如何准确定位出现故障的硬件设备。另外，我们平时也应尽量在一个良好的环境中使用计算机，并养成良好的使用习惯，以尽可能避免硬件出现故障。

在本项目中将介绍一些常用的计算机维护操作，以及硬件故障的检查与排除方法。掌握这些操作和方法之后，就可以轻松解决大多数的计算机硬件故障了。

学习目标

通过本项目的学习，读者将能够：

- 了解计算机的使用环境，养成良好的使用习惯；
- 掌握计算机各个部件常用的维护方法；
- 掌握笔记本电脑的维护方法；
- 学会分析故障类型及原因；
- 能够检测及查找故障；
- 能够排除常见的硬件故障。

任务一　计算机硬件的日常维护

任务描述

计算机是一种精密而复杂的电子设备，对周围的环境有一定的要求。在一个良好的环境中使用计算机，会延长其使用寿命。用户养成良好的使用计算机的习惯，也能够提高其使用效率。

在本任务中要求掌握以下操作。

1. 检查计算机的使用环境，对不安全因素进行排除。
2. 正确清洁、保养计算机。
3. 能够正确地维护计算机各个部件。

任务分析及实施

1. 计算机的使用环境

1.1 温度应该适宜

计算机工作时，电源、CPU及显卡等部件会散发大量的热量。若散热效果不好，硬件温度过高，会导致计算机频繁死机，缩短使用寿命。

在使用计算机的过程中，如果出现风扇声音大、频繁死机等现象，就要考虑是否与周围的环境温度等因素有关。平时要把计算机放置在通风良好的环境中，特别是在夏季，室内最好配备空调设备，室内温度应保持在10~35℃。

1.2 放置应该正确

计算机主机应安放在平稳、不易晃动的地方，以免对硬盘造成损失。

适当调整显示器的高度，保持显示器与视线平行，不适当的显示器位置容易让使用者感觉疲劳。

1.3 电源应该稳定

计算机对电源的要求是不能有太大波动，电压应保持在交流电 220V 左右，浮动不能超过10%，频率为50Hz，浮动不能超过5%。

若室内还有其他电器，如电冰箱和空调等，应使用独立的电源插座。

有条件的家庭或办公室，可以配备UPS不间断电源，这样在突然断电时，可以使信息不丢失，而且UPS还有稳压功能，如图11-1所示。

图 11-1　UPS 不间断电源

1.4 应定期除尘

蓝屏、自动重启、运行噪音大是计算机最常见的3种日常故障，这些实际上都是计算机经过长时间运行缺乏维护导致的故障。计算机随着使用时间的变长，机箱内部会吸附大量的灰尘，导致散热系统不良，从而引起系统保护性自动重启和关机等现象。运行噪音的变大也是由散热风扇的轴承缺乏润滑油引起转动阻力加大而引起的。因而对于一台每天都使用的计算机，一般每隔半年就要进行一次除尘操作。

除尘需要使用一些必要的工具：软毛刷、皮老虎，如图 11-2 所示。同时，市场上也出售一些计算机专用的吸尘器，它对于一些机箱角落的除尘非常有用。

图 11-2 软毛刷和皮老虎

在计算机内部的结构部件中，风扇和散热片是最容易积聚灰尘的地方，对于可以与硬件和风扇分离的散热片，可以彻底用水清洗，也可以简单地用软毛刷加皮老虎的方法清除散热片缝隙中的灰尘（这时用毛质硬一些的毛刷效果比较好），这种方法同样适用于不能与硬件分离的散热片。风扇的叶片和框架内侧通常积灰也非常严重，我们可以用手抵住叶片，逐一用毛刷掸去叶片上的积灰，然后用湿布将风扇框架内侧擦干净。对于打算用水清洗的散热片，如果表面残留有硅脂，可以用纸巾擦除。

清洗后的散热片一定要彻底干燥后再装回，如果要提高干燥速度，可以用电吹风加热吹干，如图 11-3 所示。重新安装散热片时，有条件的可以抹上适量的导热硅脂，以增强热传导性。

图 11-3 清理后的散热器焕然一新

除尘维护结束后，重新将硬件装入机箱并接上电缆和电源，在不盖机箱盖的情况下先试运行一下系统，看一下各风扇运转是否正常，有时机箱风扇没有安装到位（如螺丝没有拧紧），也可能会产生噪音。

2. 计算机各部件的维护

2.1 显示器的维护

正确使用液晶显示器要注意如下几个方面。

（1）分辨率的设置

在分辨率设置方面，最好使用产品所推荐的最佳分辨率。

（2）不要用手摸屏幕

LCD 面板由许多液晶体构成，很脆弱，如果经常用手对屏幕指指点点，面板上会留下指纹，同时会在元器件表面积聚大量的静电电荷。

（3）正确清洁污渍

如果 LCD 显示屏上出现了一些难看的污迹疤痕，可以用柔软的棉质布料蘸少许清水轻轻擦拭，但不能太频繁地擦拭，防止过犹不及。

（4）适度使用

长时间不间断使用显示器很可能会加速晶体的老化，而一旦液晶体老化，形成暗点的可能性会大大增加，暗点是不可修复的。但并不是说液晶显示器就不能长时间使用，厂家给出的连续使用时间一般是 72 小时，所以不必过分在意连续使用时间，有节制即可。

（5）尽量不要在 LCD 上运行屏保程序

液晶显示器的成像需要液晶体的不停运动，运行屏保不但不会保护屏幕，还会加速它的老化过程，很不可取。

（6）避免强烈的冲击和震动

LCD 显示屏非常娇弱，在强烈的冲击和震动中会损坏，同时还有可能破坏显示器内部的液晶分子，使显示效果大打折扣。所以使用时要尽量小心一点。

（7）不要随意拆卸

同其他电子产品一样，在 LCD 的内部会产生高电压。LCD 背景照明组件中的 CFL 交流器在关机很长时间后，依然可能带有高达 1000V 的电压，对于只有 36V 的人体抗电性而言，绝对是个危险值，它可能对人体造成的伤害可想而知。因此，最好不要企图拆卸或更改 LCD 显示屏。即使没有对人体的危害，对 LCD 而言，随意拆卸也很有可能使其损坏。

2.2 主板的维护

现在的计算机主板多数都是 4 层板或 6 层板，所使用的元件和布线都非常精密，灰尘在主板中积累过多时，会吸收空气中的水分，此时灰尘就会呈现一定的导电性，可能把主板上的不同信号进行连接或把电阻、电容短路，致使信号传输错误或者工作点变化导致主机工作不稳或不启动。

在实际计算机使用中遇到的主机频繁死机、重启，找不到键盘鼠标，开机报警等情况，多数都是由主板上积累了大量灰尘导致的，在清扫机箱内的灰尘后故障不治自愈就是这个原因。

主板上给 CPU、内存等供电的是大大小小的电容，电容最怕高温，温度过高很容易就会造成电容击穿而影响正常使用。很多情况下，主板上的电解电容鼓泡或漏液、失容并非是因为产品质量有问题，而是因为主板的工作环境过差造成的。一般鼓泡、漏液、失容的电容多数都是出现在 CPU 的周围、内存条边上、显卡插槽旁边，因为这几个部件都是计算机中的发热量大户，在长时间的高温烘烤中，铝电解电容就可能会出现上述故障。

了解上述情况之后，在购机时就要有意识地选择宽敞、通风的机箱。另外，定期开机箱除尘也必不可少。

2.3 CPU 的维护

CPU 作为计算机的心脏，从计算机启动那一刻起就在不停地运作，因此对它的保养显得尤为重要。在 CPU 的保养中散热是最关键的，虽然 CPU 有风扇保护，但随着耗用电流的增加所产生的热量也随之增加，从而 CPU 的温度也将随之上升。

高温容易使 CPU 内部发生电子迁移，导致计算机经常死机，缩短 CPU 的寿命。高电压更是危险，很容易烧毁 CPU。

CPU 的使用和维护要注意如下几点。

（1）要保证良好的散热

CPU 的正常工作温度为 50℃以下，具体工作温度根据不同的 CPU 的主频而定。散热片质量要够好，并且带有测速功能，与主板监控功能配合监测风扇工作情况。散热片的底层以厚的为佳，这样有利于主动散热，保障机箱内外的空气流通顺畅。

（2）要减压和避震

在安装 CPU 时应该注意用力要均匀，扣具的压力也要适中。

（3）超频要合理

现在主流的 CPU 频率都在 2GHz 以上，此时超频的意义已经不大了，更多考虑的应是延长 CPU 的寿命。

（4）要用好硅脂

硅脂在使用时要涂于 CPU 表面内核上，薄薄的一层就可以，过量会有可能渗漏到 CPU 表面接口处。硅脂使用一段时间后会干燥，这时可以除净后再重新涂上。

2.4 内存的维护

内存是系统临时存放数据的地方，一旦出了问题，将会导致计算机系统的稳定性下降、黑屏、死机和开机报警等故障。

内存条和各种适配卡的清洁包括除尘和清洁电路板上的金手指，除尘用油画笔即可。

为了降低成本，一般适配卡和内存条的金手指没有镀金，只是一层铜箔，时间长了将发生氧化。可用橡皮擦来擦除金手指表面的灰尘、油污或氧化层，切不可用砂纸类东西来擦拭金手指，否则会损伤极薄的镀层。

2.5 键盘鼠标的维护

键盘和鼠标是最常用的输入设备，平时使用切勿用力过大，以防按键的机械部件受损而失效。

键盘是一种机电设备，使用频繁，加之键盘底座和各按键之间有较大的间隙，灰尘非常容易侵入。因此定期对键盘做清洁维护也是十分必要的。最简单的维护是将键盘反过来轻轻拍打，让其内的灰尘落出，或者用湿布清洗键盘表面，注意湿布一定要拧干，以防水进入键盘内部。

当在屏幕上发现鼠标指针移动不灵时，特别是某一方向移动不灵时，大多是光电检测器被污物挡光导致，此时可以用十字螺丝刀卸下鼠标底盖上的螺丝，取下鼠标上盖，用棉签清理光电检测器中间的污物。另外，鼠标的按键磨损是导致按键失灵的常见故障，磨损部位通常是按键机械开关上的小按钮或与小按钮接触部位处的塑料上盖，应急处理可贴一张不干胶纸或刷一层快干胶解决。较好的解决方法是换一只按键，鼠标按键一般电气零件商行有售。

2.6 硬盘的维护

硬盘也是计算机中比较容易出现故障的硬件设备之一，正确使用硬盘应注意做好以下工作。

（1）防震

硬盘是十分精密的存储设备，工作时磁头在盘片表面的浮动高度只有几微米。硬盘在进行读写操作时，一旦发生较大的震动，就可能造成磁头与盘片相接触，导致盘片数据区损坏。因此在工作时间或关机后，主轴电机尚未停机之前，严禁搬运电脑或移动硬盘，以免磁头与盘片接触。在硬盘的安装、拆卸过程中更要加倍小心，严禁摇晃、磕碰。

（2）硬盘读写时切忌断电

硬盘读写时，盘片处于高速旋转状态中，此时忽然关闭电源，将导致磁头与盘片摩擦，从而损坏硬盘。因而硬盘在工作时（机箱上的硬盘灯亮），切忌不能突然关机或随意断开电源。

（3）工作环境要适宜

硬盘对工作环境的要求也比较高，首先要防止工作环境的温度及湿度过高，另外室内灰尘也不能过多，以免影响硬盘内电子元器件的热量散发。

（4）及时清理垃圾文件

垃圾文件主要是指操作系统在运行过程中所产生的一些无用的文件，或是应用软件在卸载之后所遗留下来的一些文件。垃圾文件过多一方面会侵占硬盘空间，另外还会导致系统寻找文件的时间变长。此外，同样的程序在别人的机器上能顺利地安装运行，而在自己的机器上却不行，其中的原因多半就是因为硬盘中的垃圾 DLL（动态链接库）文件过多所引起的问题。

为了更好地使用硬盘，应定期对硬盘中的文件进行整理，删除无用的数据，同时可结合 360 安全卫士等工具软件清理硬盘中的垃圾数据。

2.7 电源的维护

开关电源是整个主机的动力。虽然电源的功率只有 200～400W，但是输出电压低，输出电流很大，因此其中的功率开关晶体管发热量十分大。除了功率晶体管加装散热片外，还需要用风扇把电源盒内的热量抽出。

在风扇向外抽风时，电源盒内形成负压，使得电源盒内的各个部分吸附了大量的灰尘，特别是风扇的叶片上更是容易堆积灰尘。功率晶体管和散热片上堆积灰尘将影响散热，风扇叶片上的积尘将增加风扇的负载，降低风扇转速，也将影响散热效果。在室温较高时，如果电源不能及时散热，将烧毁功率晶体管。因此，电源的除尘维护十分必要。

电源的维护除了除尘之外，还应该为风扇加润滑油，具体的操作方法如下。

（1）拆卸电源盒

电源盒一般用螺丝固定在机箱后侧的金属板上，拆卸电源时从机箱后侧拧下固定螺丝，即可取下电源。有些机箱内部还有电源固定螺丝，也应当取下。电源向主机各个部分供电的电源线也应该取下。

（2）打开电源盒

电源盒由薄铁皮构成，其凹形上盖扣在凹形底盖上用螺丝固定，取下固定螺丝，将上盖略从两侧向内推，即可取出上盖。

（3）电路板及散热片除尘

取下电源上盖后即可用油漆刷（或油画笔）为电源除尘，固定在电源凹形底盖上的电路板下常有不少灰尘，可拧下电路板四角的固定螺丝取下电路板为其除尘。

任务二 笔记本电脑的使用与维护

任务描述

笔记本电脑由于集成度高，经常处于移动状态，散热空间狭小等原因，相比台式机维护起来要困难得多。

在本任务中介绍了笔记本电脑使用和维护过程中应注意的一些问题，以及如何对笔记本电脑进行拆机清洗和加装内存。

任务分析及实施

1. 笔记本电脑保养与维护

下面分别从几个不同的方面来介绍在使用笔记本电脑的过程中应注意的一些问题。

1.1 外壳的维护

外壳是笔记本电脑的保护层，平时应注意做好以下几个方面的维护工作。

（1）用笔记本电脑包保护外壳

笔记本电脑属于移动电脑，许多时候都会随用户一起出行。出行的时候，有一个笔记本电脑包保护笔记本电脑外壳，会在很大程度上减少对笔记本电脑外壳的伤害。另外平时使用时注意不要在笔记本上堆放重物，这样可能会使笔记本电脑外壳变形，压坏内部部件或是屏幕。

（2）贴保护膜

笔记本电脑的外壳一般都采用塑料复合材质加上涂层的工艺，很容易出现划痕或脱色，如果采用保护膜进行保护，就能有效地防止被手“抹黑”或者在移动时不小心出现划痕。

（3）用专用清洁剂清洗外壳

当笔记本电脑的外壳沾上了一些油脂后，用户可以使用笔记本电脑外壳专用的清洁剂进行清洗，才能保持笔记本电脑外壳的清洁。

1.2 屏幕的维护

笔记本屏幕的维护工作一般包括以下几个方面。

（1）不要使用屏幕保护程序

屏保程序主要是针对老式的CRT显示器设计的，笔记本电脑所使用的液晶屏幕工作原理与CRT显示器不同，使用屏保程序不仅不会起到保护作用，反而会加速液晶屏幕的老化。因此在使用笔记本时，应关闭屏保程序（实际上，对于液晶显示器也应如此）。

（2）尽量减少强光照射

笔记本电脑屏幕在强光照射后，会导致屏幕温度升高，让笔记本电脑屏幕提前老化。所以，我们在使用笔记本电脑时，应尽量减少强光直接照射笔记本电脑屏幕。

（3）注意笔记本电脑的使用时间

通常情况下，笔记本电脑连续使用96小时后，就容易造成屏幕老化。所以，用户还需要注意笔记本电脑的使用时间。

（4）不要用硬物碰笔记本电脑的屏幕

有些用户在笔记本电脑上指点资料时，喜欢用笔对准笔记本电脑屏幕。稍有不慎，就会划伤笔记本电脑的屏幕。所以，用户不要用硬物对准笔记本电脑屏幕指点。

（5）不要在笔记本电脑前吃东西

油脂一直是笔记本电脑的大敌，如果笔记本电脑屏幕沾上了油脂，就不太容易清洗掉。因此应养成不在笔记本电脑前吃东西的好习惯。

（6）减少挤、压、碰等动作

笔记本电脑上盖使用的是较为轻薄的材料，这些材料不能抵抗高强度的挤压、碰撞等动作，一旦外界压力过大就会导致液晶屏损坏。同时用户不要用力盖上液晶屏上盖或是放置任何异物在键盘与显示屏幕之间，以避免上盖玻璃因重压而导致内部组件损坏。

（7）开合笔记本电脑需注意

笔记本液晶屏固定轴不仅起着固定作用，同时也是液晶屏与主板排线的必经之地。在开合笔记本电脑时要用双手操作，注意用力均匀，以避免伤及排线。

（8）保持环境干燥

潮湿的环境中，水分含量较高，会腐蚀显示屏的液晶电极，使屏幕造成损害。

1.3 电池的维护

笔记本电脑最大的优势是移动性与便携性，笔记本电池是移动性的保证，因此正确地使用和维护电池能大大延长其使用寿命。

（1）新电池的充电

新电池在开始使用时，前3次充电时间应该在10~12小时，这样做是为了充分激活电池。不过现在笔记本制造商大都在笔记本出厂前就已充分激活了电池，而且笔记本电池都有断电保护程序，也就是说电池充满后就充不进去了。

（2）充放电的技巧

在使用电池供电时，尽量用完电量后再充电。最好每隔几个月就对电池充分充放电一次，以保证电池的性能。

（3）减少充放电次数

笔记本电池的使用次数一般是600~800次，电池的充电次数直接影响其使用寿命。因此，使用时要尽量减少电池和外接电源的切换次数。

（4）使用外接电源时不用拔下电池

日常使用时，只有当电池电量低于95%时才会进行自动充电。因此一般情况下应将电池装在笔记本上，这样可以保护用户的资料不会因为突然停电而丢失。

（5）最适宜的室温

在室内，电池最适宜的工作温度是20~30℃，过高或过低的温度环境都将减少电池的使用时间。

1.4 散热注意事项

发热是笔记本电脑的大敌，尤其是在炎热的夏季，散热效果如何是衡量笔记本电脑品质的重要因素。如何避免笔记本电脑过热？在对笔记本电脑进行散热的过程中要注意以下几个方面。

（1）加装抽风式散热器

归根结底，解决高热量的最佳方式就是让热量更有效地排出去，而目前笔记本电脑最给力的辅助散热方式就是使用抽风式散热器。抽风散热器的使用过程非常简单，将散热器的进风口和笔记本电脑的出风口稳固地贴合在一起，接通电源并开启风扇即可，如图11-4所示。

图11-4 抽风散热器

抽风散热器的散热效率非常高，在25℃室温下可以将处理器温度降低12℃，将显卡温度降低15℃。但需要注意的是，抽风式散热需要根据机型定制，并不是所有笔记本电脑都能使用，比如部分将出风口设计在转轴与屏幕之间，且开口朝上的笔记本电脑就无法使用抽风式散热器。

（2）劳逸结合，避免长时间高负载使用

无论对人体还是笔记本电脑而言，长时间使用都不利于健康。因此，一则为了保证笔记本电脑运行状态更稳定，二则为了自己的健康，合理分配使用与休息时间，对于大多数用户而言都是很重要的。

如果一定要让电脑长时间高负载运行，强烈建议在空调室内进行操作，以免影响使用体验。

（3）注意使用环境卫生，养成定期除尘的习惯

对于老笔记本电脑而言，内部积灰在所难免，因此在夏天使用电脑时，注意环境卫生，避免在灰尘较多的环境中长时间使用是很重要的。

另外强烈建议养成定期为笔记本除尘的好习惯，目前大多数笔记本电脑的拆解并不算困难，不少甚至打开底盖即可进行除尘操作。

2. 笔记本电脑的拆机清洗

笔记本电脑的拆装比较麻烦，但如果电脑使用时间比较长，在电脑内部积攒了较多的灰尘，已严重影响到电脑的散热，比如开机不久散热风扇就一直在转，而出风口却并没有多大的风，这时就应该对笔记本电脑拆机清除灰尘了。

2.1 拆机前的注意事项以及必备工具

在笔记本电脑拆机之前，一定要关闭电源，并拆去所有外围设备，如电源适配器、电池以及其他电缆等。

拆机必备的工具主要有：小螺丝刀、镊子、撬棒、皮老虎、牙刷、酒精、棉签、软布、润滑油、注射器等，如图11-5所示。这里要注意酒精一定要用高纯度的，比如纯度为95%的医用酒精，润滑油也可以用润滑脂来代替。

图11-5 笔记本电脑拆机工具

另外，在拆机过程中为了便于区分，将笔记本电脑的各个面分别命名为A、B、C、D面。A面就是正面，通常贴有商标；B面是液晶屏；C面是键盘；D面是底面，贴着好多标签。

2.2 拆机清洗流程

① 断掉电源，拿下电池，然后拆开背板卸去所有可拆卸部件，例如，硬盘、内存等。然后卸去所有可见的螺丝，注意不要忘记光驱和电池位置的小螺丝，如图11-6所示。

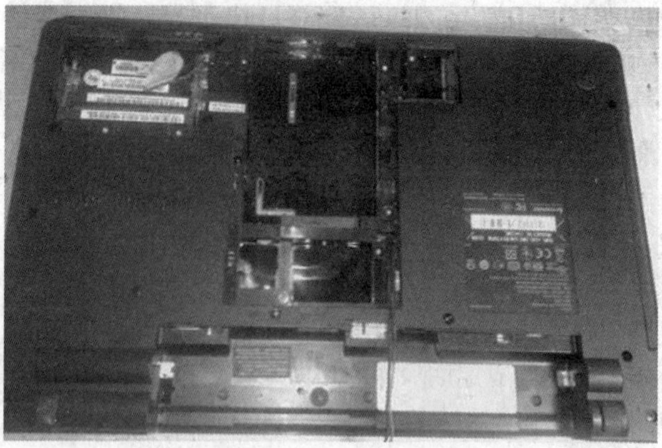

图 11-6　卸去外围设备和螺丝

② 打开 C 壳，把键盘卸下，然后小心地取出键盘及触摸板和电源的插线。卸去螺丝后，用塑料撬杠将整个 C 面卸下，如图 11-7 所示。

图 11-7　卸下键盘

③ 去除主板上所有可见的排线和螺丝，然后将主板取下，如图 11-8 所示。

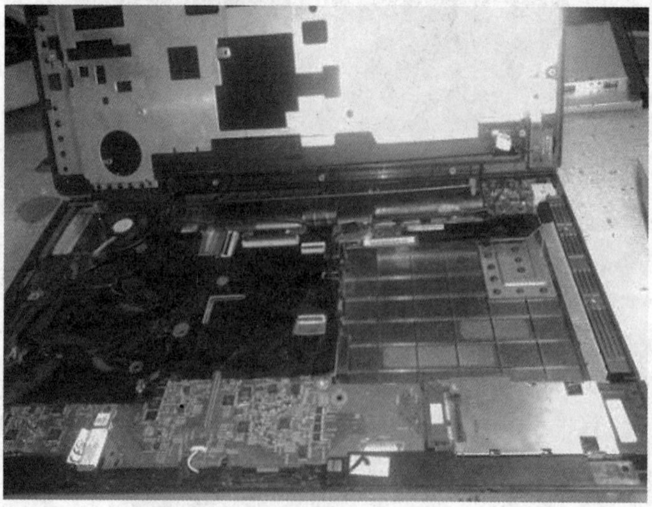

图 11-8　取下主板

④ 除尘，不要放掉任何角落。先清洁主板、笔记本C面和各个部件的灰尘，再仔细清理D面入风口的灰尘，这里可是灰尘的重灾区。除此之外还有 VGA 接口，它也兼任着入风口的职责。不要忘记了USB接口的内部，积灰过多会导致USB接口接触不良，如图11-9所示。

图 11-9　清洁灰尘

有些很牢固的灰尘堆积在散热器鳍片中，需要将其取下才方便清洁。这就需要把主板放置在桌子上，轻轻地拧去螺丝，然后把散热部件和主板分离开，如图11-10所示。

图 11-10　拆卸散热管

用纸巾清理干净主板上残留的硅脂，对于弄不下来的部分可以用牙刷擦拭（注意不要把硅脂弄到主板上的其他地方）。然后用棉布将其擦拭干净，最后用沾过酒精的棉签再次加以清理，如图11-11所示。

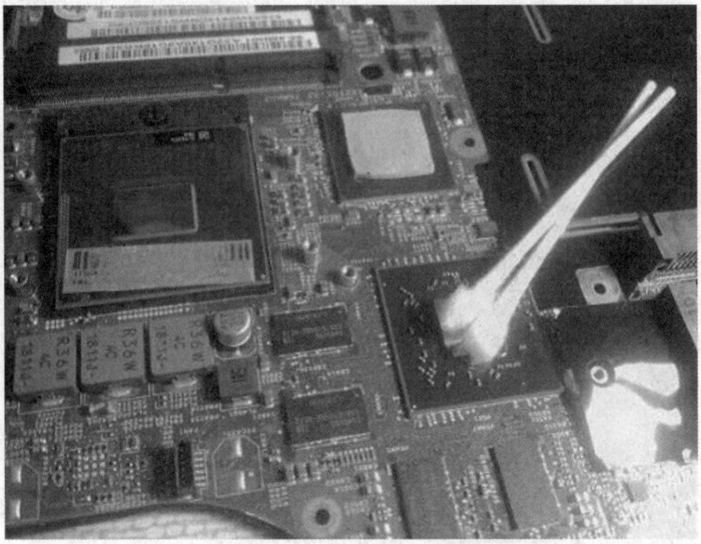

图 11-11　擦拭硅脂

拆开风扇，这里是灰尘的重灾区。一定要把散热片缝隙内（通常是在和风扇接触的内侧）的灰尘和絮状物清理干净。用毛刷把风扇、散热片、底座做了初步清洁之后，用皮老虎和小牙刷对散热片内部进行更加彻底的清洁，确保散热片内部清洁。风扇和底座上那些灰尘，如果用刷子难以去除的话，可以用蘸过酒精的牙刷轻松地去掉，如图 11-12 所示。

图 11-12　清洁散热片

⑤ 安装。清理工作结束后，在风扇中间轴承处加入润滑脂或者润滑油，然后将风扇装上。这里记得要用铝箔胶带或者布胶带粘住缝隙，以免风扇漏风给散热效果带来影响。

重涂硅脂。热量是怎么排出笔记本的呢？首先，处理器和显卡产生热量，硅脂就会把热量传导到热管，热管将热量传导到散热片，再由风扇吹动的空气把热量带走。硅脂和热管都是负责传导工作的，但硅脂在使用一段时间后就会老化变干，失去导热性，因此，尤其对于已有一年甚至更长使用经历的笔记本电脑而言，如果想要加强散热的话，更换硅脂也是必须的步骤。

在处理器上挤出适量的硅脂，然后用刮板把硅脂抹平，硅脂越薄越好，同时注意不要有地方涂漏，显卡与主板芯片组也如法炮制，如图 11-13 所示。

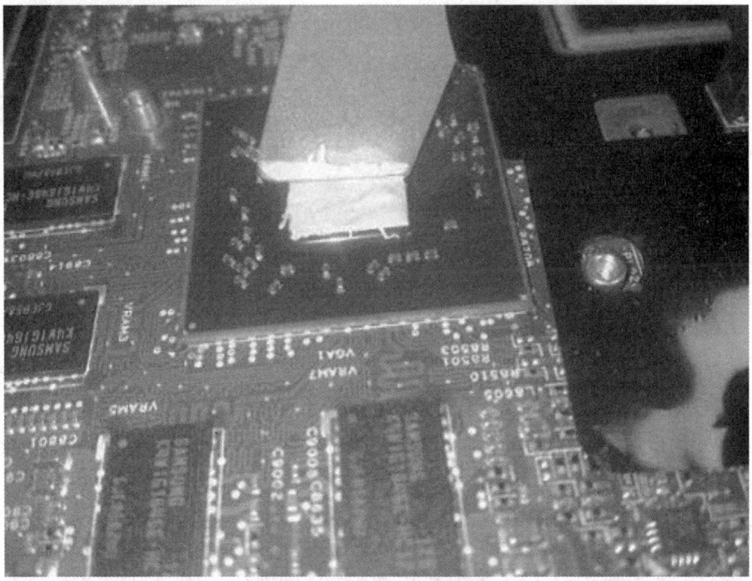

图 11-13　涂抹硅脂

然后轻轻地把热管放置上去，这里手要稳，先将螺丝孔对齐后，再让铜片和处理器接触。将处理器固定的 4 颗螺丝拧紧即可，如图 11-14 所示。

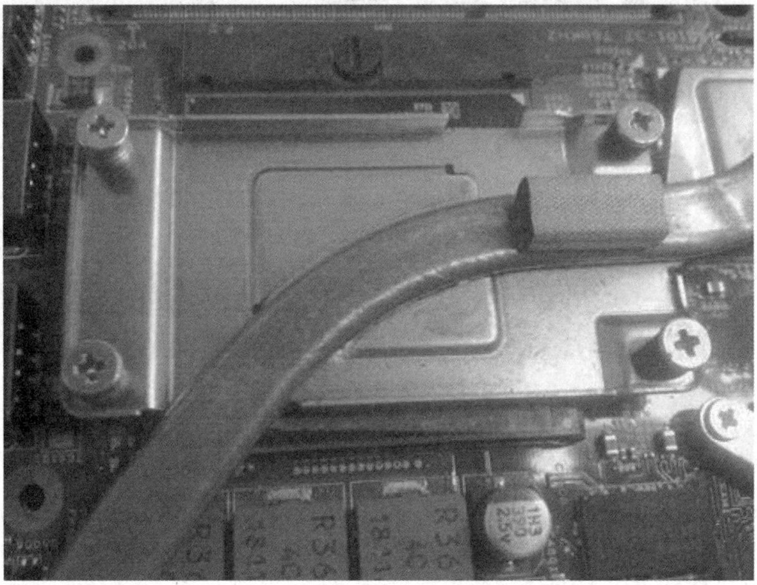

图 11-14　安装散热管

3．为笔记本电脑加装内存

升级内存是最简单也最明显提升电脑性能的方法，目前市面上主流价位笔记本电脑大都配备了 4GB 内存，从用户的升级愿望和操作易用性角度来讲，8GB 内存无疑是更好的选择。下面就介绍为笔记本电脑加装内存的方法。

对于前几年生产的笔记本电脑，升级内存操作比较简单，只要打开机身底部的小盖板，购买一条笔记本内存插入空闲的内存插槽即可完成升级。但如今笔记本电脑的底盖采用了一体化设计，不为内存设计小盖板已经是通用设计了，而且随着主流本轻薄化、高性能本内部复杂化进程的加快，笔记本电脑已经没有办法按照以前的思路，将内存一定设计在底盖下方的某一特定位置，也就是说，当用户打开笔记本底盖时，可能根本就找不到任何内存插槽。因此在这种情况下，摸清笔记本电脑内存插槽的数量，了解内存插槽的布局位置，是用户在升级内存之前必须了解的因素。

3.1 内存插槽常见安装位置

（1）内存位于主板靠近底盖的位置

这是目前笔记本电脑最常见的设计，由于将内存设计在了靠近底壳且利于内存的散热的位置，厂商都很推崇这样的设计。

至于升级的大致步骤，对于预留有小盖板的机型，拆掉小盖板直接升级即可，如图 11-15 所示。这无需赘述。而对于一体化成型的底盖，则要根据根据情况来判断。如果底盖可以直接拆掉，则拆掉底盖进行内存升级；如果这款机型的底盖和边框是一体化成型的，此时只能通过拆解 C 壳才能看到主板，因此在升级前还需要先拆掉主板，操作略显麻烦。

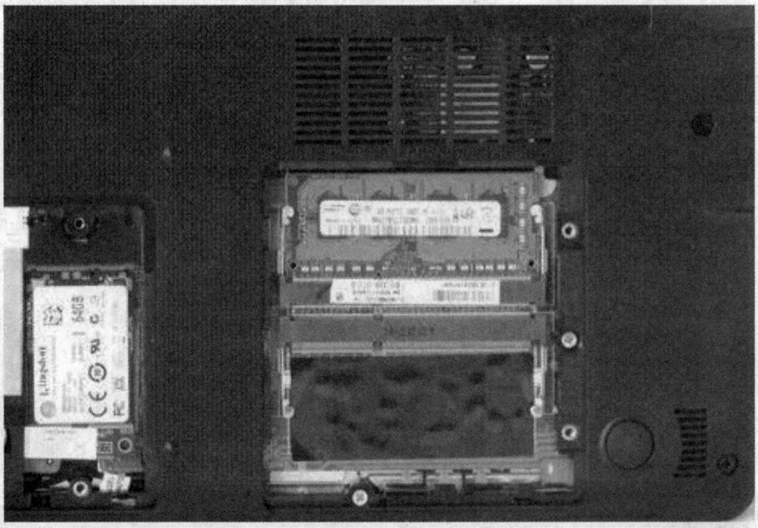

图 11-15　拆掉底壳的小盖板即可升级内存

（2）内存位于主板靠近键盘的一侧

有些电脑在主板正反两面均设计有内存插槽，而且大部分厂商会将空闲的内存插槽放在主板靠近键盘的一侧，对于此类机型，要想看到主板靠近键盘一侧内存插槽的话，需要完全拆掉底盖和主板才行，只是采用这种设计的机型目前变得越来越少了。也有些机型在键盘下方设计有内存升级窗口，用户在升级时并不需要对笔记本电脑进行完全拆机，只需拆掉键盘即可看到空闲的内存插槽（见图 11-16），从而为升级操作带来了便利性。

需要注意的是，拆解键盘可以先从机身底部的螺丝入手，如果仍然无法分离键盘，不妨关注下电池仓内部是否有固定螺丝，适当的情况下观察键盘上方的装饰盖板，一般从这里往往也能找到拆解键盘的突破口。

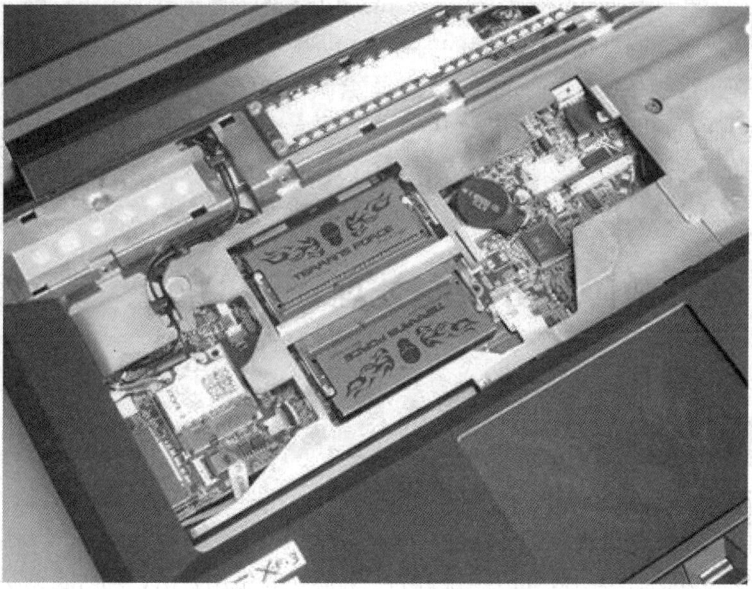

图 11-16　需要拆掉键盘才可升级内存

3.2　内存加装方法和选购

虽然内存加装比较简单，但是仍需强调的是，在升级之前需要通过洗手等方式释放掉身上的静电，这在冬季显得尤为重要。另外升级过程中取拿内存时，不可用手直接接触颗粒和金手指，正确的方式是用左右手的食指和拇指卡住内存两侧边缘的缺口位置，将金手指的缺口和插槽的凸出位置对应好，用力将内存插入插槽的底部，然后向下按压内存将其固定在内存插槽两侧的卡扣上即可，如图 11-17 所示。

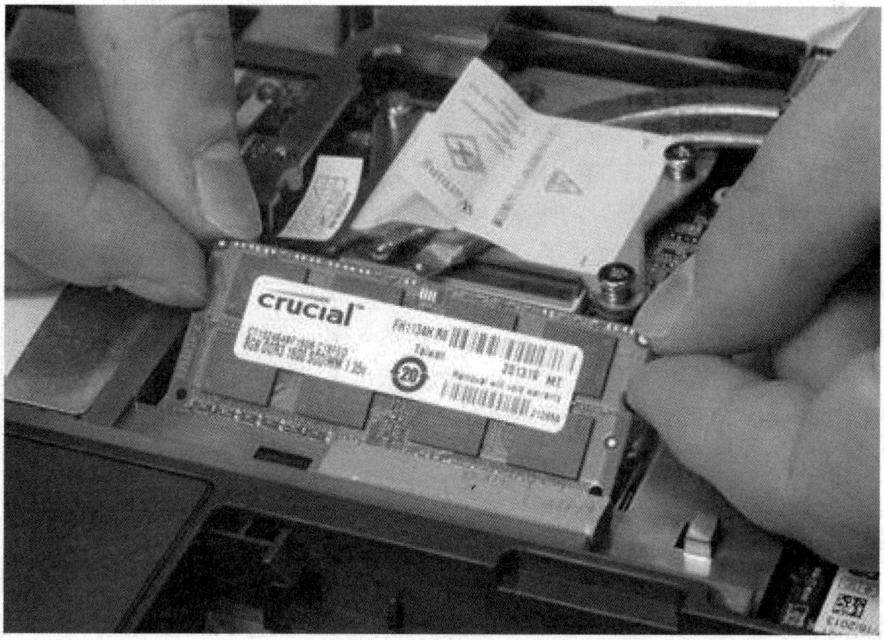

图 11-17　安装笔记本内存

升级方法虽然简单，但是对于笔记本内存的选择却让很多用户烦恼。目前笔记本中常用的内存有 Hynix、三星、南亚易胜、美光以及 Crucial（美光下属子品牌）等品牌。购买内存的原则是优先选择同品牌、同型号、同规格的内存，如果无法买到时则应该优先考虑现代、三星、金士顿等大品牌，这些品牌在内存的兼容性方面会做得更好。至于内存容量，目前笔记本芯片组都支持弹性双通道，即便是购买比原配单条内存更大容量的产品，如 8GB 也是没有问题的。

最后需要提醒的是，拆开笔记本电脑加装内存对于部分品牌的笔记本来说可能会影响质保，所以如果是新买的电脑，建议送至维修站进行升级，或者直接选购大容量内存的配置机型。

任务三　硬件故障的分析与处理

任务描述

在计算机故障处理的过程中，经验非常重要。对于一些常见的计算机故障，解决问题的思路和所采用的方法往往都是类似的。

在本任务中将介绍计算机硬件故障排查的一般思路和常用方法，同时将列举一些常见的典型硬件故障，并给出分析的思路和解决的方法，希望读者能够在此基础之上举一反三。

任务分析及实施

1. 了解计算机硬件故障

1.1 硬件故障的分类

硬件故障是指由计算机硬件系统的部件损坏，硬件部件连接松动，或是人为误操作使计算机硬部件损坏等原因而造成的故障。这类故障一般分为“假”故障和“真”故障两种。

（1）“假”故障

假故障是指由于硬件安装不当、软件设置不当、用户非法操作或误操作等原因造成的故障，这类故障没有对硬件造成实质上的损坏。例如，主板电源没有连接好，或者显示器电源开关未打开，会造成“黑屏”和“死机”的假像，硬盘数据线连接或电源线松动导致读不出硬盘等。所以，认识这些假故障有利于避免不必要的故障检查工作，从而快速确认故障原因。

（2）“真”故障

真故障是指由于外界环境、产品质量、硬件自然老化或用户操作不当等原因引起的故障。例如，CPU 被烧毁、主板电容爆裂或者是内存颗粒被静电击穿等。这些故障表现不是很明显，需要用仪器检测确认，通常需要专业维修人员来排除。

常见的硬件故障主要表现为以下几个方面。

- 计算机出现频繁死机或是重启：这类故障多是由环境因素造成的，比如机箱内部灰尘过多，或是机箱内部散热不良，或电压不稳定等。
- 计算机开机后无响应：这类故障多是由主板或者 CPU 等核心硬件损坏所引起的，当然电源如果出现问题也会导致这种状况。
- 启动计算机时出现报警声：这类故障很可能是计算机硬件接触不良或部分硬件损坏所引起的，不同的报警声代表不同的硬件故障，可以通过故障代码表查到。

计算机硬件故障处理起来比较复杂，当然其中也有很多技巧，比如当出现无法开机或频繁死机、重启等故障时，对计算机内部进行除尘，并将硬件重新插拔，这时往往就能解决问题。如若不行，将 CMOS 放电也往往能够收到奇效。

另外根据经验，内存是计算机中最容易出现故障的硬件设备，因而当怀疑计算机故障属于硬件故障时，可以首先排查是否是由内存所导致的。

1.2 硬件故障的维修级别

根据故障维修的难易程度和维修对象的不同，计算机硬件故障维修可以分为 3 个级别。

一级维修：也叫板卡级维修。其维修对象是计算机中某一设备或某一部件，如主板、电源、显示器等，而且还包括计算机软件的设置。在这一级别，其维修方法主要是通过简单的操作，如替换、调试等，来定位故障部件或设备，并予以排除。

二级维修：是一种对元器件的维修。它是通过一些必要的手段（如测试仪器）来定位部件或设备中的有故障的元器件，从而达到排除故障的目的。

三级维修：也叫线路维修，就是针对电路板上的故障进行维修。

对于绝大多数的读者用户，只要能达到一级维修的级别就可以了，即只需能够定位出现故障的硬件设备，而不需要将故障设备修好，本书所介绍的所有故障处理方法也都是针对于一级维修的。

1.3 常用硬件故障检测方法

下面是一些在实践中较常用到的计算机硬件故障检测方法。

（1）观察法

观察法是指采用耳听、眼看、鼻嗅、手摸等方式对计算机比较明显的故障进行排查。观察时不仅要认真，而且要全面。

通常观察的内容包括以下几个方面。

- 计算机的软件环境：包括系统中加载了何种软件，它们与其他软、硬件之间是否有冲突或不匹配的地方。
- 计算机的硬件环境：包括机箱内的温湿度、清洁度，部件上的跳接线设置、颜色、形状、气味等，部件或设备间的连接是否正确，有无缺针或断针现象等。
- 在加电过程中注意观察元器件的温度，是否有异味，是否有冒烟等。
- 维修前如果灰尘较多，或怀疑是灰尘引起的故障，应先除尘。

（2）插拔法

插拔法就是对初步判断为故障点的部件，将其“拔出”，对部件的金手指等进行擦拭后再“插入”，进行通电测试。很多故障都是由于某些部件接触不良而导致的。

（3）最小系统法

硬件最小系统是指维持计算机运行的最基本系统，一台计算机若要运行，只需要电源、主板、CPU 等关键部件即可，用户可以根据需要依次添加硬件，如内存、显卡、硬盘等，这样通过查看添加到哪个硬件出现问题，就能直接判断故障硬件并加以处理了。

（4）替换法

替换法是用已知好的部件去代替可能有故障的部件，来判断故障现象是否消失的一种维修方法。

比如怀疑计算机内存出现故障，一种方法是可以从一台正常运行的计算机上拔下内存，然后插到故障计算机中，观察故障是否排除。另一种方法是将故障计算机上的内存拔下，然后插到一台正常运行的计算机中，观察是否会出现同样的故障。通过这两种方法，就可以确认是否是内存出现了问题。

（5）利用屏幕提示诊断计算机故障

此种方法是根据屏幕的错误提示来查找故障产生的原因，从而采取有效的解决办法来处理故障。由于错误提示种类繁多，我们一般可以先记下这些错误提示，然后再利用百度等搜索引擎查找相应的解决方法，这种方法在处理故障时方便又快捷。

1.4　硬件故障处理的一般原则

在排查计算机硬件故障时，可以遵循一些故障处理的一般原则。

（1）先软后硬

计算机出现了故障，我们应先从操作系统和软件上来分析故障原因。在排除软件方面的原因后，再来检查硬件的故障。

（2）先外后内

先检测表面现象（插件是否良好，有无松动）及计算机机箱外部部件，如开关、引线、插头、插座等，然后再进行机箱内部部件检查。进行内部检查时，先检查有无灰尘，是否有烧坏的部件，以及插件接触是否良好等，再用替换法或插拔法排除故障。

（3）先易后难

先考虑最可能引起故障的原因，例如，硬盘不能正常工作了，应先检查一下电源线、数据线是否松动，把它们重新插接，有时问题就能解决。

（4）先观察，再通电

应在不加电的情况下，先进行静态直接观察或测试，在确定通电不会引起更大故障的前提下再通电检查。该原则主要适用于电路烧坏、主机箱进水等故障。

2. 硬件故障典型处理案例

2.1　CPU 常见故障

CPU 是计算机的核心部件，一般情况下 CPU 本身很少会出现故障，大多数的 CPU 故障都是因为安装不当或散热不良而引起的。

【故障现象】计算机频繁死机，不能正常工作。

【分析处理】这种故障现象比较常见，主要原因是 CPU 散热系统工作不良，CPU 与插座接触不良，BIOS 中有关 CPU 高温报警设置错误等。

采取的对策主要也是围绕 CPU 散热、插接件是否可靠和检查 BIOS 设置来进行。例如，检查风扇是否正常运转（必要时甚至可以更换大排风量的风扇），检查散热片与 CPU 接触是否良好，导热硅脂涂敷得是否均匀，取下 CPU 检查插脚与插座的接触是否可靠，进入 BIOS 设置调整温度保护点等。

2.2　内存常见故障

内存是计算机中比较容易出现故障的硬件。当内存发生故障时，会导致计算机无法正常运行、蓝屏或者频繁出现内存地址错误等。内存故障虽多种多样，但与电源、CPU 故障引起不能启动的故障现象不同，在一般情况下它会用报警声来提示。引起内存报警的主要原因有：内存芯片损坏，主板内存插槽损坏，主板的内存供电或相关电路存在故障，以及内存与插槽接触不良等。

遇到此类故障一般用“替换法”就可很快确定故障部位。从上述故障原因中我们可以看出，引发故障的原因比较单纯，故障处理起来也比较简单，可采用先除尘后用橡皮擦拭金手指等办法即可予以排除。如果确系内存芯片损坏的话，就只有更换内存条了。

（1）内存引起开机长鸣

【故障现象】计算机开机后一直发出"嘀、嘀、嘀……"的长鸣，显示器无任何显示。

【分析处理】从开机后计算机一直长鸣可以判断出是硬件检测没通过，根据BIOS报警提示，可以判断为内存问题。关机后拔下电源，打开机箱并卸下内存条，仔细观察发现内存的金手指表面覆盖了一层氧化膜，而且主板上也有很多灰尘。因为机箱内的湿度过大，内存的金手指发生了氧化，从而导致内存的金手指和主板的插槽之间接触不良，而且灰尘也是导致元件接触不良的常见因素。

排除该故障的具体操作步骤。

① 关闭电源，拔下内存条，用皮老虎清理一下主板上的内存插槽。

② 用橡皮擦一下内存条的金手指，将内存插回主板的内存插槽中。在插入的过程中，双手拇指用力要均匀，将内存压入到主板的插槽中，当听到"啪"的一声表示内存已经和内存卡槽卡好，内存成功安装。

③ 接通电源并开机测试，计算机成功自检并进入操作系统，表示故障已排除。

（2）内存条质量不好引起的故障

【故障现象】Windows系统运行不稳定，经常出现非法错误；注册表经常无故损坏，提示恢复；无法成功安装操作系统。

【分析处理】这种情况一般是由内存芯片质量不好引起的，可考虑更换内存条。

2.3 主板常见故障

主板是计算机的"躯干"，几乎所有的计算机硬件都要与之相连接。主板故障产生的原因很多，主要包括主板上积聚的灰尘过多，BIOS设置错误或CMOS电池没电，主板电容发生故障等。当然最为常见的是主板驱动出现问题，主板驱动是计算机驱动程序中首先要安装的驱动，一些板载的芯片，如集成声卡、网卡芯片以及其他一些重要的部件都需要主板驱动程序来支持，一旦主板驱动程序出现问题，将影响用户对整台计算机的使用。

（1）主板积尘过多引起死机

【故障现象】计算机启动一段时间后，就会频繁死机。使用时间越长，死机的频率越高。

【分析处理】从故障现象来看，可能是机箱内灰尘过多致使主板元件短路所引起的频繁死机。只需对机箱内的硬件进行清洁即可。

（2）开机要按F1

【故障现象】计算机开机后停留在自检界面，出现"CMOS checksum error-Defaults loaded"的提示，而且必须按F1才能继续启动，进入操作系统。

【分析处理】开机需要按下F1键才能继续启动，这主要是BIOS中的设置与真实硬件数据不符引起的，可以分为以下几种情况。

- 计算机实际没有安装软驱，而BIOS里却设置有软驱，这样就导致了要按F1才能继续。
- 主板CMOS电池没电了，无法在CMOS中存储数据，从而出现这个故障。

故障处理的步骤。

① 开机进入BIOS设置，选择第一项基本设置，把"floopy"项设置为"Disabled"，禁用软驱。

② 开机进入BIOS设置，如果BIOS中显示的时间并非当前时间，而是计算机出厂时间，

则基本可以断定是 CMOS 电池没电了。拆开机箱，更换电池。

③ 如果问题依然存在，那就有可能是主板上的 CMOS 电路出了问题或 CMOS RAM 本身有问题，这时可使用替换法，更换主板进行测试。

2.4 硬盘常见故障

硬盘是计算机中重要的存储设备，如果它发生故障，将造成不可估量的损失。在计算机各种硬件设备所发生的故障中，硬盘故障所占的比例还是比较高的。由于硬盘在计算机配件中占有极其特殊的地位，当它出现故障时轻则主机不能启动，重则还可能会使重要的数据资料丢失。

（1）硬盘无法启动

一般情况下，当硬盘出现无法启动的故障时，BIOS 会给出一些英文提示信息。不同厂家主板或不同版本的 BIOS，给出的提示信息可能会存在一些差异，但基本上都是大同小异。下面就以较为常见的 Award BIOS 为例，介绍如何利用其给出的提示信息，判断并处理硬盘不能启动故障。

- Hard disk controller failure（硬盘控制器失效）

这是最为常见的错误提示之一，当出现这种情况的时候，应仔细检查数据线的连接插头是否松动，以及连线是否正确。

- Date error（数据错误）

发生这种情况时，系统从硬盘上读取的数据存在不可修复性错误或者磁盘上存在坏扇区。此时可以尝试启动磁盘扫描程序，扫描并纠正扇区的逻辑性错误，假如坏扇区出现的是物理坏道，则需要使用专门的工具尝试修复。

- No boot sector on hard disk drive（硬盘上无引导扇区）

这种情况可能是硬盘上的引导扇区被破坏了，一般是因为硬盘系统引导区已感染了病毒。遇到这种情况必须先用最新版本的杀毒软件彻底查杀系统中存在的病毒，然后，用带有引导扇区恢复功能的软件，尝试恢复引导记录。

- Reset Failed（硬盘复位失败）、Fatal Error Bad Hard Disk（硬盘致命性错误）、DD Not Detected（没有检测到硬盘）和 HDD Control Error（硬盘控制错误）

当出现以上任意一个提示时，一般都是硬盘控制电路板、主板上硬盘接口电路或者是盘体内部的机械部位出现了故障，对于这种情况只能请专业人员检修相应的控制电路或直接更换硬盘。

（2）安装系统时无法找到硬盘

【故障现象】在 WinPE 中安装操作系统时，无法找到硬盘。打开资源管理器，也发现不了任何硬盘分区。

【分析处理】这种故障的原因大多是由于安装源环境（WinPE 系统）没有加载 SATA 驱动所致。现在大硬盘大多是 SATA 格式，它由主板芯片组 AHCI 支持，由于这个 WinPE 系统没有集成 AHCI 驱动而导致安装程序找不到硬盘。以前老式的 IDE 硬盘驱动则都已经在系统中内置了，所以对于 IDE 硬盘就不会出现这个问题。

既然是由于 SATA 驱动缺失导致的故障，解决的方法只要使用包含该驱动的 WinPE 进行安装即可。如果手边没有 SATA 驱动，也可以进入 BIOS 设置中将 SATA 模式映射为 IDE 模式。在 BIOS 设置中展开“Onboard Devcis”→“SATA Operation”选项，将“SATA Operation”设置为“ATA”，如图 11-18 所示。

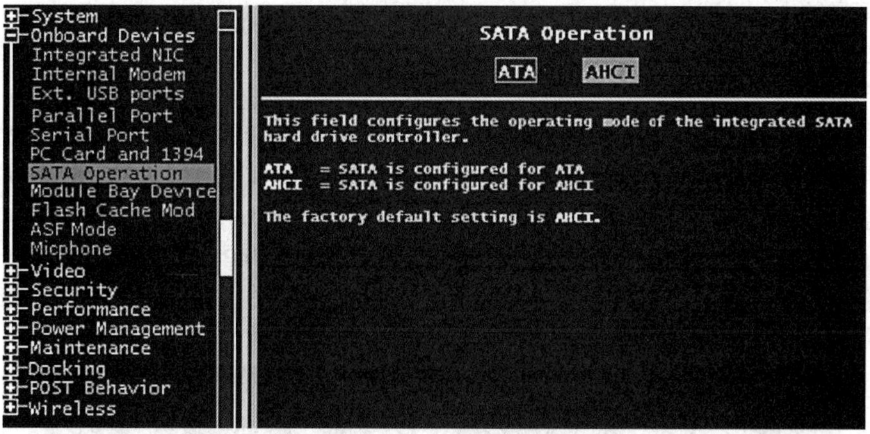

图 11-18 改变硬盘模式

（3）硬盘出现坏道

【故障现象】在系统中打开某个分区时，系统读取速度变慢或者出现蓝屏、死机的现象。

【分析处理】硬盘是系统读取最为频繁的部件，在使用一段时间后可能会出现坏道。由于坏道保存的数据损坏，导致系统无法进行正常的读取而死机。出现坏道后，如果不及时更换或进行技术处理，坏道就会越来越多，并会造成频繁死机和数据丢失。

由于坏道是硬盘物理故障，并且极易造成数据的丢失，我们可以根据坏道多少采取不同的应对措施。

① 检测坏道数量。

首先可以使用工具软件“HD Tune”快速检测硬盘是否存在坏道。HD Tune 特别适用于对大硬盘坏道进行快速检测。

启动程序后切换到“错误扫描”，然后在硬盘列表选中要扫描的硬盘，勾选“快速扫描”，单击“开始”，程序就会快速开始扫描，对于存在坏道的区域则以红色标记标示，如图 11-19 所示。

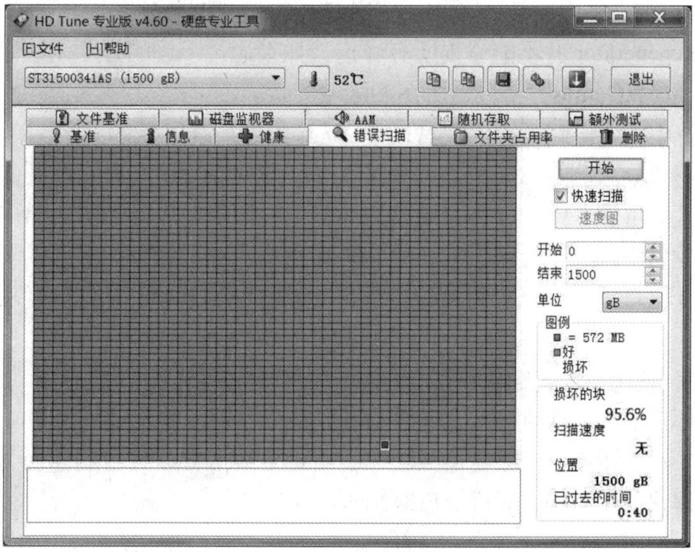

图 11-19 用 HD Tune 工具对硬盘进行扫描

② 坏道较少，尝试使用 HDD Regenerator 修复坏道。

HDD Regenerator 是一款可以自动修复硬盘坏道的软件，如果硬盘坏道较少，可以尝试用它来进行修复。

首先下载软件，一般是一个 ISO 镜像，使用 NERO 等刻录软件将其刻录成启动光盘。接着重启计算机从光驱启动，HDD Regenerator 便会自动运行，程序首先会自动检测当前硬盘，按提示选择需要修复的硬盘，再按提示输入扫描的起始位置（××MB，通过之前的“HD Tune”检查可获知），可以节约一些时间（如果输入 0 则为全盘扫描，1TB 硬盘需要 24~36 小时）。

完成起始扇区设置后，按回车程序就开始扫描硬盘的坏道，如果发现坏道它会以红色的 B 字显示并且会自动进行修复，修复的扇区则以蓝色的 R 显示，如图 11-20 所示。

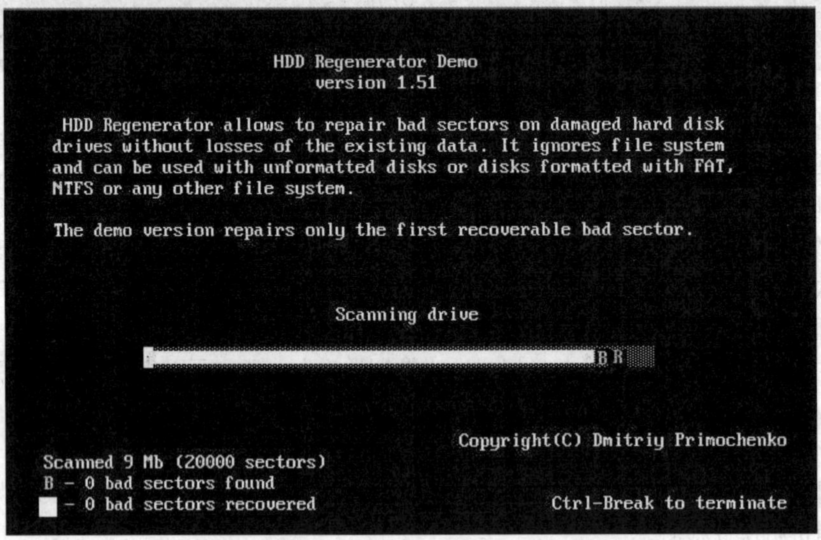

图 11-20　用 HDD Regenerator 修复坏道

注意，HDD Regenerator 并不能修复所有坏道，如果硬盘的坏道较多，使用 HDD Regenerator 修复后可能还会产生更多的坏道。因此对于坏道较多的硬盘并不建议使用这个软件进行修复。

③ 硬盘坏道较少且集中在某一区域，使用 DiskGenius 屏蔽分区。

因为 HDD Regenerator 并不能修复所有坏道，如果通过上述的方法无法修复硬盘坏道，那么可以尝试使用“DiskGenius”将坏道所在的区域屏蔽。

启动程序后选中需要屏蔽坏道的硬盘，然后选中坏道所在区域的分区，单击“分区”→“删除当前分区”，将该分区删除后再单击“分区”→“建立新分区”，在打开的窗口根据坏道所在的扇区进行分区的重建。比如一个大硬盘的坏道主要集中在最后 10GB 空间中，那么在最后区域预留 12GB 左右空间不予分区（应该比 10GB 适当大些，以便为扩散的坏道预留空间），这样最后的 12GB 区域没有分区，可以避免系统对该区域的读写，从而实现坏道的屏蔽，如图 11-21 所示。

④ 坏道较多，使用 Ghost 抢救数据。

如果硬盘的坏道很多，而且已经影响到数据的读写，那么就要考虑将其中的数据复制出来保存到其他位置。硬盘坏道会使数据遭到破坏，如果在 Windows 中强行进行复制，很容易导致系统蓝屏。这里建议使用 Ghost 进行全盘复制抢救文件。

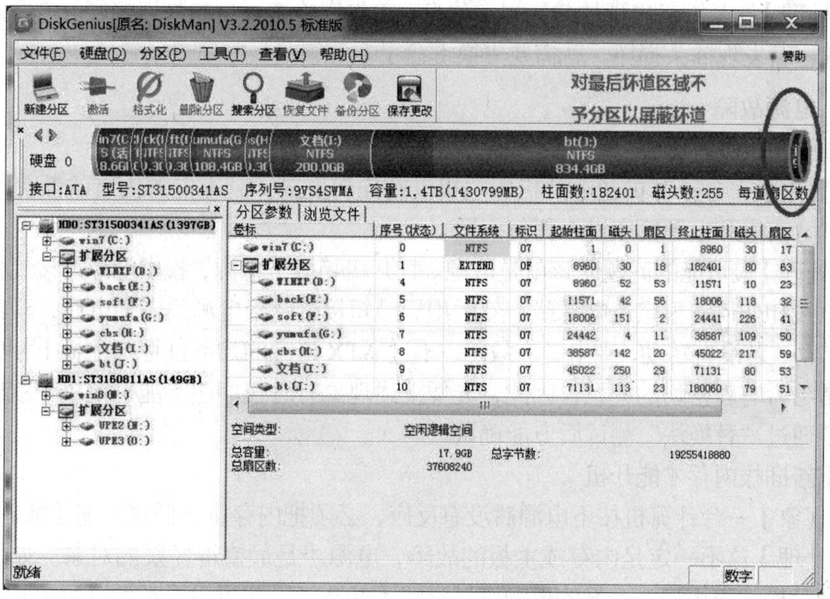

图 11-21　用 DiskGenius 屏蔽部分区域

首先要准备一个可启动 WinPE 的移动硬盘作为提取和存放数据的载体（请保证有足够剩余空间存放数据），将 Ghost32.exe 复制到移动硬盘根目录下，然后将下面这条命令保存成一个批处理文件“f:\ghost32.exe -clone,mode=copy,src=1,dst=2 -fro –sure”（f：假设为移动硬盘的盘符，在 ghost32 命令后添加“-fro”参数，表示如果源分区发现坏簇，则略过提示强制拷贝），假设批处理文件名为“save.bat”，将其也放置到移动硬盘根目录下。

启动 WinPE 后在命令提示符下输入“F:\svae.bat”（假设 F:为移动硬盘的盘符）即可将原来硬盘数据全部复制到移动硬盘。不过要注意的是，有坏道的数据可能无法成功复制，但是可以复制大多数完好的数据，而不像在 Windows 中强制复制那样会死机、蓝屏。

2.5　输入/输出设备类故障

（1）显示器花屏

【故障现象】计算机一开机，屏幕上就出现很多不停变化的细条纹。

【分析处理】首先用替换法，将显示器接到另一台计算机上，看是否会有相同的现象。如细条纹继续出现，则表明显示器出现了故障。如细条纹没有出现，则表示显卡出现了问题。

（2）声卡不能正常发声

【故障现象】计算机中的声卡发不出声音。

【分析处理】由于目前计算机中大都是采用的集成声卡，所以声卡本身出现硬件故障的可能性很小。如果声卡不能正常发声，可以检查以下几个方面。

- 音箱或者耳机是否正确连接。
- 音箱或者耳机是否性能完好。
- Windows 音量控制中的各项声音通道是否被屏蔽。

如果以上都很正常，但依然没有声音，那多半是声卡驱动程序导致的问题，可以试着更换较新版本的驱动程序，或安装主板或者声卡的最新补丁。

（3）键盘导致无法开机

【故障现象】计算机开机时，屏幕上显示“Keyboard error or not present”，无法启动。

【分析处理】这是键盘出现故障的提示信息，首先应检查键盘是否连接好。之后拔下键盘接头进行查看，若发现插头损坏，就需要更换键盘了。

2.6 电源故障

（1）电脑开机没有反应

【故障现象】一台计算机通电开机后主机没有任何反应，就连电源内置的散热风扇都不转动，已经确认市电和电源插座没有任何问题。

【分析处理】最可能的问题应该就是电源。打开机箱取下电源，找出电源连接到主板上插头的绿色电源线和任何一根黑色电源线，然后用导线短接这两根电源线。通电后，观察电源的风扇是否在转动，若没有转动，则电源有故障。不过ATX电源的启动过程与主板上相应控制电路工作的正常与否有着密切的关系，因此，光凭上述现象有时我们还不能确定故障就出自电源本身，还需要通过“替换法”测试后方能确认。

（2）重新插拔内存才能开机

【故障现象】一台计算机按下电源后没有反应，必须把内存重新插拔一遍才能启动。

【分析处理】这不一定是内存或主板的故障，电源才是最值得怀疑的对象。如果有条件的话，可以用替换法先更换一个好的电源来试试能不能开机。如果更换电源以后故障依然存在，再考虑将主板送修。

（3）移动硬盘无法使用

【故障现象】把一块2.5英寸移动硬盘插到主板的前后USB接口都无法识别，插进去之后系统发出一声“叮咚”的声音，然后就没反应了，不过移动硬盘会“咔咔”地响。

【分析处理】这是主板USB供电不足所引起的，移动硬盘的供电需求较高，因此就会出现硬盘“咔咔”地响，但是无法识别的问题。要解决这个情况，可以找一根有两个USB接头的USB线，加强供电就能正常识别了。

（4）接触机箱时有触电的感觉

【故障现象】一台计算机在用手接触机箱时会有触电的感觉。

【分析处理】这是由于为计算机提供交流电的插线板没有接入地线，从而使机箱中的静电不断积累，在人体接触机箱时静电从人体流入大地，所以会有触电的感觉。其解决方法是将插线板上的地线插孔进行接地处理即可。

2.7 移动存储类故障

目前，U盘和移动硬盘等移动存储设备凭借操作简单、携带方便的优势变得非常普及。不过很多用户在使用时，由于没有养成良好的操作习惯，或者是一些劣质设备自身的质量原因，导致频频出现各种问题，轻则设备损坏，重则数据丢失。尤其是U盘，很容易出现问题，所以下面就以U盘为例，介绍一些移动存储设备在使用与维护方面的经验和技巧。

（1）U盘使用过程中存在的问题

- 数据损坏

数据损坏主要指U盘上的数据无法被读取，这种情况出现的次数和频率比较高，最高时可占到U盘问题的80%。

U盘数据损坏的原因主要有两个：一是硬故障，即U盘硬件出现故障，例如，外壳破裂，存储介质损坏，控制电路损坏等，都容易导致U盘无法被正确识别而丢失其中存储的数据；二是软故障，是指操作不当或感染病毒引起的故障，例如，U盘未按正确步骤退出，在读写数据时强行拔出，感染病毒后里面的数据被破坏等。

● 传播病毒

很多使用者的安全意识不足，使用U盘随意下载来历不明的信息，在将其拷贝到计算机之前也没有进行病毒查杀和安全测试。U盘一旦被病毒感染，很可能成为“病毒播种机”。这种情况发生的概率最高时可达30%。

（2）怎样用好U盘

● 正确使用U盘，降低出错概率

在拔下U盘时，绝对不要在U盘的数据指示灯飞快闪烁时拔出，因为这时U盘正在读写数据，中途拔出可能会造成硬件、数据的损坏。一定要等指示灯停止闪烁或灭了之后再拔下U盘，以免因为硬件损坏而丢失数据，也有利于保护U盘自身，延长U盘使用寿命。

另外，在完成读写数据操作任务后，应该及时正确地拔下U盘，不能长时间地将其插在计算机中。

● 加强U盘管理，消除感染病毒风险

计算机上一定要安装杀毒软件，对U盘应采用“先查杀后使用”的安全策略。

● 通过格式化解决常见问题

当U盘出现问题时，比如U盘无法打开，一般通过格式化就可以解决。如果U盘中存有比较重要的数据，也可以先用DiskGenius之类的软件恢复数据，然后再进行格式化。

（3）U盘无法格式化的解决

【故障现象】某U盘无法打开，打开时提示未格式化，单击格式化却又提示被写保护，无法操作。

【分析处理】既然通过常规方法无法格式化，那么可以尝试以下步骤。

① 用format命令格式化U盘。

很多情况下，U盘无法格式化是U盘的文件被系统占用导致的，我们可以在命令提示符下进行格式化。

先进入安全模式，在【计算机】中找到U盘的盘符（如H）。然后单击“开始”→“运行”，输入“cmd”并回车，在弹出的命令提示符窗口中输入“format H：”，然后回车，通常就可以对U盘进行格式化了。

② 利用重建分区格式化U盘。

如果上述方法不行，我们可以通过创建新分区的方式对U盘进行格式化。

在【计算机】上右击，在弹出的右键菜单中选择“管理”，打开【计算机管理】窗口。

单击左侧的“磁盘管理”，在右侧列出的分区中找到U盘，点选该盘符后，单击右键，在弹出的右键菜单中选择“更改驱动器号和路径”，将盘符更改为其他没有被系统占用的盘符，如图11-22所示。

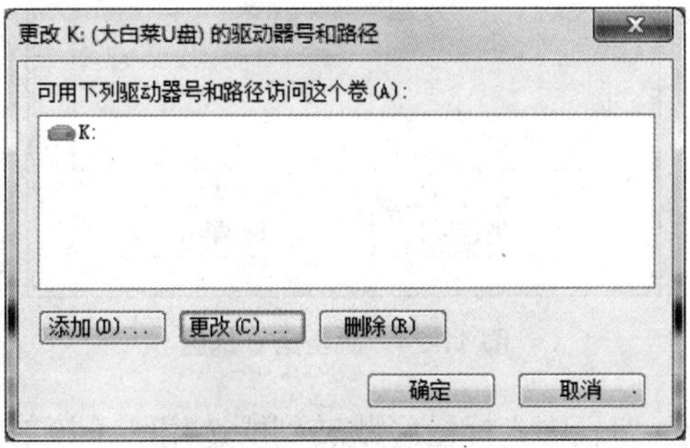

图11-22 更改U盘的盘符

随后右键单击 U 盘新的盘符，选择“格式化”命令即可。

③ 使用专业的修复工具修复。

要是以上两种方式都不能进行格式化，那么很可能是 U 盘的 DOS 引导记录（DOS BOOT RECORD，DBR）受损，这样我们只能用专业的修复工具来进行修复了。例如，“Winhex”就是一款比较方便、快捷的磁盘修复工具。我们只需要进行几个简单操作即可完成对 U 盘的修复。

打开 Winhex，依次单击“工具”和“打开磁盘”，在磁盘列表中双击需要修复的磁盘（如 H 盘），系统会打开该磁盘，窗口上面部分显示磁盘中的文件，下面部分显示该磁盘的数据信息，如图 11-23 所示。

在光标处单击鼠标右键，然后选择“选块起始位置”。

图 11-23 选择“beginning of block”

随后单击“位置”菜单下的“跳至扇区”命令，在此窗口输入跳转扇区的值，一般输入 6，单击“OK”即可跳转到第 6 扇区，如图 11-24 所示。

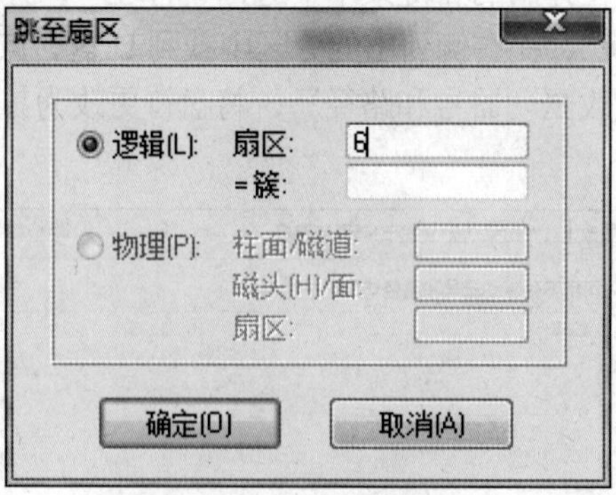

图 11-24 跳至第 6 扇区

此时在下面的“Offset”列表中光标已经跳转到所选扇区（该单元格的值为 EB），随后右键单击该键值并选择“选块起始位置”命令。

接着用同样的方法跳转到第 7 扇区，光标自动停留到值为“52”的单元格上，随后用方向键向上移动光标，直到“55 AA”（该值为扇区结束标志），并在“AA”单元格单击右键并选择“选块尾部”。

然后依次单击“编辑”→“复制选块”→“正常”，然后跳转到 0 扇区。

接着再单击“编辑”→“剪贴板数据”→“写入”，随后单击“确定”并保存。

通过上面的操作，我们的 U 盘就彻底修复好了。

修复 U 盘的方法和工具有很多，读者可以根据自己的实际情况和操作能力来选择。

思考与练习

填空题

1. 按下电源按钮后计算机无任何反应，判断故障为：电源、________或________等硬件问题。

2. 计算机启动后频繁出现蓝屏死机现象，则初步判断计算机故障为：内存、________或________等硬件问题。

选择题

1. 如果开机时屏幕上显示“CMOS Checksum error--defaults loaded”，这种现象是由（ ）引起的。

A.内存错误　　B.硬盘错误　　C.启动设置错误　　D.CMOS 电池问题

2. 当怀疑某个设备出现问题时，用功能相同的设备替换的维修方法称为（ ）法。

A.最小系统　　B.替换　　C. CMOS 还原　　D.环境检查

3. 下面哪个设备不是最小系统法中要求的设备？（ ）

A.内存　　B.声卡　　C.显卡　　D. CPU

简答题

内存条出现故障，一般会出现什么现象？